初めてのSQL

第3版

Alan Beaulieu　著

株式会社クイープ　訳

O'REILLY®
オライリー・ジャパン

THIRD EDITION

Learning SQL
Generate, Manipulate, and Retrieve Data

Alan Beaulieu

Beijing · Boston · Farnham · Sebastopol · Tokyo

日本語版の内容について、株式会社オライリー・ジャパンは最大限の努力をもって正確を期していますが、本書の内容
に基づく運用結果について責任を負いかねますので、ご了承ください。

はじめに

　プログラミング言語は新旧の入れ替わりが激しく、現在使われている言語で10年以上の歴史を持つものはほんのわずかです。たとえば、現在もなおメインフレーム環境で広く使われているCOBOL、1990年代の半ばに登場して以来、最も人気の高いプログラミング言語の1つとなったJava、そしてオペレーティングシステムやサーバー開発、組み込みシステムであいかわらず根強い人気を誇るCなどはその例です。データベース分野にはSQLがあり、その起源は1970年代までさかのぼります。

　SQLはリレーショナルデータベースのデータを生成、操作、取得するための言語として作成されて以来、40年以上にわたって存在しています。しかし、この10年ほどの間にHadoop、Spark、NoSQLなどの他のデータプラットフォームが勢力を大きく拡大し、リレーショナルデータベース市場に食い込んできました。とはいえ、本書の最後の数章で言及しているように、SQL言語は進化を遂げ、データがどこに格納されているか（タブレットか、ドキュメントか、フラットファイルか）にかかわらず、さまざまなプラットフォームからデータを取得できるようになっています。

SQLを学ぶのはなぜか

　データサイエンス、ビジネスインテリジェンス、あるいはデータ分析のその他の分野で働いている場合は、リレーショナルデータベースを使う予定があるかどうかにかかわらず、PythonやRといった他の言語／プラットフォームと併せてSQLを知っておく必要があるでしょう。データは今やどこにでも大量に存在し、次から次へと速いペースで届くため、このデータから意味のある情報を取り出せる人々は引く手あまたです。

本書を使うのはなぜか

　まったくの初心者を対象とした本はいくらでもありますが、そうした本は表面的な内容をざっと取り上げるだけになりがちです。その対極にはリファレンスガイドがあり、言語の文を1つ残らず列挙してその機能を細かく解説します。しかし、そのような本が役立つのは何をしたいかがわかっていて構文を知りたい場合だけです。本書はその妥協点を探るべく、SQL言語の背景情報から始め

て、基礎固めをした後、読者の能力をいかんなく発揮できるであろうより高度な機能へと進みます。さらに、本書の最終章では、非リレーショナルデータベースのデータに対してクエリを実行する方法を紹介します。入門書で取り上げられることは滅多にない内容です。

本書の構成

本書は18の章と2つの付録で構成されています。

1章　背景情報

リレーショナルモデルとSQL言語が誕生したいきさつを含め、コンピュータ化されたデータベースの歴史を振り返ります。

2章　データベースの作成と設定

MySQLデータベースを作成する方法、本書の例で使うテーブルを作成する方法、そしてテーブルにデータを追加する方法について説明します。

3章　入門：クエリ

select文を紹介し、最もよく使われる句（select、from、where）をさらに具体的に見ていきます。

4章　フィルタリング

select文、update文、delete文のwhere句で使うことができるさまざまな種類の条件を具体的に見ていきます。

5章　複数のテーブルからデータを取得する

テーブルを結合することで複数のテーブルをクエリで利用できるようにする方法を示します。

6章　集合

データの集合に焦点を合わせ、クエリからそれらのデータをどのように操作できるかを示します。

7章　データの生成、操作、変換

データの操作や変換に使われる組み込み関数を具体的に見ていきます。

8章　グループ化と集計

データをどのように集計できるかを示します。

9章　サブクエリ

（筆者がよく使っている）サブクエリと、それらのサブクエリをどこでどのように利用できるかを示します。

10章　結合

さまざまな種類のテーブル結合をさらに詳しく調べます。

11 章　条件付きロジック

select 文、insert 文、update 文、delete 文で条件付きロジック（if-then-else など）をどのように利用できるかを調べます。

12 章　トランザクション

トランザクションとその使い方を紹介します。

13 章　インデックスと制約

インデックスと制約を調べます。

14 章　ビュー

データの複雑さをユーザーから隠すためのインターフェイスの構築方法を示します。

15 章　メタデータ

データディクショナリの有用性を具体的に見ていきます。

16 章　解析関数

ランキングや小計といった値の生成に使われる機能を取り上げます。これらの値はレポートや分析によく使われています。

17 章　大規模なデータベースの操作

非常に大きなデータベースの管理や検索を容易にする手法を具体的に見ていきます。

18 章　SQL とビッグデータ

非リレーショナルデータプラットフォームからデータを取得できるようにするために SQL 言語がどのように変化しているのかを調べます。

付録 A　サンプルデータベースの ER 図

本書のすべてのサンプルに使われているデータベーススキーマを示します。

付録 B　練習問題の解答

各章の練習問題の解答を示します。

本書の表記

本書では、以下の表記規約を使っています。

太字（**Bold**）

重要な用語を示す。

等幅（`Constant Width`）

プログラムコード、本文中での変数名や関数名、データベース、データ型、環境変数、キーワードなどのプログラム要素を表すために使われる。

等幅の太字（**`Constant Width Bold`**）

コードの重要な部分と、そのとおりに入力しなければならないコマンドやテキストを示す。

ヒント、アドバイス、一般的な注釈を示す。たとえば、Oracle Database の便利な新機能を紹介するために使われる。

警告や注意事項を示す。たとえば、不注意に使った場合に予想外の結果をもたらしかねないSQL の句などを示す。

サンプルコードについて

本書の例で使っているデータを試してみたい場合は、次の 2 つの方法があります。

- MySQL サーバーのバージョン 8.0（以降）をダウンロードしてインストールし、Sakila サンプルデータベース[†1] を読み込む。

- MySQL Sandbox[†2] にアクセスする。MySQL Sandbox は、Sakila サンプルデータベースが読み込まれた MySQL インスタンスである。Katacoda アカウントをセットアップした後（無償）、[Start Scenario] ボタンをクリックする。

2 つ目の方法を選択した場合は、次のようになります。シナリオを開始すると、MySQL サーバーがインストールされ、起動した MySQL サーバーに Sakila スキーマとデータが読み込まれます。準備が整ったところで、標準の `mysql>` プロンプトが表示され、サンプルデータベースでクエリを実行できる状態になります。この方法を選択するほうが間違いなく簡単であり、ほとんどの読者がこの方法を選択するだろうと予想しています。

このデータをコピーするほうが安心だし、永続的な変更も加えてみたいと考えている場合、あるいは MySQL をコンピュータにインストールしてみたい場合は、1 つ目の方法を選択してもよいでしょう。また、AWS（Amazon Web Services）や Google Cloud などの環境でホストされた MySQL サーバーを使うという選択肢もあります。いずれにしても、インストールと設定を自分で行う必要があります。データベースの準備ができたら、次の手順に従って Sakila サンプルデータベースを読み込む必要があります。

まず、`mysql` コマンドラインクライアントを起動し、パスワードを入力します。続いて、次の手順を実行します。

---

†1　https://dev.mysql.com/doc/index-other.html

†2　https://www.katacoda.com/mysql-db-sandbox/scenarios/mysql-sandbox
　　【第 2 刷追記】katacoda.com はサービスを終了したので、新しい MySQL Sandbox である https://learning.oreilly.com/scenarios/mysql-sandbox/9781492079705 にアクセスすること（オライリーアカウントが必要）。

1. MySQL の「Other MySQL Documentation」ページ[†3] にアクセスし、[Example Databases] セクションの[sakila database]のファイルをダウンロードする。

2. これらのファイルを C:¥temp¥sakila-db などのローカルディレクトリにコピーする（次の2つのステップでは、ディレクトリパスを実際のものに置き換える）。

3. source c:¥temp¥sakila-db¥sakila-schema.sql; と入力して Enter キーを押す。

4. source c:¥temp¥sakila-db¥sakila-data.sql; と入力して Enter キーを押す。

本書の例で必要となるデータが含まれたデータベースの準備はこれで完了です。

問い合わせ先

本書に関するご意見、ご質問等は、オライリー・ジャパンまでお寄せください。連絡先は以下のとおりです。

株式会社オライリー・ジャパン

電子メール　japan@oreilly.co.jp

本書の Web ページには、正誤表やコード例などの追加情報が掲載されています。以下の URL を参照してください。

https://www.oreilly.com/library/view/learning-sql-3rd/9781492057604/（原書）

https://www.oreilly.co.jp/books/9784873119588（和書）

本書に関する技術的な質問や意見は、次の宛先に電子メール（英文）を送ってください。

bookquestions@oreilly.com

オライリーに関するその他の情報については、次の Web サイトを参照してください。

https://www.oreilly.co.jp

https://www.oreilly.com/（英語）

[†3]　https://dev.mysql.com/doc/index-other.html

謝辞

　この第 3 版の実現を支援してくれた編集者の Jeff Bleiel と、本書を快くレビューしてくれた Thomas Nield、Ann White-Watkins、Charles Givre に感謝しています。また、Deb Baker、Jess Haberman をはじめ、このプロジェクトに参加してくれた O'Reilly Media のスタッフ全員にも感謝しています。最後になりましたが、私を励まし、奮い立たせてくれた妻の Nancy と娘の Michelle と Nicole に感謝します。

目　次

1章
背景情報

本題に入る前に、データベースの歴史を調べておくと、リレーショナルデータベースとSQL言語がどのように進化したのかをよく理解する上で参考になります。そこで、データベースの基本的な概念を紹介し、コンピュータ化されたデータストレージとデータ検索の歴史を振り返ることから始めたいと思います。

そんなことよりも早くクエリを書いてみたいという場合は、3章に進んでもかまわない。しかし、SQL言語の歴史と用途をよく理解するために、あとで最初の2つの章に戻ってくることをお勧めする。

1.1 データベースとは

データベース（database）とは、言ってしまえば、関連する情報を集めたもののことです。たとえば電話帳は、特定の地域に住む人々の氏名、電話番号、住所からなるデータベースです。電話帳がどこにでもあり、よく使われているデータベースであることは確かですが、次のような問題があります。

- 電話帳に載っている電話番号の数が多い場合は特に、誰かの電話番号を見つけるのに時間がかかる。

- 電話帳のエントリは氏名に基づいてインデックス付けされているだけなので、ある住所に住んでいる人の名前を見つけることは、理論的には可能であるものの、このデータベースの現実的な用途ではない。

- 電話帳が印刷された瞬間から、その地域への転入や転出、電話番号の変更、または同じ地域内の別の場所への引越しに伴い、情報がどんどん古くなっていく。

電話帳の欠点はそのまま、ファイルキャビネットに保管された患者の記録といった紙のデータストレージシステムにも当てはまります。最初に開発されたコンピュータアプリケーションがコンピュータ化されたデータストレージ／検索システムである**データベースシステム**（database system）だったのは、このような紙のデータベースが扱いにくいためでした。データベースシステムはデータを紙ではなく電子的に保存するため、データをよりすばやく取得し、データに複数の方法でインデックスを付け、ユーザーコミュニティに最新の情報を提供することが可能です。

初期のデータベースシステムは、データを磁気テープに書き込んで管理していました。一般に、テープの数はテープリーダーの数をはるかに上回っていたため、特定のデータが必要になるたびに、技術者がテープの取り付けと取り外しに追われました。当時のコンピュータに搭載されていたメモリはほんのわずかだったので、同じデータに対するリクエストが重なった場合は、たいていテープからデータを繰り返し読み取るはめになりました。このようなデータベースシステムでも紙のデータベースからすれば飛躍的な進歩でしたが、現代のテクノロジからすると雲泥の差があります（現代のデータベースシステムは、サーバークラスタを通じてアクセスするペタバイトレベルのデータを管理できます。このクラスタを構成しているサーバーはそれぞれ数十ギガバイトのデータを高速なメモリにキャッシュしていますが、少し先を急ぎすぎたようです）。

1.1.1　非リレーショナルデータベースシステム

 本節の内容は、リレーショナルデータベースシステムが登場する以前の背景情報で構成されている。一刻も早く SQL に取り組みたい場合は、次節に進んでもかまわない。

データベースシステムがコンピュータ化されてから最初の数十年間は、データを格納してユーザーに提供する方法はさまざまでした。たとえば、**階層型データベースシステム**（hierarchical database system）では、データは 1 つ以上のツリー構造として表されます。図 1-1 は、George Blake と Sue Smith の銀行口座に関連するデータをツリー構造で表したものです。

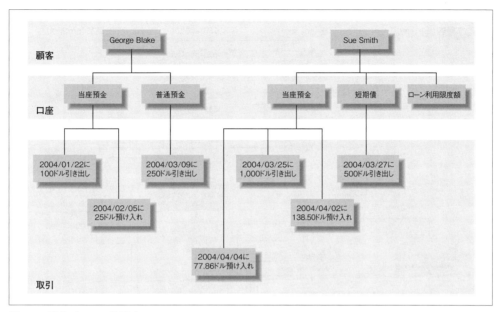

図 1-1：講座データの階層ビュー

　George と Sue の口座と、それらの口座での取引は、別々のツリーを築いています。階層型データベースシステムには、顧客のツリーを特定し、そのツリーをたどって目的の口座や取引を見つけ出すためのツールがあります。ツリーの各ノードには、親を１つ持つものと持たないもの、子を１つ以上持つものと持たないものがあります。このような構成を**シングルペアレント階層**（single-parent hierarchy）と呼びます。

　ネットワークデータベースシステム（network database system）もよく使われる手法の１つであり、一連のレコードを公開し、さまざまなレコード間の関係を定義するリンクを設定します。図 1-2 は、George と Sue の口座をネットワークデータベースシステムで管理するとどうなるかを示しています。

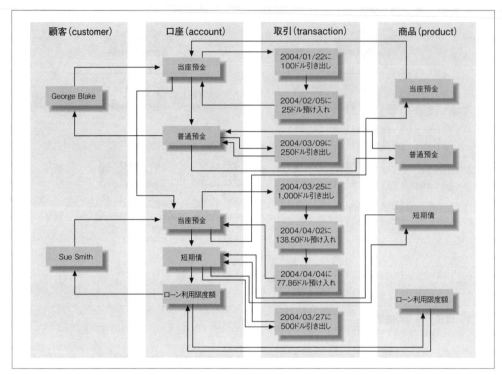

図1-2：口座データのネットワークビュー

Sue の短期債口座での取引を検索するには、次の作業を行う必要があります。

1. Sue Smith の顧客レコードを検索する。

2. Sue Smith の顧客レコードから Sue の口座リストへのリンクをたどる。

3. 短期債口座が見つかるまで、一連の口座をたどる。

4. 短期債レコードから取引リストへのリンクをたどる。

図1-2 の右端を見ると、product レコードの集合があります。これらのレコードはネットワークデータベースシステムの重要な機能の1つを示しています。product レコード（当座預金、普通預金など）がその商品タイプの account レコードのリストを指していることに注目してください。このように account レコードに複数の場所（customer レコードと product レコード）からアクセスできるため、ネットワークデータベースは**マルチペアレント階層**（multi-parent hierarchy）として機能します。

階層型データベースシステムとネットワークデータベースシステムは今でも健在ですが、一般に活躍の場はメインフレームの世界に限られています。それに加えて、階層型データベースシステムは、Microsoft の Active Directory やオープンソースの Apache Directory Server といったディレ

クトリサービス分野に活躍の場を移しています。しかし、1970年代以降は、新しいデータ表現の方法が定着するようになります。この表現は、より厳格でありながら、理解しやすく実装しやすいものでした。

1.1.2 リレーショナルモデル

1970年、IBM研究所のE. F. Codd博士が『A Relational Model of Data for Large Shared Data Banks』という論文を発表し、データを**テーブル**（table）の集合として表すことを提案しました。この方法は、関連するエンティティをたどるためにポインタを使うのではなく、冗長なデータを使ってさまざまなテーブル内のレコードをリンクするというものでした。この方法でGeorgeとSueの口座情報を表すと、図1-3のようになるでしょう。

customer

cust_id	fname	lname
1	George	Blake
2	Sue	Smith

account

account_id	product_cd	cust_id	balance
103	CHK	1	$75.00
104	SAV	1	$250.00
105	CHK	2	$783.64
106	MM	2	$500.00
107	LOC	2	0

product

product_cd	name
CHK	Checking
SAV	Savings
MM	Money market
LOC	Line of credit

transaction

txn_id	txn_type_cd	account_id	amount	date
978	DBT	103	$100.00	2004-01-22
979	CDT	103	$25.00	2004-02-05
980	DBT	104	$250.00	2004-03-09
981	DBT	105	$1000.00	2004-03-25
982	CDT	105	$138.50	2004-04-02
983	CDT	105	$77.86	2004-04-04
984	DBT	106	$500.00	2004-03-27

図1-3：口座データのリレーショナルビュー

　図 1-3 は、先に示した 4 つのエンティティである顧客（customer）、商品（product）、口座（account）、取引（transaction）を表す 4 つのテーブルで構成されています。図 1-3 の customer テーブルには、**列**（column）が 3 つ含まれています。具体的には、顧客の ID 番号を含んでいる cust_id、顧客の名を含んでいる fname、顧客の姓を含んでいる lname です。また、customer テーブルには**行**（row）が 2 つあり、1 つには George Blake のデータ、もう 1 つには Sue Smith のデータが含まれています。テーブルに追加できる列の個数はサーバーによって異なりますが、通常は十分な大きさがあるので問題になることはありません（たとえば、Microsoft SQL Server の場合は、テーブルに 1,024 列まで追加できます）。テーブルに追加できる行の個数は、データベースサーバーの制限というよりも、物理的な制限（ディスクドライブの空き領域）と保全性（テーブルがどれくらいの大きさになると操作が難しくなるか）の問題です。

　リレーショナルデータベースの各テーブルには、テーブル内の行を一意に識別するための情報である**主キー**（primary key）と、エンティティを完全に説明するために必要な情報が含まれています。customer テーブルを再び見てみると、cust_id 列に顧客ごとに異なる番号が含まれていることがわかります。たとえば、George Blake は顧客番号 1 で一意に識別できます。この識別子（ID）が他の顧客に割り当てられることはなく、customer テーブルから George Blake のデータを見つけ出すにあたって他の情報はいっさい必要ありません。

　どのデータベースサーバーにも、主キーの値として使う一意な数字を生成するためのメカニズムがある。このため、割り当てられた数字を追跡することについて心配する必要はない。

　fname 列と lname 列の組み合わせを主キーとして使うことも可能ですが、同姓同名の人がその銀行に口座を開くことがないとは言えません。そこで、主キー列として使うための cust_id 列を customer テーブルに追加することにしました。ちなみに、2 つ以上の列で構成される主キーを**複合キー**（compound key）と呼びます。

　この例で言うと、主キーとして fname/lname を選択する場合は**自然キー**（natural key）、cust_id を選択する場合は**代理キー**（surrogate key）と呼ぶ。自然キーと代理キーのどちらを採用するかはデータベース設計者次第だが、この場合の選択肢は明白である。というのも、人の姓は変わることがあるが（配偶者の姓を名乗るなど）、主キー列に一度値を割り当てたら決して変更することは許されないからだ。

　テーブルによっては、別のテーブルをたどるための情報が含まれていることがあります。この情報は、先ほど言及した「冗長なデータ」です。たとえば、account テーブルには、口座を開いた顧客

の一意な ID を含んでいる cust_id 列と、その口座で申し込まれた商品の一意な ID を含んでいる product_cd 列があります。これらの列は**外部キー**（foreign key）と呼ばれるもので、階層バージョンとネットワークバージョンの口座情報においてエンティティどうしを結んでいる線と同じ役割を果たします。特定の口座のレコードを調べていて、その口座を開いた顧客のより詳しい情報が知りたい場合は、cust_id 列の値を使って customer テーブルの該当する行を検索することになります。リレーショナルデータベースでは、このプロセスを**結合**（join）と呼びます[†1]。

　同じデータを何度も格納するのは無駄に思えるかもしれませんが、冗長なデータとして何を格納できるかという点でリレーショナルモデルはきわめて明確です。たとえば account テーブルの場合、口座を開いた顧客の一意な ID を列として追加するのは妥当ですが、顧客の姓名を列として追加するのは妥当ではありません。たとえば、顧客は名前を変えるかもしれないので、顧客の名前を保持する場所はデータベース内で 1 つに限定したほうがよいでしょう。そのようにしないと、データが変更されている場所と変更されていない場所が発生した場合に、データベースのデータが信頼できないものになってしまいます。このデータは customer テーブルに格納するのが妥当であり、他のテーブルには cust_id 列の値だけを格納すべきです。また、1 つの列に複数の情報を格納するのも適切ではありません。たとえば、name 列に姓と名の両方を格納したり、address 列に郵便番号、都道府県、市町村名をすべて格納したりするのは禁物です。データベースの設計を見直し、独立した情報がそれぞれただ 1 つの場所にあるようにする（ただし、外部キーを除く）プロセスを**正規化**（normalization）と呼びます。

　図 1-3 に戻り、これら 4 つのテーブルを使って George Blake の当座預金口座での取引を見つけ出す方法を知りたいとしましょう。そこで、まず customer テーブルで George Blake の一意な ID を検索します。次に、product テーブルで当座預金口座（name 列に "Checking" という値が含まれている）の一意な ID を検索します。そして account テーブルで、cust_id 列に George の一意な ID が含まれていて、product_cd 列に当座預金口座の ID が含まれている行を検索します。最後に、transaction テーブルで account_id 列が account テーブルの一意な ID と一致する行を検索します。複雑に思えるかもしれませんが、これから説明するように、SQL 言語を使えば、この作業をたった 1 つのコマンドで実行できます。

1.1.3　用語

　すでに新しい用語がいくつか登場しているので、ここで正式な定義をまとめておいたほうがよさそうです。本書で使っている用語とそれらの定義を表 1-1 にまとめておきます。

[†1]　結合については 3 章で取り上げる。5 章と 10 章では、結合をさらに詳しく見ていく。

表 1-1：用語と定義

用語	定義
エンティティ	顧客、部品、地域など、データベースユーザーが関心を持つ対象
列	テーブルに格納された個々のデータ
行	エンティティまたはエンティティでのアクションを完全に説明する列の集合。レコードとも呼ばれる
テーブル	メモリ（非永続）または恒久的なストレージ（永続）に格納された行の集合
結果セット	非永続テーブルの別名。通常は SQL クエリの結果
主キー	テーブル内の各行の一意な ID として使える 1 つ以上の列
外部キー	別のテーブル内の 1 つの行を識別するために使える 1 つ以上の列

1.2　SQL とは何か

　Codd はリレーショナルモデルを定義しただけではなく、リレーショナルテーブルのデータを操作するための DSL/Alpha という言語も提案しました。Codd の論文が発表されてまもなく、IBM は Codd の構想に基づいてプロトタイプを構築するためのグループを発足させました。このグループは DSL/Alpha の簡易バージョンを作成し、SQUARE と名付けました。その後、SQUARE を改良した SEQUEL という言語が開発され、最終的に SQL と名付けられました。当初はリレーショナルデータベースのデータを操作するための言語だった SQL は、（後ほど見ていくように）さまざまなデータベーステクノロジにわたってデータを操作するための言語として進化しました。

　SQL は 50 年目を迎えようとしており、これまでに数え切れないほど改訂されてきました。1980 年代の半ばに ANSI（American National Standards Institute）が SQL 言語の標準化に着手し、1986 年に最初の規格が正式にリリースされました。その後の改訂により、1989 年、1992 年、1999 年、2003 年、2006 年、2008 年、2011 年、2016 年に SQL 規格の新しいバージョンがリリースされています。これらのリリースでは、基本言語の改訂に加えて、オブジェクト指向機能をはじめとする新しい機能が SQL 言語に追加されています。最近の改訂は、XML（eXtensible Markup Language）や JSON（JavaScript Object Notation）など、関連するテクノロジの統合に焦点を合わせたものになっています。

　SQL クエリの結果はテーブルであるため、SQL はリレーショナルモデルと切っても切れない関係にあります。クエリの結果を表すテーブルは**結果セット**（result set）と呼ばれます。クエリの結果セットを格納するだけで、リレーショナルデータベースに新しい永続テーブルを作成できます。同様に、永続テーブルと他のクエリからの結果セットをクエリの入力として使うこともできます[†2]。

　最後にもう 1 つ。SQL は何かの頭文字ではありません（"Structured Query Language" の略語であるという意見が多いようですが）。この言語に言及するときには、「エス、キュー、エル」と 1 文字

[†2]　この点については、9 章で詳しく見ていく。

ずつ読んでも、「シークエル」と読んでもよいことになっています。

1.2.1 SQL文の分類

SQL言語はいくつかの部分に分割されます。本書では、次の3つの部分を調べます。

- **SQLスキーマ文**（SQL schema statement）
  データベースに格納されるデータ構造を定義する。

- **SQLデータ文**（SQL data statement）
  SQLスキーマ文を使ってあらかじめ定義したデータ構造を操作する。

- **SQLトランザクション文**（SQL transaction statement）
  トランザクションの開始、終了、ロールバック[†3]に使う。

たとえば、データベースに新しいテーブルを作成するには、SQLスキーマ文であるcreate table を使います。新しいテーブルにデータを挿入するには、SQLデータ文であるinsertを使います。

これらの文がどのようなものなのか簡単に見てみましょう。たとえば、corporationというテーブルを作成するSQLスキーマ文は、次のようになります。

```
CREATE TABLE corporation
 (corp_id SMALLINT,
  name VARCHAR(30),
  CONSTRAINT pk_corporation PRIMARY KEY (corp_id)
 );
```

この文は、corp_idとnameの2つの列からなるテーブルを作成し、corp_idをテーブルの主キーとして定義しています。MySQLで利用できるさまざまなデータ型など、この文の詳細については次章で検証します。次に、corporationテーブルにAcme Paper Corporationの行を挿入するSQLデータ文は次のようになります。

```
INSERT INTO corporation (corp_id, name)
VALUES (27, 'Acme Paper Corporation');
```

この文は、corp_id列に27、name列にAcme Paper Corporationという値を持つ行をcorporationテーブルに追加します。

最後に、作成したばかりのデータを取得するための簡単なselect文を見てみましょう。

```
mysql> SELECT name
    -> FROM corporation
```

---

†3　ロールバックについては、12章を参照。

```
    -> WHERE corp_id = 27;
+------------------------+
| name                   |
+------------------------+
| Acme Paper Corporation |
+------------------------+
1 row in set (0.00 sec)
```

　SQL スキーマ文を使って作成されたデータベース要素はすべて、**データディクショナリ**（data dictionary）という特別なテーブルに格納されます。この「データベースに関するデータ」をまとめて**メタデータ**（metadata）と呼びます[†4]。独自に作成するテーブルと同様に、データディクショナリテーブルは select 文を使って調べることができます。そのようにして、実行時にデータベースに配置されている現在のデータ構造を確認できます。たとえば、先月作成された新しい口座をレポートにまとめなければならない場合は、レポートの作成時にわかっている account テーブルの列の名前をハードコーディングするか、データディクショナリを調べて現在の列を割り出し、そのつどレポートを動的に生成することになるでしょう。

　本書の内容のほとんどは、select、update、insert、delete の 4 つのコマンドで構成される SQL 言語のデータ部分に関するものです。2 章では、SQL スキーマ文を取り上げ、単純なテーブルを設計・作成する手順を実際に見ていきます。一般に、SQL スキーマ文については、構文以外はそれほど説明する部分はありません。これに対し、SQL データ文については、数はそれほどないものの、詳しく調べなければならない部分があります。本書では、SQL スキーマ文の多くを紹介するように努めていますが、ほとんどの章では、SQL データ文を重点的に見ていきます。

1.2.2　SQL：非手続き型言語

　プログラミング言語を使った経験があれば、変数とデータ構造の定義、条件ロジック（if-then-else など）とループ構造（do while … end など）の使用、再利用可能な要素（オブジェクト、関数、プロシージャなど）へのコードの分解についてはもう知っていると思います。あなたのコードはコンパイラに渡され、結果として生成される実行可能コードはプログラムしたとおりに動作します（常にそうなるとは限らないと言われれば確かにそうですが）。Java、Python、Scala などの**手続き型**言語を使っている場合、プログラムの動作はあなたが完全に制御できます。

> 手続き型言語は、望ましい結果と、それらの結果を生成するメカニズム（プロセス）の両方を定義する。非手続き型言語も望ましい結果を定義するが、それらの結果を生成するプロセスは外部のエージェントに委ねられる。

---

†4　メタデータについては、15 章を参照。

　しかし、SQLを使う場合は、これまで可能だった制御の一部をあきらめる必要があります。というのも、必要な入力と出力はSQL文が定義するものの、SQL文が実行される方法は**オプティマイザ**（optimizer）と呼ばれるデータベースエンジンのコンポーネントに委ねられるからです。オプティマイザの役割は、SQL文を調べ、テーブルの構成や利用可能なインデックスを考慮に入れた上で、最も効率のよい実行パスを判断することです（この点についても、常に最も効率がよいとは限りません）。ほとんどのデータベースエンジンでは、特定のインデックスの使用を提案するといった**オプティマイザヒント**（optimizer hint）を指定することで、オプティマイザの判断を間接的に制御できます。しかし、ほとんどのSQLユーザーはこのような手の込んだ作業を行わず、そうした調整はデータベース管理者やパフォーマンスの専門家に任せています。

　要するに、SQLを使って完全なアプリケーションを作成することはできません。特定のデータを操作する簡単なスクリプトを作成するなら話は別ですが、普段使っているプログラミング言語とSQLを統合する必要があるでしょう。OracleとPL/SQL言語の統合や、MySQLとストアドプロシージャ言語の統合、MicrosoftによるTransactSQL言語の統合のように、この作業をすでに行っているデータベースベンダーも存在します。これらの言語では、SQLデータ文はすでに言語の文法の一部であり、データベースクエリと手続き型のコマンドをシームレスに統合できます。ただし、JavaやPythonのようにデータベースに限定されない言語を使っているときには、そのコードからSQL文を実行するためのツールキット／APIが必要になります。このようなツールキットは、データベースベンダーから提供されることもあれば、サードパーティベンダーやオープンソースプロバイダによって作成されていることもあります。SQLを特定の言語に統合するための選択肢の一部を表1-2にまとめておきます。

表1-2：SQL統合ツールキット

言語	ツールキット
Java	JDBC（Java Database Connectivity）
C#	ADO.NET（Microsoft）
Ruby	Ruby DBI
Python	Python DB
Go	Package database/sql

　SQLコマンドを対話形式で実行するだけであれば、すべてのデータベースベンダーから少なくとも単純なコマンドラインツールが提供されています。これらのツールでは、SQLコマンドをデータベースに送信し、結果を調べることができます。ほとんどのベンダーはグラフィカルツールも提供しており、それらのグラフィカルツールはSQLコマンドを表示するウィンドウとSQLコマンドの結果を表示するウィンドウで構成されています。それに加えて、JDBCを使ってさまざまなデータベースサーバーに接続するSQuirrelのようなサードパーティツールも提供されています。本書の例

は MySQL データベースで実行するようになっているため、サンプルコードの実行と結果のフォーマットには、MySQL のインストールに含まれている `mysql` コマンドラインユーティリティを使っています。

1.2.3　SQL の例

　少し前に、George Blake の当座預金口座での取引をすべて取得する SQL 文を紹介すると約束しました。先へ進む前に、この約束を果たしておくことにします。

```
SELECT t.txn_id, t.txn_type_cd, t.txn_date, t.amount
FROM individual i
  INNER JOIN account a ON i.cust_id = a.cust_id
  INNER JOIN product p ON p.product_cd = a.product_cd
  INNER JOIN transaction t ON t.account_id = a.account_id
WHERE i.fname = 'George' AND i.lname = 'Blake'
  AND p.name = 'checking account';

+--------+-------------+---------------------+--------+
| txn_id | txn_type_cd | txn_date            | amount |
+--------+-------------+---------------------+--------+
| 11     | DBT         | 2008-01-05 00:00:00 | 100.00 |
+--------+-------------+---------------------+--------+
1 row in set (0.00 sec)
```

　ここでは詳しく説明しませんが、このクエリは individual テーブルで George Blake の行を特定し、product テーブルで当座預金口座（"Checking"）の行を特定し、この顧客と商品の組み合わせに対する行を account テーブルで検索し、この口座に送信されたすべての取引に対する 4 つの列を transaction テーブルから取得しています。George Blake の顧客 ID が 8 であることと、当座預金口座が 'CHK' というコードで表されることをたまたま知っていた場合は、顧客 ID に基づいて George Blake の当座預金口座を account テーブルで検索し、口座 ID に基づいて適切な取引を検索するだけで済みます。

```
SELECT t.txn_id, t.txn_type_cd, t.txn_date, t.amount
FROM account a
  INNER JOIN transaction t ON t.account_id = a.account_id
WHERE a.cust_id = 8 AND a.product_cd = 'CHK';
```

　これらのクエリに含まれているすべての概念（およびその他の概念）については以降の章で取り上げますが、少なくともクエリがどのようなものであるかがわかったと思います。

　これらのクエリには、select、from、where の 3 つの**句**（clause）が含まれています。これら 3 つの句は、これから目にするほぼすべてのクエリに含まれているもので、「節」とも呼ばれます。ただし、特別な用途に使われる句が他にもあります。これら 3 つの句の役割を示すクエリを見てみましょう。

```
SELECT  /* 1つ以上のもの */ ...
FROM    /* 1つ以上の場所 */ ...
WHERE   /* 1つ以上の条件を適用 */ ...
```

 ほとんどのSQL実装は /* タグと */ タグで囲まれているテキストをコメントとして扱う。

　クエリを組み立てるときには、必要なテーブル（1つまたは複数）を判断し、それらのテーブルを from句に追加することが最初の作業になるでしょう。次に、これらのテーブルのデータのうち必要がないものを除外する必要があるので、そのための条件を where句に追加します。最後に、さまざまなテーブルから取得する必要がある列を判断し、それらを select句に追加します。たとえば、"Smith"という姓の顧客をすべて検索する方法は次のようになります。

```
SELECT cust_id, fname
FROM individual
WHERE lname = 'Smith';
```

　このクエリは、individualテーブルにおいて lname列の値が "Smith" と一致する行をすべて検索し、それらの行から cust_id列と fname列を取得します。

　ほとんどの場合は、データベースからデータを取得するだけではなく、データベースにデータを挿入したり、データベースのデータを変更したりすることになるでしょう。簡単な例として、productテーブルに新しい行を挿入する方法を見てみましょう。

```
INSERT INTO product (product_cd, name)
VALUES ('CD', 'Certificate of Depysit')
```

　おっと、"Deposit"のつづりを間違えたようです。心配はいりません。この間違いは update文を使って訂正できます。

```
UPDATE product
SET name = 'Certificate of Deposit'
WHERE product_cd = 'CD';
```

　select文と同様に、この update文にも where句が含まれています。というのも、update文では変更の対象となる行を識別しなければならないからです。この update文は、product_cd列の値が文字列 "CD" と一致する行だけを変更します。product_cd列は productテーブルの主キーなので、この update文が変更するのは 1行だけのはずです（テーブルに一致する値が含まれていない場合は 0行）。SQLデータ文を実行するたびに、データ文の処理の対象となった行の個数がデータベースエンジンから返されます。前述の mysqlコマンドラインユーティリティなど、対話形式の

ツールを使っている場合は、次のいずれかに該当する行の個数が返されます。

- select 文によって返された行
- insert 文によって作成された行
- update 文によって変更された行
- delete 文によって削除された行

前述のツールキットの1つと手続き型言語を使っている場合は、SQL データ文の実行後にこの情報を要求するための呼び出しがツールキットに含まれています。通常は、この情報をチェックして、文が想定外の処理を行っていないことを確認しておくのが無難です（delete 文で where 句を指定し忘れたためにテーブルの行がすべて削除された、なんてことがあるかもしれません）。

1.3　MySQL とは何か

リレーショナルデータベース製品は 30 年以上にわたって販売されてきました。次に、最も完成度が高く、人気の高い製品を挙げておきます。

- Oracle Corporation の Oracle Database
- Microsoft の SQL Server
- IBM の DB2 Universal Database

これらのデータベースサーバーは、機能的にはほぼ同じですが、非常に大規模なデータベースや非常に高性能なデータベースの実行に適しているものがあります。また、オブジェクト、非常に大きなファイル、XML ドキュメントなどの処理を得意とするものもあります。さらに、これらのデータベースサーバーはどれも最新の ANSI SQL 規格への準拠に力を入れています。これは願ってもないことです。本書では、どのプラットフォームでもほとんどあるいはまったく修正せずに実行できる SQL 文の作成方法を紹介したいと考えています。

市販のデータベースサーバー製品に加えて、オープンソースコミュニティでは 20 年ほど前からそれらの製品に匹敵するようなデータベースサーバーの開発を目指した取り組みが精力的に進められています。そのうち最もよく使われているオープンソースデータベースサーバーは PostgreSQL と MySQL の 2 つです。MySQL サーバーは無償で提供されており、ダウンロードとインストールはとても簡単です。これらの理由により、本書ではすべての例を MySQL（8.0）データベースで実行

することにし、クエリの結果のフォーマットには mysql コマンドラインユーティリティを使うことにしました。すでに別のサーバーを使っていて、MySQL を使う予定がなかったとしても、ぜひ最新の MySQL サーバーをインストールし、サンプルスキーマやサンプルデータを読み込み、本書のデータや例を試してみてください。

ただし、次の点に注意が必要です。

　　本書は MySQL の SQL 実装に関する本ではない

本書の目的は、そのまま MySQL サーバーで実行でき、Oracle Database、DB2、SQL Server の最新リリースでもほとんどあるいはまったく修正せずに実行できる SQL 文の作成方法を示すことにあります。

1.4　SQL アンプラグド

本書の第 2 版から第 3 版までの 10 年間にデータベースの世界でいろいろなことが起きています[†5]。リレーショナルデータベースは依然として広く利用されており、この状況はしばらく続きそうですが、Amazon や Google のような企業のニーズを満たすために新たなデータベーステクノロジが登場しています。Hadoop、Spark、NoSQL、NewSQL をはじめとするこれらのテクノロジはスケーラブルな分散システムであり、一般にコモディティサーバーからなるクラスタでデプロイされます。これらのテクノロジを詳しく調べるのは本書の適用外ですが、どのテクノロジにもリレーショナルデータベースとの共通点があります —— そう、SQL です。

組織がデータの格納に複数のテクノロジを使うのはよくあることです。このため、SQL のプラグを特定のデータベースに差し込むのではなく、複数のデータベースにまたがるサービスを提供する必要があります。たとえば、レポートを作成するには、Oracle、Hadoop、JSON ファイル、CSV ファイル、そして Unix ログファイルに含まれているデータをまとめる必要があるかもしれません。このような課題に対処するために、新しい世代のツールが開発されています。その中でも最も有望なツールの 1 つに、オープンソースのクエリエンジンである Apache Drill があります。Apache Drill を使ってクエリを記述すれば、ほぼすべてのデータベース／ファイルシステムに格納されているデータにアクセスできます。Apache Drill については、18 章で詳しく見ていきます。

---

†5　[訳註] 英語版は第 2 版（2009 年）が出版されている。日本語版は第 1 版（2006 年）のみ。

1.5　本書の内容

　次の 4 つの章の全体的な目標は、select 文の 3 つの句に重点を置いて SQL データ文を紹介することにあります。それに加えて、次章では Sakila スキーマを紹介し、このスキーマを使った例をいろいろ見ていきます。本書では、すべての例でこのスキーマを使います。データベースを 1 つに絞ると、新しいテーブルを使うたびに立ち止まって調べる必要がなくなるため、例題の最も重要なポイントを理解できると期待しています。同じテーブルを使うのに飽きた場合は、ぜひサンプルデータベースに新しいテーブルを追加するか、試しに新しいデータベースを作成してみてください。

　基礎をしっかり理解した後は、他の概念を詳しく見ていきます。それらのほとんどは独立した概念であるため、うまく呑み込めない場合は、その部分を飛ばして先へ進み、あとから戻ってきてもかまいません。サンプルコードを試しながら本書を最後まで読めば、ベテランの SQL ユーザーに向かって大きな一歩を踏み出せるでしょう。

　ここで簡単に紹介したリレーショナルデータベースの情報、コンピュータ化されたデータベースシステムの歴史、あるいは SQL 言語についてさらに詳しく知りたい場合は、次の参考文献を調べてみてください。

- C. J. Date 著『Database in Depth: Relational Theory for Practitioners』(O'Reilly) [†6]

- C. J. Date 著『An Introduction to Database Systems, Eighth Edition』(Addison Wesley) [†7]

- C. J. Date 著『The Database Relational Model: A Retrospective Review and Analysis』(Addison Wesley)

- https://en.wikipedia.org/wiki/Database_management_system

---

†6　『データベース実践講義 ─ エンジニアのためのリレーショナル理論』(オライリー・ジャパン、2006 年)
†7　『データベースシステム概論』(原書第 6 版の翻訳、丸善、1997 年)

2章
データベースの作成と設定

　本章では、あなたにとって最初のデータベースを作成するために必要な情報と、本書の例で用いるテーブルとそのデータを作成するために必要な情報を提供します。また、さまざまなデータ型を紹介し、それらのデータ型を使ってテーブルを作成する方法も確認します。本書の例はMySQLデータベースで実行することを想定したものなので、MySQLの機能や構文に少し偏った内容になっていますが、ほとんどの概念はすべてのデータベースサーバーに共通するものです。

2.1　MySQLデータベースを作成する

　本書の例と同じデータを使って実際に試してみたい場合は、次の2つの選択肢があります。

- MySQL 8.0（以降）をダウンロードしてインストールし、Sakilaサンプルデータベース[†1]を読み込む。

- MySQL Sandbox[†2]にアクセスする。MySQL Sandboxは、Sakilaサンプルデータベースが読み込まれたMySQLインスタンスである。Katacodaアカウントをセットアップした後（無償）、[Start Scenario]ボタンをクリックする。

　2つ目の方法を選択した場合は、次のようになります。シナリオを開始すると、MySQLサーバーがインストールされ、起動したMySQLサーバーにSakilaスキーマとデータが読み込まれます。準備が整ったところで、標準の`mysql>`プロンプトが表示され、サンプルデータベースでクエリを実行できる状態になります。この方法を選択するほうが間違いなく簡単であり、ほとんどの読者がこの方法を選択するだろうと予想しています。この方法でよければ、次節に進んでください。

---

†1　https://dev.mysql.com/doc/index-other.html
†2　https://www.katacoda.com/mysql-db-sandbox/scenarios/mysql-sandbox
　【第2刷追記】katacoda.com はサービスを終了したので、新しい MySQL Sandbox である https://learning.oreilly.com/scenarios/mysql-sandbox/9781492079705 にアクセスすること（オライリーアカウントが必要）。

このデータをコピーするほうが安心だし、永続的な変更も加えてみたいと考えている場合、あるいは MySQL をコンピュータにインストールしてみたい場合は、1つ目の方法を選択してもよいでしょう。また、AWS（Amazon Web Services）や Google Cloud などの環境でホストされた MySQL サーバーを使うという選択肢もあります。いずれにしても、インストールと設定を自分で行う必要があります†3。データベースの準備ができたら、次の手順に従って Sakila サンプルデータベースを読み込む必要があります。

まず、mysql コマンドラインクライアントを起動し、パスワードを入力します。続いて、次の手順を実行します。

1. MySQL の「Other MySQL Documentation」ページ†4 にアクセスし、［Example Databases］セクションの［sakila database］のファイルをダウンロードする。

2. これらのファイルを C:¥temp¥sakila-db などのローカルディレクトリにコピーする（次の2つのステップでは、ディレクトリパスを実際のものに置き換える）。

3. source c:¥temp¥sakila-db¥sakila-schema.sql; と入力して Enter キーを押す。

4. source c:¥temp¥sakila-db¥sakila-data.sql; と入力して Enter キーを押す。

本書の例で必要となるデータが含まれたデータベースの準備はこれで完了です。

> Sakila サンプルデータベースは MySQL で作成されており、New BSD ライセンスのもとで提供されている。Sakila には、架空の映画レンタル会社のデータが含まれており、store、inventory、film、customer、payment などのテーブルで構成されている。実際には映画レンタルショップなんてほとんど見かけなくなったが、こんなふうに想像してみるのはどうだろう。この会社は staff テーブルと address テーブルを無視し、store テーブルを streaming_service という名前に変更することで、映画ストリーミング会社として事業を立て直しているところかもしれない。ただし、本書の例はあくまでもオリジナルの脚本に忠実である。

2.2　mysql コマンドラインユーティリティを使う

前節の2つ目の選択肢を使っている場合を除いて、Sakila データベースを操作するには mysql コマンドラインユーティリティが必要です。そこで、Windows のコマンドプロンプトか Unix シェルを開いて mysql ユーティリティを実行する必要があります。たとえば、root アカウントでログインしている場合は、次のコマンドを実行します。

---

†3　次の Web ページにインストールガイドが用意されている（英語のみ）。
　　https://dev.mysql.com/doc/mysql-installer/en/

†4　https://dev.mysql.com/doc/index-other.html

```
mysql -u root -p;
```

続いてパスワードを入力すると、mysql> プロンプトが表示されます。利用可能なデータベース
をすべて確認するには、次のコマンドを入力します。

```
mysql> show databases;
+--------------------+
| Database           |
+--------------------+
| information_schema |
| mysql              |
| performance_schema |
| sakila             |
| sys                |
+--------------------+
5 rows in set (0.01 sec)
```

本章では Sakila データベースを使うため、操作したいデータベースを指定する必要があります。
これには、use コマンドを使います。

```
mysql> use sakila;
Database changed
```

mysql ユーティリティを実行するたびに、ユーザー名とデータベースを次のように指定すること
もできます。

```
mysql -u root -p sakila;
```

このようにすると、mysql ユーティリティを起動するたびに use sakila; と入力する手間が省
けます。セッションを確立してデータベースを指定したところで、SQL 文を送信して結果を表示で
きる状態になります。たとえば、現在の日付と時刻が知りたい場合は、次のクエリを実行します。

```
mysql> SELECT now();
+---------------------+
| now()               |
+---------------------+
| 2021-01-01 20:44:26 |
+---------------------+
1 row in set (0.01 sec)
```

now関数はMySQLの組み込み関数であり、現在の日付と時刻を返します。mysql ユーティリティ
はこのように、プラス記号 (+)、マイナス記号 (-)、垂直バー (｜) で囲まれた四角形の中にクエリの
結果を配置します。そして、結果をすべて出力した後 (この場合、結果は 1 行だけです)、返された
行の個数と SQL 文の実行にかかった時間を出力します。

消えた from 句

データベースサーバーによっては、テーブルを少なくとも 1 つ指定する from 句がなければ、クエリを実行できないことがある。Oracle データベースはその代表的な例である。関数を呼び出すだけでよい場合、Oracle では dual というテーブルを使う。このテーブルはデータを 1 行だけ含んだ dummy という列だけで構成されている。Oracle データベースとの互換性を維持するために、MySQL にも dual テーブルがある。したがって、現在の日付と時刻を取得するための先のクエリを次のように書き換えることができる。

```
mysql> SELECT now() FROM dual;
+---------------------+
| now()               |
+---------------------+
| 2021-01-01 20:44:26 |
+---------------------+
1 row in set (0.01 sec)
```

Oracle を使っておらず、Oracle との互換性を維持する必要がなければ、dual テーブルのことは完全に忘れて from 句のない select 文を使えばよい。

---

　mysql ユーティリティを終了して Windows コマンドプロンプトまたは Unix シェルに制御を戻すには、quit; または exit; と入力します。

2.3　MySQL のデータ型

　全体的に見て、広く使われているデータベースはどれも、文字列、日付、数値といった同じ種類のデータを格納できるようになっています。一般的な違いは、XML/JSON ドキュメントや空間データといった特別なデータ型にあります。本書は SQL の入門書であり、ここで使っている列の 98%は単純なデータ型で定義されます。そこで本章では、文字、日付（時間データ）、数値の 3 つのデータ型のみを取り上げます。JSON ドキュメントに対する SQL クエリについては、18 章で取り上げます。

2.3.1　文字データ

　文字データは固定長の文字列または可変長の文字列として格納できます。違いは、固定長の文字列の末尾がスペースで埋まっていて、常に同じバイト数を消費するのに対し、可変長の文字列の末尾がスペースで埋まっておらず、必ずしも同じバイト数を消費しないことです。文字型の列を定義するときには、その列に格納する文字列の最大の長さを指定しなければなりません。たとえば、最大の長さが 20 文字の文字列を格納したい場合は、次のどちらかの定義を使うことができます。

```
char(20)     /* 固定長 */
varchar(20)  /* 可変長 */
```

char 型の列の長さは（現時点では）最大で 255 バイトですが、varchar 型の列の長さは最大で
65,535 バイトです。これよりも長い文字列（電子メール、XML ドキュメントなど）を格納したい場
合は、後ほど説明するテキスト型（mediumtext、longtext）の 1 つを使ったほうがよいでしょう。
一般に、州の略称のようにすべて同じ長さの文字列を列に格納するときは char 型を使い、ばらば
らの長さの文字列を列に格納するときは varchar 型を使うべきです。主要なデータベースサー
バーでは、char と varchar の使い方はだいたい同じです。

Oracle データベースでの varchar の使い方は例外である。Oracle では、可変長の文字を
格納する列を定義するときには、varchar2 型を使うことになっている。

文字セット

英語のように Latin アルファベットを使う言語では、文字の個数が限られているため、それぞれ
の文字をたった 1 バイトで格納できます。日本語や韓国語などの言語では、文字の個数がはるかに
多いため、それぞれの文字を格納するのに数バイトが必要になります。このような文字セットを**マ
ルチバイト文字セット**（multibyte character set）と呼びます。

MySQL は、シングルバイトかマルチバイトかを問わず、さまざまな文字セットを使ってデータ
を格納できます。データベースサーバーがサポートしている文字セットを表示するには、show コ
マンドを次のように使います。

```
mysql> SHOW CHARACTER SET;
+----------+-----------------------------+--------------------+--------+
| Charset  | Description                 | Default collation  | Maxlen |
+----------+-----------------------------+--------------------+--------+
| armscii8 | ARMSCII-8 Armenian          | armscii8_general_ci |     1 |
| ascii    | US ASCII                    | ascii_general_ci    |     1 |
| big5     | Big5 Traditional Chinese    | big5_chinese_ci     |     2 |
| binary   | Binary pseudo charset       | binary              |     1 |
| cp1250   | Windows Central European    | cp1250_general_ci   |     1 |
| cp1251   | Windows Cyrillic            | cp1251_general_ci   |     1 |
| cp1256   | Windows Arabic              | cp1256_general_ci   |     1 |
| cp1257   | Windows Baltic              | cp1257_general_ci   |     1 |
| cp850    | DOS West European           | cp850_general_ci    |     1 |
| cp852    | DOS Central European        | cp852_general_ci    |     1 |
| cp866    | DOS Russian                 | cp866_general_ci    |     1 |
| cp932    | SJIS for Windows Japanese   | cp932_japanese_ci   |     2 |
| dec8     | DEC West European           | dec8_swedish_ci     |     1 |
| eucjpms  | UJIS for Windows Japanese   | eucjpms_japanese_ci |     3 |
| euckr    | EUC-KR Korean               | euckr_korean_ci     |     2 |
```

```
| gb18030   | China National Standard GB18030 | gb18030_chinese_ci  | 4 |
| gb2312    | GB2312 Simplified Chinese       | gb2312_chinese_ci   | 2 |
| gbk       | GBK Simplified Chinese          | gbk_chinese_ci      | 2 |
| geostd8   | GEOSTD8 Georgian                | geostd8_general_ci  | 1 |
| greek     | ISO 8859-7 Greek               | greek_general_ci    | 1 |
| hebrew    | ISO 8859-8 Hebrew              | hebrew_general_ci   | 1 |
| hp8       | HP West European               | hp8_english_ci      | 1 |
| keybcs2   | DOS Kamenicky Czech-Slovak     | keybcs2_general_ci  | 1 |
| koi8r     | KOI8-R Relcom Russian          | koi8r_general_ci    | 1 |
| koi8u     | KOI8-U Ukrainian               | koi8u_general_ci    | 1 |
| latin1    | cp1252 West European           | latin1_swedish_ci   | 1 |
| latin2    | ISO 8859-2 Central European    | latin2_general_ci   | 1 |
| latin5    | ISO 8859-9 Turkish             | latin5_turkish_ci   | 1 |
| latin7    | ISO 8859-13 Baltic             | latin7_general_ci   | 1 |
| macce     | Mac Central European           | macce_general_ci    | 1 |
| macroman  | Mac West European              | macroman_general_ci | 1 |
| sjis      | Shift-JIS Japanese             | sjis_japanese_ci    | 2 |
| swe7      | 7bit Swedish                   | swe7_swedish_ci     | 1 |
| tis620    | TIS620 Thai                    | tis620_thai_ci      | 1 |
| ucs2      | UCS-2 Unicode                  | ucs2_general_ci     | 2 |
| ujis      | EUC-JP Japanese                | ujis_japanese_ci    | 3 |
| utf16     | UTF-16 Unicode                 | utf16_general_ci    | 4 |
| utf16le   | UTF-16LE Unicode               | utf16le_general_ci  | 4 |
| utf32     | UTF-32 Unicode                 | utf32_general_ci    | 4 |
| utf8      | UTF-8 Unicode                  | utf8_general_ci     | 3 |
| utf8mb4   | UTF-8 Unicode                  | utf8mb4_0900_ai_ci  | 4 |
+----------+--------------------------------+---------------------+--------+
41 rows in set (0.00 sec)
```

4列目（Maxlen）の値が1よりも大きい場合、その文字セットはマルチバイト文字セットです。

MySQLサーバーの以前のバージョンでは、デフォルトの文字セットとして latin1 文字セットが自動的に選択されていましたが、MySQL 8のデフォルトは utf8mb4 です。ただし、データベースの文字型の列ごとに別の文字セットを選択したければそうすることもできます。また、同じテーブル内に異なる文字セットを格納することも可能です。列を定義するときにデフォルト以外の文字セットを選択するには、次に示すように、サポートされている文字セットの名前を型の定義の後に指定するだけです。

```
varchar(20) character set latin1
```

MySQLでは、データベース全体のデフォルトの文字セットを設定することもできます。

```
create database european_sales character set latin1;
```

入門書としては、文字セットの説明はこれくらいで十分でしょう。しかし、国際化に関しては、考慮しなければならないことが山ほどあります。マルチバイト文字セットやよく知らない文字セットを扱う予定がある場合は、Jukka Korpela 著『Unicode Explained: Internationalize Documents, Programs, and Web Sites』（O'Reilly Media, Inc.）などが参考になるでしょう。

テキストデータ

varchar 型の列の上限である 64KB を超えるデータを格納する必要がある場合は、テキスト型の列を使う必要があるでしょう。

利用可能なテキスト型とそれらの最大サイズを表2-1 にまとめておきます。

表 2-1：MySQL のテキスト型

テキスト型	最大バイト数
tinytext	255
text	65,535
mediumtext	16,777,215
longtext	4,294,967,295

テキスト型の 1 つを使うことにした場合は、次の点に注意してください。

- テキスト型の列に読み込むデータがその型の最大サイズを超える場合は、データが切り詰められる。

- データを列に読み込むときに末尾のスペースが削除されない。

- text 型の列をソートやグループ化に使うときには、最初の 1,024 バイトだけが使われる。ただし、この制限は必要に応じて引き上げることができる。

- これらのテキスト型は MySQL 固有のものである。SQL Server は大きな文字データを扱うために text 型だけを定義している。DB2 と Oracle は clob（Character Large Object）というデータ型を使っている。

- MySQL では、varchar 型の列に最大で 65,535 バイトのデータを格納できるようになったため（バージョン 4 では 255 バイトに制限されていた）、特に tinytext 型や text 型を使う必要はなくなっている。

企業のカスタマーサービス部門が顧客インタラクションに関するデータを格納する notes 列など、フリーフォームのデータ入力に対応する列を作成している場合は、おそらく varchar 型で十分でしょう。しかし、ドキュメントを格納する場合は、mediumtext 型か longtext 型のどちらかを選択すべきです。

Oracle データベースでは、char 型の列で 2,000 バイト、varchar2 型の列で 4,000 バイトまでのデータを格納できる。より大きなドキュメントについては、clob 型を使ったほうがよいかもしれない。SQL Server では、char 型と varchar 型の列で 8,000 バイトまでのデータを格納できるが、列を varchar(max) として定義すると最大で 2GB のデータを格納できる。

2.3.2　数値データ

　"numeric" という数値データ型が 1 つあれば事足りるように思えるかもしれませんが、実際には何種類かの数値データ型が定義されています。次に示すように、これらのデータ型は数値のさまざまな使い方を反映したものになっています。

顧客の注文が発送されたことを示す列

　　　　この種の**ブール**（Boolean）と呼ばれる列は、false を表す 0 と true を表す 1 で構成されている。

トランザクションテーブルに対してシステムが生成する主キー

　　　　このデータはたいてい 1 から始まり、1 ずつ増えていく。最終的には、かなり大きな数になる可能性がある。

顧客の電子ショッピングカートのアイテムの個数

　　　　このような列の値は 1 からおそらく 200（買いすぎ）の間の正の整数になるだろう。

回路基板研削機の位置データ

　　　　高精度の科学／工業用データでは、小数点以下 8 桁の精度が必要になることがある。

　このような（およびその他の）種類のデータを扱うために、MySQL は何種類かの数値データ型を定義しています。最もよく使われるのは、**整数**を格納するためのデータ型です。これらのデータ型を指定するときには、その列に格納されるデータがすべて 0 以上であることを示す unsigned を指定できます。整数の格納に使えるデータ型は表 2-2 の 5 種類です。

表 2-2：MySQL の整数型

型	signed の範囲	unsigned の範囲
tinyint	–128 〜 127	0 〜 255
smallint	–32,768 〜 32,767	0 〜 65,535
mediumint	–8,388,608 〜 8,388,607	0 〜 16,777,215
int	–2,147,483,648 〜 2,147,483,647	0 〜 4,294,967,295
bigint	$-2^{63} \sim 2^{63} - 1$	$0 \sim 2^{64} - 1$

　表 2-2 のいずれかの整数型を使って列を作成すると、tinyint の 1 バイトから bigint の 8 バイトまで、データを格納するのに十分な領域が自動的に確保されます。したがって、その列への格納が想定される数値のうち最大のものを保持するのに十分な大きさのデータ型を選択したからといって、ストレージ領域が意味もなく無駄になることはないはずです。

　浮動小数点数（3.1415927 など）については、表 2-3 の数値データ型のいずれかを選択できます。

表 2-3：MySQL の浮動小数点数型

型	数値の範囲
float(p, s)	–3.402823466E+38 〜 –1.175494351E-38、 1.175494351E-38 〜 3.402823466E+38
double(p, s)	–1.7976931348623157E+308 〜 –2.2250738585072014E-308、 2.2250738585072014E-308 〜 1.7976931348623157E+308

　浮動小数点数型を使うときには、**精度**（小数点の左右の桁数の合計）と**位取り**（小数点以下の桁数）を指定できますが、必ず指定しなければならないと決まっているわけではありません。精度と位取りはそれぞれ表 2-3 に p、s として示されています。浮動小数点数型の列で精度と位取りを指定する場合は、指定された精度または位取りの桁数を超えるデータを格納すると、そのデータが丸められることに注意してください。たとえば、float(4,2) として定義された列は、合計で 4 桁（整数部 2 桁、小数部 2 桁）の数値を格納します。したがって、27.44 や 8.19 のような数値なら問題ありませんが、17.8695 は 17.87 に丸められます。そして、float(4,2) 型の列に 178.375 を格納しようとした場合はエラーになります。

　整数型の列と同様に、浮動小数点数型の列も unsigned として定義できます。ただし、このように指定しても負数を格納できなくなるだけで、その列に格納できる数値の範囲が変わるわけではありません。

2.3.3　時間データ

　文字列と数値に加えて、日付や時刻に関する情報を扱うことになるのはほぼ間違いないでしょ

う。このような情報を**時間データ**（temporal）と呼びます。データベースに含まれる時間データの例をいくつか見てみましょう。

- 顧客の注文の発送など、特定のイベントが発生することが見込まれている将来の日付
- 顧客の注文が発送された日付
- ユーザーがテーブルの特定の行を変更した日時
- 社員の生年月日
- データウェアハウスの `yearly_sales` ファクトテーブルの行に対応する年
- 自動車組み立てラインでワイヤリングハーネスを取り付けるための所要時間

　MySQL には、これらすべての状況に対処するためのデータ型が含まれています。MySQL でサポートされている時間データ型を表 2-4 にまとめておきます。

表 2-4：MySQL の時間データ型

型	デフォルトフォーマット	有効な値
date	YYYY-MM-DD	1000-01-01 ～ 9999-12-31
datetime	YYYY-MM-DD HH:MI:SS	1000-01-01 00:00:00.000000 ～ 9999-12-31 23:59:59.999999
timestamp	YYYY-MM-DD HH:MI:SS	1970-01-01 00:00:00.000000 ～ 2038-01-18 22:14:07.999999
year	YYYY	1901 ～ 2155
time	HHH:MI:SS	–838:59:59.000000 ～ 838:59:59.000000

　データベースサーバーは時間データをさまざまな方法で格納しますが、フォーマット文字列（表 2-4 の 2 列目）の目的は、時間データ列のデータ取得時の表現方法と、挿入または更新時の日付文字列の構築方法を示すことにあります。したがって、March 23, 2020 という日付をデフォルトの YYYY-MM-DD フォーマットで date 型の列に挿入したい場合は、'2020-03-23' という文字列を使います[5]。

　datetime、timestamp、time の 3 つの時間データ型は、マイクロ秒（小数点以下 6 桁）までの精度に対応しています。これらのデータ型を使って列を定義するときには、0 ～ 6 の値を指定できます。たとえば、datetime(2) のように指定すると、精度を 100 分の 1 秒単位（小数点以下 2 桁）にできます。

---

[5]　時間データの作成と表示の方法については、7 章で詳しく説明する。

時間データ型の列に格納できる日付の範囲はデータベースサーバーによって異なる。Oracle データベースは 4712 BC から 9999 AD までの日付に対応しているが、SQL Server は 1753 AD から 9999 AD までの日付にしか対応していない（ただし、SQL Server 2008 の `datetime2` データ型を使っている場合は 1 AD から 9999 AD までの日付を格納できる）。MySQL は Oracle と SQL Server の中間に位置し、1000 AD から 9999 AD までの日付を格納できる。現在や将来のイベントを追跡するほとんどのシステムでは違いはまったくないかもしれないが、歴史的な日付を格納する場合はくれぐれも注意しよう。

表 2-4 の日付フォーマットは、表 2-5 に示すさまざまな要素で構成されています。

表 2-5：日付フォーマットの構成要素

構成要素	定義	範囲
YYYY	年（世紀を含む）	1000 ～ 9999
MM	月	01（1 月）～ 12（12 月）
DD	日	01 ～ 31
HH	時	00 ～ 23
HHH	（経過）時間	–838 ～ 838
MI	分	00 ～ 59
SS	秒	00 ～ 59

これらの時間データ型を使って先ほどの例を実装する方法は次のようになります。

- 顧客の注文の発送予定日と社員の生年月日を保持する列では `date` 型を使う。なぜなら、発送予定日を秒単位でスケジュールするのは現実的ではないし、誕生日を時刻まで知る必要はないからだ。

- 顧客の注文がいつ発送されたのかに関する情報を保持する列では `datetime` 型を使う。なぜなら、発送された日付だけではなく時刻も追跡することが重要だからだ。

- ユーザーがテーブルの特定の行をいつ変更したのかを追跡する列では `timestamp` 型を使う。`timestamp` 型は `datetime` 型と同じ情報（年、月、日、時、分、秒）を保持するが、`timestamp` 型の列では、テーブルに行が追加されたり、行があとから変更されたりした場合に、そのときの日時が自動的に挿入される。

- 年のデータだけを保持すればよい列では `year` 型を使う。

- タスクの完了に必要な時間の長さに関するデータを保持する列では `time` 型を使う。この種のデータに必要なのはタスクの完了に要した時、分、秒数だけであるため、日付を格納する必要はなく、かえって混乱を招くだけだからだ。この情報を `datetime` 型の 2 つの列（タス

クを開始した日時を表す列と、タスクが終了した日時を表す列)の差分から割り出そうと思えばできないことはないが、time 型の列を 1 つ使うほうが簡単だ。

これらの時間データ型の使い方については、7 章で詳しく説明します。

2.4　テーブルを作成する

MySQL データベースに格納できるデータ型をしっかり理解したところで、これらのデータ型をテーブルの定義でどのように使うのかを見ていきます。まず、個人情報を保持するテーブルを定義してみましょう。

2.4.1　ステップ 1：設計

テーブルの設計に取りかかるためのよい方法があります。どのような情報が含まれていると効果的であるかについてあれこれ自由に考えてみるのです。人を説明する情報についてしばらく考えてみた結果、次のような情報が頭に浮かびました。

- 名前
- 目の色
- 生年月日
- 住所
- 好きな食べ物

これで十分であるとはお世辞にも言えませんが、とっかかりとしてはこれで十分でしょう。次の作業は列の名前とデータ型を決めることです。最初の定義は表 2-6 のようになりました。

表 2-6：person テーブルの最初の定義

列	型	有効な値
name	varchar(40)	
eye_color	char(2)	BL、BR、GR
birth_date	date	
address	varchar(100)	
favorite_foods	varchar(200)	

name、address、favorite_foods の 3 つの列は varchar 型で定義されており、フリーフォームのデータ入力が可能です。eye_color 列には、2 文字のデータ（BL、BR、または GR）を格納できます。birth_date が date 型なのは、時間要素が必要ないためです。

2.4.2　ステップ 2：改良

1 章では、**正規化**の概念に触れました。正規化は、重複する列や複合列が（外部キー以外は）データベースの設計に含まれないようにするプロセスです。person テーブルの列をもう一度見てみると、次のような問題があることがわかります。

- name 列は、実際には姓と名からなる複合オブジェクトである。
- 名前、目の色、生年月日などは重複する可能性があるが、person テーブルには一意性を保証するような列が存在しない。
- address 列も、郵便番号、国、都道府県、市町村、番地からなる複合オブジェクトである。
- favorite_foods 列は、0、1 などの独立した項目を含んでいるリストである。このようなデータは person テーブルへの外部キーを持つ別のテーブルにするのが最善である。そのようにすれば、特定の食べ物が好きなのは誰なのかがわかるようになる。

これらの問題を考慮して person テーブルを正規化した結果は表 2-7 のようになります。

表 2-7：person テーブルの 2 つ目の定義

列	型	有効な値
person_id	smallint(unsigned)	
first_name	varchar(20)	
last_name	varchar(20)	
eye_color	char(2)	BL、BR、GR
birth_date	date	
street	varchar(30)	
city	varchar(20)	
state	varchar(20)	
country	varchar(20)	
postal_code	varchar(20)	

これで、person テーブルに一意性を保証する主キー（person_id）が追加されました。次の作業は、person テーブルに対する外部キーを持つ favorite_food テーブルを作成することです。

このテーブルは表2-8のように定義されます。

表2-8：favorite_food テーブルの定義

列	型
person_id	smallint(unsigned)
food	varchar(20)

person_id 列と food 列は favorite_food テーブルの主キーを構成しています。そして、person_id 列は person テーブルの外部キーでもあります。

どこまでやれば十分か

favorite_foods 列を person テーブルの外に出したことは間違いなく妥当な判断だが、それで話は終わりだろうか。たとえば、好きな食べ物として「パスタ」を挙げている人と「スパゲッティ」を挙げている人がいる場合はどうなるのだろう。これらは同じものだろうか。この問題を回避するには、好きな食べ物を一連の選択肢の中から選んでもらう必要があるかもしれない。その場合は、food_id と food_name の2つの列からなる food テーブルを作成し、food テーブルへの外部キーを持つように favorite_food テーブルを変更する必要があるだろう。ここまでやれば正規化は十分だが、単にユーザーが入力した値を格納したくなり、結局テーブルをそのままにしておくことになるかもしれない。

2.4.3　ステップ3：SQL スキーマ文を作成する

個人情報（住所氏名と好きな食べ物）を保持する2つのテーブルの設計はこれで完成です。次の作業は、データベースにテーブルを作成するための SQL 文の作成です。person テーブルを作成する SQL 文は次のようになります。

```
CREATE TABLE person
 (person_id SMALLINT UNSIGNED,
  fname VARCHAR(20),
  lname VARCHAR(20),
  eye_color CHAR(2),
  birth_date DATE,
  street VARCHAR(30),
  city VARCHAR(20),
  state VARCHAR(20),
  country VARCHAR(20),
  postal_code VARCHAR(20),
  CONSTRAINT pk_person PRIMARY KEY (person_id)
 );
```

この SQL 文の要素については、最後の1つを除けば、説明するまでもないでしょう。テーブルを

定義するときには、そのテーブルの主キーとなる列（または複数の列）をデータベースサーバーに指定する必要があります。そこで、テーブルに**制約**（constraint）を作成します。テーブルの定義に追加できる制約は何種類かあります。ここで追加しているのは**主キー制約**（primary-key constraint）であり、person_id列で作成され、pk_personという名前が付いています。

制約について説明するついでに、personテーブルに役立つ制約がもう1つあることを指摘しておきます。表2-6では、特定の列に格納できる値（'BR'、'BL'など）を示すためにeye_color列を追加しましたが、このように特定の列に格納できる値を制限する**検査制約**（check constraint）という種類の制約があるのです。MySQLでは、次に示すように、列の定義に検査制約を関連付けることができます。

```
eye_color CHAR(2) CHECK (eye_color IN ('BR','BL','GR')),
```

検査制約は、ほとんどのデータベースサーバーでは想定どおりに機能しますが、MySQLサーバーでは、定義した検査制約を適用しないことも可能です。ただし、MySQLは検査制約をデータ型の定義とマージするenumという文字データ型を定義しています。この場合、eye_color列の定義は次のようになります。

```
eye_color ENUM('BR','BL','GR'),
```

eye_color列でenumデータ型を使ったときのpersonテーブルの定義は次のようになります。

```
CREATE TABLE person
 (person_id SMALLINT UNSIGNED,
  fname VARCHAR(20),
  lname VARCHAR(20),
  eye_color ENUM('BR','BL','GR'),
  birth_date DATE,
  street VARCHAR(30),
  city VARCHAR(20),
  state VARCHAR(20),
  country VARCHAR(20),
  postal_code VARCHAR(20),
  CONSTRAINT pk_person PRIMARY KEY (person_id)
  );
```

検査制約に違反するデータ（MySQLの場合は、enumの宣言に含まれていない値）を列に追加したらどうなるかについては、後ほど説明します

これで、mysqlユーティリティを使ってcreate table文を実行する準備ができました。結果は次のようになります。

```
mysql> CREATE TABLE person
    -> (person_id SMALLINT UNSIGNED,
    -> fname VARCHAR(20),
    -> lname VARCHAR(20),
    -> eye_color ENUM('BR','BL','GR'),
    -> birth_date DATE,
```

```
   -> street VARCHAR(30),
   -> city VARCHAR(20),
   -> state VARCHAR(20),
   -> country VARCHAR(20),
   -> postal_code VARCHAR(20),
   -> CONSTRAINT pk_person PRIMARY KEY (person_id)
   -> );
Query OK, 0 rows affected (0.09 sec)
```

　create table 文が処理された後、MySQL サーバーから "Query OK, 0 rows affected" というメッセージが返されており、create table 文に構文エラーがなかったことがわかります。

　person テーブルが実際に存在することを確認したい場合は、describe（または desc）コマンドを使ってテーブルの定義を調べることができます。

```
mysql> desc person;
+-------------+----------------------+------+-----+---------+-------+
| Field       | Type                 | Null | Key | Default | Extra |
+-------------+----------------------+------+-----+---------+-------+
| person_id   | smallint(5) unsigned | NO   | PRI | NULL    |       |
| fname       | varchar(20)          | YES  |     | NULL    |       |
| lname       | varchar(20)          | YES  |     | NULL    |       |
| eye_color   | enum('BR','BL','GR') | YES  |     | NULL    |       |
| birth_date  | date                 | YES  |     | NULL    |       |
| street      | varchar(30)          | YES  |     | NULL    |       |
| city        | varchar(20)          | YES  |     | NULL    |       |
| state       | varchar(20)          | YES  |     | NULL    |       |
| country     | varchar(20)          | YES  |     | NULL    |       |
| postal_code | varchar(20)          | YES  |     | NULL    |       |
+-------------+----------------------+------+-----+---------+-------+
10 rows in set (0.00 sec)
```

　describe コマンドの出力の1列目と2列目はフィールドと型を示しています。3列目はテーブルにデータを挿入するときにその列を省略できるかどうかを示しています。ここでは、この列について「null とは何か」で簡単に説明しますが、4章でさらに詳しく見ていきます。4列目は列がキー（主キーまたは外部キー）として使われるかどうかを示しています。この場合は、person_id 列が主キーであることがわかります。5列目は、テーブルへのデータの挿入時にその列を省略した場合に格納されるデフォルト値を示しています。6列目（[Extra]）は列に適用されるその他の関連情報を示しています。

---

null とは何か

場合によっては、テーブルの特定の列に対して値を指定することが不可能である、あるいは適切ではないことがある。たとえば、新しい顧客の注文に関するデータを追加する時点では、ship_date（発送日）列の値はまだ確定していない。この場合、この列は値がないことを意味する「null」になる（null に「等しい」と言わなかったことに注意）。次を含め、値を指定できないさまざまな状況で null が使われる。

- 適用外である

- 不明である

- 空である

テーブルを設計するときには、null（デフォルト値）を許可する列と、null を許可しない列を指定できる。null を許可しない場合は、列の定義の後に not null キーワードを追加する。

---

person テーブルを作成した後は、favorite_food テーブルを作成してみましょう。

```
mysql> CREATE TABLE favorite_food
    -> (person_id SMALLINT UNSIGNED,
    -> food VARCHAR(20),
    -> CONSTRAINT pk_favorite_food PRIMARY KEY (person_id, food),
    -> CONSTRAINT fk_fav_food_person_id FOREIGN KEY (person_id)
    -> REFERENCES person (person_id)
    -> );
Query OK, 0 rows affected (0.01 sec)
```

person テーブルの create table 文によく似ているようですが、次のような相違点があります。

- 好きな食べ物が1つとは限らないので（これが、このテーブルが作成されたそもそもの理由である）、person_id 列だけでは、このテーブルの一意性を保証するには不十分である。このため、このテーブルでは主キーが2つ（person_id と food）定義されている。

- favorite_food テーブルには、**外部キー制約**（foreign-key constraint）という新しい種類の制約が含まれている。この制約は、favorite_food テーブルの person_id 列に、person テーブルの既存の値だけが含まれるようにする。したがって、person テーブルに person_id 列の値が 27 の行が存在しない場合、favorite_food テーブルに person_id 列の値が 27 の行を追加することはできなくなる。

テーブルを最初に作成するときに外部キー制約の作成を忘れてしまった場合は、あとから alter table 文を使って追加できる。

create table 文を実行した後、describe コマンドを実行すると、次の出力が得られます。

```
mysql> desc favorite_food;
+-----------+----------------------+------+-----+---------+-------+
| Field     | Type                 | Null | Key | Default | Extra |
+-----------+----------------------+------+-----+---------+-------+
| person_id | smallint(5) unsigned | NO   | PRI | NULL    |       |
| food      | varchar(20)          | NO   | PRI | NULL    |       |
+-----------+----------------------+------+-----+---------+-------+
2 rows in set (0.00 sec)
```

これで、テーブルがひととおり完成しました。次の作業は、テーブルにデータを追加することです。

2.5　データの挿入とテーブルの変更

person テーブルと favorite_food テーブルを作成したところで、ここからは insert、update、delete、select の 4 つの SQL データ文について見ていきます。

2.5.1　データを挿入する

person テーブルと favorite_food テーブルにはまだデータが含まれていないため、まず insert 文から見ていきましょう。insert 文は次の主な 3 つの要素で構成されています。

- データを追加するテーブルの名前
- データを追加するテーブルの列の名前
- 列に追加する値

テーブルの列ごとにデータを提供する必要はありません（ただし、テーブルのすべての列が not null として定義されている場合を除きます）。最初の insert 文に指定されなかった列については、あとから update 文を使って値を指定できることがあります。また、データ行によっては、値が決して割り当てられない列もあります（たとえば、顧客の注文が発送前にキャンセルされた場合、ship_date 列に値を割り当てるのは不適切です）。

数値のキーを生成する

　person テーブルにデータを挿入する前に、主キーの値がどのように生成されるのかについて説明しておきましょう。数値を適当に選ぶ以外に、次の 2 つの選択肢があります。

- テーブル内で最も大きい値を調べて 1 を足す。

- データベースサーバーに値を生成させる。

　最初の選択肢はよさそうに思えますが、マルチユーザー環境で問題になることは目に見えています。2 人のユーザーがテーブルを同時に調べて、主キーに同じ値を設定することがないとは言えません。現在販売されているすべてのデータベースサーバー製品には、数値のキーを生成するより安全確実な方法が用意されています。Oracle データベースのように別のスキーマオブジェクト（**シーケンス**）を使うものもあれば、MySQL のように主キー列で**自動インクリメント**機能を有効にすればよいものもあります。通常はテーブルの作成時に行いますが、せっかくなので、既存のテーブルの定義を変更する alter table という SQL スキーマ文を紹介しておきます[†6]。

```
ALTER TABLE person MODIFY person_id SMALLINT UNSIGNED AUTO_INCREMENT;
```

　基本的には、この文は person テーブルの person_id 列の定義を変更します。ここで person テーブルの定義を確認すると、person_id の［Extra］列の内容から自動インクリメント機能が有効になっていることがわかります。

```
mysql> DESC person;
+------------+----------------------+------+-----+---------+----------------+
| Field      | Type                 | Null | Key | Default | Extra          |
+------------+----------------------+------+-----+---------+----------------+
| person_id  | smallint(5) unsigned | NO   | PRI | NULL    | auto_increment |
| .          |                      |      |     |         |                |
| .          |                      |      |     |         |                |
| .          |                      |      |     |         |                |
```

　person テーブルにデータを挿入するときには、person_id 列の値を null にしておきます。このようにすると、MySQL が次に利用可能な値を自動的に挿入してくれます（デフォルトでは、自動インクリメント列の値は 1 から始まります）。

---

†6　［訳注］favorite_food テーブルの person_id 列には外部キー制約が追加されているため、この alter table 文を実行するとエラーになる。他のテーブルで外部キーとして参照されている主キーの変更は参照整合性に違反しているからだ。そこで考えられるのは、alter table 文を実行する前に SET FOREIGN_KEY_CHECKS=0; を実行し、alter table 文を実行した後に SET FOREIGN_KEY_CHECKS=1; を実行するという方法だが、実稼働環境では推奨されない。

insert 文

これですべての要素が揃ったので、あとはデータを追加するだけです。次の文は、person テーブルに William Turner の行を作成します。

```
mysql> INSERT INTO person
    -> (person_id, fname, lname, eye_color, birth_date)
    -> VALUES (null, 'William','Turner', 'BR', '1972-05-27');
Query OK, 1 row affected (0.00 sec)
```

この文の出力（"Query OK, 1 row affected"）は、文の構文が正しいことと、（これは insert 文なので）データベースに 1 行のデータが追加されたことを示しています。テーブルに追加したばかりのデータを確認するには、select 文を使います。

```
mysql> SELECT person_id, fname, lname, birth_date
    -> FROM person;
+-----------+---------+--------+------------+
| person_id | fname   | lname  | birth_date |
+-----------+---------+--------+------------+
| 1         | William | Turner | 1972-05-27 |
+-----------+---------+--------+------------+
1 row in set (0.00 sec)
```

MySQL サーバーが主キーの値として 1 を生成したことがわかります。person テーブルのデータはまだ 1 行だけなので、わざわざ目的の行を指定せず、テーブルの行をすべて取得しています。ただし、テーブルに複数行のデータが含まれている場合は、person_id 列の値が 1 の行だけを取得するために where 句を追加することもできます。

```
mysql> SELECT person_id, fname, lname, birth_date
    -> FROM person
    -> WHERE person_id = 1;
+-----------+---------+--------+------------+
| person_id | fname   | lname  | birth_date |
+-----------+---------+--------+------------+
|         1 | William | Turner | 1972-05-27 |
+-----------+---------+--------+------------+
1 row in set (0.00 sec)
```

このクエリは主キーの値を指定していますが、次のクエリに示すように、行の検索にはテーブルのすべての列を使うことができます。次のクエリは、lname 列の値が 'Turner' である行をすべて特定します。

```
mysql> SELECT person_id, fname, lname, birth_date
    -> FROM person
    -> WHERE lname = 'Turner';
+-----------+---------+--------+------------+
| person_id | fname   | lname  | birth_date |
+-----------+---------+--------+------------+
|         1 | William | Turner | 1972-05-27 |
```

```
+-----------+---------+--------+------------+
1 row in set (0.00 sec)
```

先へ進む前に、先ほどの insert 文に関して指摘しておきたい点がいくつかあります。

- 住所関連の列の値が1つも指定されていない。この方法がうまくいくのは、それらの列で null が許可されているためである。

- birth_date 列に指定されている値は文字列である。表2-4に示した必須フォーマットを満たしている限り、文字列は自動的に日付に変換される。

- insert 文に指定する列名と値の個数と型は対応していなければならない。列を7つ指定して値を6つしか指定しなかった場合、あるいは該当する列のデータ型に変換できない値を指定した場合はエラーになる。

William からは好きな食べ物に関する情報も提供されているため、次の3つの insert 文で William の好きな食べ物を設定します。

```
mysql> INSERT INTO favorite_food (person_id, food)
    -> VALUES (1, 'pizza');
Query OK, 1 row affected (0.01 sec)

mysql> INSERT INTO favorite_food (person_id, food)
    -> VALUES (1, 'cookies');
Query OK, 1 row affected (0.00 sec)

mysql> INSERT INTO favorite_food (person_id, food)
    -> VALUES (1, 'nachos');
Query OK, 1 row affected (0.01 sec)
```

order by 句を使って William の好きな食べ物をアルファベット順に取得するクエリは次のようになります。

```
mysql> SELECT food
    -> FROM favorite_food
    -> WHERE person_id = 1
    -> ORDER BY food;
+---------+
| food    |
+---------+
| cookies |
| nachos  |
| pizza   |
+---------+
3 rows in set (0.00 sec)
```

order by 句はクエリから返されるデータのソート方法を指定します。order by 句を指定しない場合、テーブル内のデータが特定の順序で返されるという保証はありません。

William が寂しい思いをしないよう、別の insert 文を使って person テーブルに Susan Smith の行を追加してみましょう。

```
mysql> INSERT INTO person
    -> (person_id, fname, lname, eye_color, birth_date,
    -> street, city, state, country, postal_code)
    -> VALUES (null, 'Susan','Smith', 'BL', '1975-11-02',
    -> '23 Maple St.', 'Arlington', 'VA', 'USA', '20220');
Query OK, 1 row affected (0.01 sec)
```

Susan は住所も提供してくれたので、William のデータを挿入したときよりも列の数が5つ増えています。このテーブルに対してクエリを再び実行すると、Susan の主キーに2の値が割り当てられていることがわかります。

```
mysql> SELECT person_id, fname, lname, birth_date
    -> FROM person;
+-----------+---------+--------+------------+
| person_id | fname   | lname  | birth_date |
+-----------+---------+--------+------------+
| 1         | William | Turner | 1972-05-27 |
| 2         | Susan   | Smith  | 1975-11-02 |
+-----------+---------+--------+------------+
2 rows in set (0.00 sec)
```

データを XML で取得できるか？

XML データを扱う予定がある場合は、ほとんどのデータベースサーバーにクエリの結果として XML を生成するための簡単な方法があると知って安心するだろう。たとえば MySQL の場合は、mysql ユーティリティを呼び出すときに --xml オプションを指定すると、すべての出力が自動的に XML に基づいてフォーマットされる。favorite_food のデータを XML ドキュメントとして出力すると次のようになる。

```
C:¥database> mysql -u <ユーザー名> -p --xml sakila
Enter password: <パスワード>
Welcome to the MySQL monitor...

Mysql> SELECT * FROM favorite_food;
<?xml version="1.0"?>

<resultset statement="select * from favorite_food"
    xmlns:xsi="http://www.w3.org/2001/XMLSchema-instance">
  <row>
        <field name="person_id">1</field>
        <field name="food">cookies</field>
  </row>
```

```
    <row>
        <field name="person_id">1</field>
        <field name="food">nachos</field>
    </row>

    <row>
        <field name="person_id">1</field>
        <field name="food">pizza</field>
    </row>
</resultset>
3 rows in set (0.00 sec)
```

SQL Server の場合は、コマンドラインユーティリティにオプションを指定する必要はなく、単にクエリの最後に xml 句を追加すればよい。

```
SELECT * FROM favorite_food
FOR XML AUTO, ELEMENTS
```

2.5.2　データを更新する

William Turner のデータをテーブルに追加したときには、住所関連の列のデータを insert 文に指定しませんでした。update 文を使えば、あとからそれらの列にデータを挿入できます。そのための update 文は次のようになります。

```
mysql> UPDATE person
    -> SET street = '1225 Tremont St.',
    -> city = 'Boston',
    -> state = 'MA',
    -> country = 'USA',
    -> postal_code = '02138'
    -> WHERE person_id = 1;
Query OK, 1 row affected (0.00 sec)
Rows matched: 1 Changed: 1 Warnings: 0
```

MySQL サーバーから 2 行のメッセージが返されています。"Rows matched: 1" は、where 句の条件がテーブルの 1 つの行とマッチしたことを示しています。"Changed: 1" は、テーブルの行が 1 つだけ変更されたことを示しています。where 句には William の行の主キーが指定されているため、これはまさに期待どおりの結果です。

where 句に指定する条件によっては、1 つの文を使って複数の行を変更することも可能です。例として、where 句を次のように定義した場合はどうなるか考えてみましょう。

```
WHERE person_id < 10
```

William と Susan の person_id 列の値はどちらも 10 未満なので、両方の行が変更されることになります。where 句を指定しない場合には、update 文によってテーブルのすべての行が変更され

ることになります。

2.5.3　データを削除する

William と Susan はどうも折り合いがよくないようなので、どちらかが出て行くことになりました。William のほうが先住者なので、Susan に delete 文でお引き取り願いましょう。

```
mysql> DELETE FROM person
    -> WHERE person_id = 2;
Query OK, 1 row affected (0.01 sec)
```

この場合も、主キーを使って行を識別しているため、テーブルから削除されるのは 1 行だけです。update 文と同様に、where 句に指定する条件によっては、複数の行を削除できます。また、where 句を指定しない場合は、テーブルからすべての行が削除されます。

2.6　文も使い方次第

ここまでの SQL データ文はすべて、きちんと構成されており、ルールに則っていました。しかし、person テーブルと favorite_food テーブルの定義からすると、データの挿入や変更の際にさまざまな問題にぶつかる可能性があります。ここでは、あなたが陥りがちな誤りと、MySQL がそうした誤りにどのように反応するのかについて見ていきます。

2.6.1　主キーが一意ではない

これらのテーブルの定義には、主キー制約の作成が含まれています。このため、MySQL は重複する主キー値がテーブルに挿入されないようにします。次の文は、person_id 列の自動インクリメント機能を無視して、person テーブルに person_id 列の値が 1 の新しい行を作成しようとしています。

```
mysql> INSERT INTO person
    -> (person_id, fname, lname, eye_color, birth_date)
    -> VALUES (1, 'Charles', 'Fulton', 'GR', '1968-01-15');
ERROR 1062 (23000): Duplicate entry '1' for key 'person.PRIMARY'
```

なお、person_id 列の値が異なっている限り、（少なくとも現在のスキーマオブジェクトでは）住所や生年月日が同じ行を作成できます。

2.6.2　外部キーが存在しない

favorite_food テーブルの定義には、person_id 列に基づく外部キー制約の作成が含まれています。この制約は、favorite_food テーブルに挿入される person_id 列の値が person テー

ブルの既存の値であることを確認します。この制約に違反する行を作成しようとした場合はどうなるでしょうか。

```
mysql> INSERT INTO favorite_food (person_id, food)
    -> VALUES (999, 'lasagna');
ERROR 1452 (23000): Cannot add or update a child row: a foreign key constraint
fails ('sakila'.'favorite_food', CONSTRAINT 'fk_fav_food_person_id' FOREIGN KEY
('person_id') REFERENCES 'person' ('person_id'))
```

この場合、favorite_food テーブルは person テーブルのデータの一部に依存しているため、favorite_food テーブルは**子**、person テーブルは**親**と見なされます。両方のテーブルにデータを入力する予定がある場合は、favorite_food テーブルにデータを入力する前に、person テーブルにデータを入力する必要があります。

　外部キー制約が適用されるのは、テーブルが InnoDB ストレージエンジンを使って作成される場合だけである。MySQL のストレージエンジンについては、12 章で説明する。

2.6.3　列値の違反

　person テーブルの eye_color 列の値は、'BR'（brown）、'BL'（blue）、'GR'（green）の 3 つに制限されています。eye_color 列に誤って他の値を格納しようとした場合は、次のようなエラーになります。

```
mysql> UPDATE person
    -> SET eye_color = 'ZZ'
    -> WHERE person_id = 1;
ERROR 1265 (01000): Data truncated for column 'eye_color' at row 1
```

　少しわかりにくいエラーメッセージですが、eye_color 列に指定した値をデータベースサーバーが拒否していることが何となくわかります。

2.6.4　無効な日付の変換

　date 型の列に挿入する文字列を作成していて、その文字列が日付のフォーマットの条件を満たしていない場合は、別のエラーになるでしょう。例として、デフォルトの日付フォーマットである YYYY-MM-DD と一致しないフォーマットをわざと使ってみましょう。

```
mysql> UPDATE person
    -> SET birth_date = 'DEC-21-1980'
    -> WHERE person_id = 1;
ERROR 1292 (22007): Incorrect date value: 'DEC-21-1980' for column 'birth_date' at
row 1
```

　一般的には、デフォルトのフォーマットを当てにするのではなく、常にフォーマット文字列を明示的に指定するのが得策です。update 文の別の例として、str_to_date 関数を使ってフォーマット文字列を指定する方法を見てみましょう。

```
mysql> UPDATE person
    -> SET birth_date = str_to_date('DEC-21-1980', '%b-%d-%Y')
    -> WHERE person_id = 1;
Query OK, 1 row affected (0.00 sec)
Rows matched: 1 Changed: 1 Warnings: 0
```

　データベースサーバーだけではなく William も大満足です（美容整形に頼らずに 8 歳も若返ったのですから）。

本章の時間データ型の説明では、YYYY-MM-DD などの日付フォーマット文字列を紹介した。多くのデータベースサーバーは同じスタイルのフォーマットを使っているが、MySQL は 4 文字の西暦を表すために %Y を使っている。次に、MySQL において文字列を datetime 型に変換するときに必要になるフォーマット文字列をいくつか挙げておく。

%a	Sun、Mon などの簡略曜日名
%b	Jan、Feb などの簡略月名
%c	月を表す数字（0..12）
%d	日を表す数字（00..31）
%f	マイクロ秒（000000..999999）
%H	24 時間の時（00..23）
%h	12 時間の時（01..12）
%i	分（00..59）
%j	通年日（001..366）
%M	January、December などの月名
%m	月を表す数字（0..12）
%p	AM または PM
%s	秒（00..59）
%W	Sunday、Saturday などの曜日名
%w	曜日を表す数字（0=Sunday..6=Saturday）
%Y	4 桁の年

2.7　Sakila データベース

　本書のほとんどの例では、Sakila というサンプルデータベースを使います。Sakila は MySQL の公式サンプルデータベースです。このデータベースのモデルは、今ではほとんど見かけなくなった DVD レンタルチェーンなのですが、想像するに、映画ストリーミング会社として立て直しを図っているところかもしれません。このデータベースには、customer、film、actor、payment、rental、category などのテーブルが含まれています。スキーマとサンプルデータは、本章の手順に従って MySQL サーバーにサンプルデータを読み込んだときに作成されているはずです。テーブ

ル、それらの列、関係の図については、付録 A を参照してください。

　Sakila スキーマで使われているテーブルと各テーブルの簡単な定義を表2-9にまとめておきます。

表 2-9：Sakila スキーマの定義

テーブル名	定義
film	リリース済みでレンタル可能な映画
actor	映画に出演している俳優
customer	顧客
category	映画のジャンル
payment	顧客が支払ったレンタル料
language	映画の元の言語と対応している言語
film_actor	俳優と出演した映画
inventory	レンタル可能な映画の在庫

　業務を拡張するために新しいテーブルを追加するなど、ぜひこれらのテーブルでいろいろ試してみてください。サンプルデータをそのままの状態で使いたい場合は、データベースをいったん削除して、ダウンロードファイルから再作成してください。（MySQL Sandbox で）一時的なセッションを使っている場合は、そのセッションを閉じると変更がすべて失われてしまいます。変更はすべてスクリプトにまとめて再現できるようにしておくとよいでしょう。

　データベースに含まれているテーブルを確認したい場合は、show tables コマンドを実行します。

```
mysql> show tables;
+----------------------------+
| Tables_in_sakila           |
+----------------------------+
| actor                      |
| actor_info                 |
| address                    |
| category                   |
| city                       |
| country                    |
| customer                   |
| customer_list              |
| film                       |
| film_actor                 |
| film_category              |
| film_list                  |
| film_text                  |
| inventory                  |
| language                   |
| nicer_but_slower_film_list |
| payment                    |
| rental                     |
```

```
| sales_by_film_category |
| sales_by_store         |
| staff                  |
| staff_list             |
| store                  |
+--------------------------+
23 rows in set (0.02 sec)
```

　Sakila スキーマの 23 のテーブルに加えて、本章で作成した 2 つのテーブルが含まれているかもしれません。この後の章では person テーブルと favorite_food テーブルを使わないため、次のコマンドを使って削除してもかまいません。

```
mysql> DROP TABLE favorite_food;
Query OK, 0 rows affected (0.01 sec)

mysql> DROP TABLE person;
Query OK, 0 rows affected (0.01 sec)
```

　テーブルの列を確認したい場合は、describe コマンドを使います。例として、customer テーブルで describe コマンドを実行した結果を見てみましょう。

```
mysql> desc customer;
```

Field	Type	Null	Key	Default	Extra
customer_id	smallint unsigned	NO	PRI	NULL	auto_increment
store_id	tinyint unsigned	NO	MUL	NULL	
first_name	varchar(45)	NO		NULL	
last_name	varchar(45)	NO	MUL	NULL	
email	varchar(50)	YES		NULL	
address_id	smallint unsigned	NO	MUL	NULL	
active	tinyint(1)	NO		1	
create_date	datetime	NO		NULL	
last_update	timestamp	YES		CURRENT_TIMESTAMP	DEFAULT_GENERATED on update CURRENT_TIMESTAMP

```
9 rows in set (0.00 sec)
```

　サンプルデータベースに慣れていくうちに、例をうまく理解できるようになり、この後の章で説明している概念をよく理解できるようになるでしょう。

3章
入門：クエリ

　ここまでの2つの章では、データベースクエリ（select文）の例をいくつか見てきました。本章では、select文のさまざまな要素とそれらの相互作用を少し詳しく見ていきます。本章を最後まで読めば、データの取得、結合、フィルタリング、グループ化、ソートの方法を基本的に理解できるはずです。4章から10章では、これらのトピックを詳しく見ていきます。

3.1　クエリの仕組み

　select文の説明に入る前に、クエリがMySQLサーバーによって（またはその他のデータベースサーバーでも）どのように実行されるのかを見ておくとよいかもしれません。mysqlユーティリティを使っているとしたら（そうであると前提しますが）、すでにユーザー名とパスワードを入力してMySQLサーバーにログインしているはずです（MySQLサーバーを別のコンピュータ上で実行している場合は、ホスト名も必要です）。ユーザー名とパスワードが正しいことが確認されると、そのユーザーが使うための**データベース接続**（database connection）が作成されます。この接続は、接続をリクエストしたアプリケーションによって解放されるか、サーバーが接続を閉じるまで維持されます。つまり、接続が終了するのは、mysqlユーティリティでquitを入力するか、サーバーをシャットダウンしたときです。MySQLサーバーに対する接続にはそれぞれ識別子（ID）が割り当てられます。このIDは最初にログインしたときに表示されます。

```
Welcome to the MySQL monitor. Commands end with ; or \g.
Your MySQL connection id is 11
Server version: 8.0.22 MySQL Community Server - GPL

Copyright (c) 2000, 2020, Oracle and/or its affiliates. All rights reserved.

Oracle is a registered trademark of Oracle Corporation and/or its
affiliates. Other names may be trademarks of their respective
owners.

Type 'help;' or '\h' for help. Type '\c' to clear the buffer.
```

　この場合、接続 ID は 11 です。たとえば、正しく構成されていないクエリが何時間も実行されたままになっているなど、何かがおかしくなった場合は、データベース管理者がそのクエリをすぐに終了するのに接続 ID が役立つ可能性があります。

　MySQL サーバーがユーザー名とパスワードを確認し、接続を作成した時点で、クエリ（およびその他の SQL 文）を実行する準備が整います。クエリがサーバーに送信されるたびに、サーバーが文の実行に先立って次の点を確認します。

- この文を実行するためのアクセス許可（パーミッション）がそのユーザーにあるか

- 目的のデータにアクセスするためのパーミッションがそのユーザーにあるか

- この文の構文は正しいか

　この 3 つのテストにパスした文は、**クエリオプティマイザ**（query optimizer）に渡されます。クエリオプティマイザの役割は、クエリを実行するための最も効率のよい方法を判断することです。クエリオプティマイザは、from 句に指定されたテーブルを結合する順序や利用可能なインデックスなどを調べて、サーバーがクエリを実行するために使う**実行プラン**（execution plan）を選択します。

> データベースサーバーが実行プランを選択する方法を理解し、その方法を間接的に制御することは、ユーザーの多くが調べてみたいと考える魅力的なトピックである。MySQL を使っている場合は、『High Performance MySQL』（O'Reilly Media, Inc.）が参考になるだろう[†1]。特に言うと、インデックスを生成する方法、実行プランを分析する方法、クエリヒントを使ってオプティマイザを間接的に制御する方法、そしてサーバーのスタートアップパラメータを調整する方法がわかるはずだ。Oracle データベースや SQL Server を使っている場合は、チューニングガイドがいろいろ出版されている。

　サーバーがクエリの実行を終了すると、呼び出し元のアプリケーション（この場合も mysql ユーティリティ）に**結果セット**（result set）が返されます。1 章で説明したように、結果セットとは、行と列からなる新しいテーブルのことです。クエリから何の結果も得られなかった場合は、次の最後の行に示すようなメッセージが表示されます。

```
mysql> SELECT first_name, last_name
    -> FROM customer
    -> WHERE last_name = 'ZIEGLER';
Empty set (0.02 sec)
```

　クエリから 1 行以上のデータが返された場合は、次に示すように、結果セットに列見出しが追加され、列がプラス記号（+）、マイナス記号（-）、垂直バー（|）からなる四角形で囲まれます。

---

†1　『実践ハイパフォーマンス MySQL 第 3 版』（オライリー・ジャパン、2013 年）

```
mysql> SELECT *
    -> FROM category;
+-------------+-------------+---------------------+
| category_id | name        | last_update         |
+-------------+-------------+---------------------+
|           1 | Action      | 2006-02-15 04:46:27 |
|           2 | Animation   | 2006-02-15 04:46:27 |
|           3 | Children    | 2006-02-15 04:46:27 |
|           4 | Classics    | 2006-02-15 04:46:27 |
|           5 | Comedy      | 2006-02-15 04:46:27 |
|           6 | Documentary | 2006-02-15 04:46:27 |
|           7 | Drama       | 2006-02-15 04:46:27 |
|           8 | Family      | 2006-02-15 04:46:27 |
|           9 | Foreign     | 2006-02-15 04:46:27 |
|          10 | Games       | 2006-02-15 04:46:27 |
|          11 | Horror      | 2006-02-15 04:46:27 |
|          12 | Music       | 2006-02-15 04:46:27 |
|          13 | New         | 2006-02-15 04:46:27 |
|          14 | Sci-Fi      | 2006-02-15 04:46:27 |
|          15 | Sports      | 2006-02-15 04:46:27 |
|          16 | Travel      | 2006-02-15 04:46:27 |
+-------------+-------------+---------------------+
16 rows in set (0.00 sec)
```

このクエリは category テーブルの3つの列をすべて返しています。そして、最後のデータ行の後ろに、返された行の個数（この場合は16）を示すメッセージが表示されています。

3.2 クエリの句

select 文はいくつかの要素で構成されます。これらの要素を**句**または**節**（clause）と呼びます。select 文で利用可能な句は主に6つあります。MySQL を使っている場合、必須の句は select だけですが、通常は少なくとも句を2つか3つ追加します。表3-1 に、これらの句とその目的をまとめておきます。

表3-1：クエリの句

句の名前	目的
select	クエリの結果セットに含める列を決める
from	データを取得するテーブルと、テーブルを結合する方法を特定する
where	不要なデータを取り除く
group by	共通の列の値に基づいて行をグループ化する
having	不要なグループを取り除く
order by	1つ以上の列に基づいて最終的な結果セットの行を並べ替える

　表3-1の句はすべてANSI規格に含まれているものです。ここでは、クエリの主な6つの句を詳しく見ていきます。

3.3　select句

　select句はselect文の最初の句ですが、データベースサーバーが最後に評価する句の1つです。というのも、最終的な結果セットに含まれるものを判断するには、最終的な結果セットに含まれる「可能性」がある列をすべて洗い出す必要があるからです。したがって、select句の役割を完全に理解するには、from句について少し理解しておく必要があります。次のようなクエリがあるとしましょう。

```
mysql> SELECT *
    -> FROM language;
+-------------+----------+---------------------+
| language_id | name     | last_update         |
+-------------+----------+---------------------+
|           1 | English  | 2006-02-15 05:02:19 |
|           2 | Italian  | 2006-02-15 05:02:19 |
|           3 | Japanese | 2006-02-15 05:02:19 |
|           4 | Mandarin | 2006-02-15 05:02:19 |
|           5 | French   | 2006-02-15 05:02:19 |
|           6 | German   | 2006-02-15 05:02:19 |
+-------------+----------+---------------------+
6 rows in set (0.00 sec)
```

　このクエリでは、from句が1つのテーブル（language）の内容をリストアップしています。そして、languageテーブルのすべての列（*）を結果セットに含めるべきであることをselect句が示しています。言葉で説明すると、次のようになるかもしれません。

　　languageテーブルの行と列をすべて表示せよ

　アスタリスク（*）を使ってすべての列を指定することに加えて、次に示すように、目的の列を明示的に指定することもできます。

```
mysql> SELECT language_id, name, last_update
    -> FROM language;
+-------------+----------+---------------------+
| language_id | name     | last_update         |
+-------------+----------+---------------------+
|           1 | English  | 2006-02-15 05:02:19 |
|           2 | Italian  | 2006-02-15 05:02:19 |
|           3 | Japanese | 2006-02-15 05:02:19 |
|           4 | Mandarin | 2006-02-15 05:02:19 |
|           5 | French   | 2006-02-15 05:02:19 |
```

```
|            6 | German   | 2006-02-15 05:02:19 |
+-------------+----------+---------------------+
6 rows in set (0.00 sec)
```

　language テーブルのすべての列 (language_id、name、last_update) が select 句に指定されているため、結果は先のクエリと同じです。language テーブルの列の一部だけを結果セットに追加することもできます。

```
mysql> SELECT name
    -> FROM language;
+----------+
| name     |
+----------+
| English  |
| Italian  |
| Japanese |
| Mandarin |
| French   |
| German   |
+----------+
6 rows in set (0.00 sec)
```

したがって、select 句の役割は次のようになります。

　　select 句は利用可能なすべての列のうちどれをクエリの結果セットに追加すべきか判断する

　from 句に指定された (1 つ以上の) テーブルの列しか追加できなかったとしたら、つまらない状況になっていたことでしょう。しかし、select 句に次のようなものを追加すると、状況は俄然おもしろくなってきます。

- 数字や文字列などのリテラル

- transaction.amount * -1 などの式

- ROUND(transaction.amount, 2) などの組み込み関数

- ユーザー定義の関数呼び出し

　テーブルの列、リテラル、式、組み込み関数の呼び出しを language テーブルに対する 1 つのクエリに追加できます。その方法は次のようになります。

```
mysql> SELECT language_id,
    ->   'COMMON' language_usage,
    ->   language_id * 3.1415927 lang_pi_value,
    ->   upper(name) language_name
    -> FROM language;
```

```
+-------------+----------------+---------------+---------------+
| language_id | language_usage | lang_pi_value | language_name |
+-------------+----------------+---------------+---------------+
|           1 | COMMON         |     3.1415927 | ENGLISH       |
|           2 | COMMON         |     6.2831854 | ITALIAN       |
|           3 | COMMON         |     9.4247781 | JAPANESE      |
|           4 | COMMON         |    12.5663708 | MANDARIN      |
|           5 | COMMON         |    15.7079635 | FRENCH        |
|           6 | COMMON         |    18.8495562 | GERMAN        |
+-------------+----------------+---------------+---------------+
6 rows in set (0.00 sec)
```

式と組み込み関数については後ほど取り上げますが、select 句にどのようなものを追加できるのかが何となくわかったと思います。組み込み関数を実行するか、簡単な式を評価できるだけでよい場合は、from 句を完全に省略してしまうこともできます。

```
mysql> SELECT version(),
    ->   user(),
    ->   database();
+-----------+----------------+------------+
| version() | user()         | database() |
+-----------+----------------+------------+
| 8.0.15    | root@localhost | sakila     |
+-----------+----------------+------------+
1 row in set (0.00 sec)
```

このクエリは組み込み関数を3つ呼び出すだけであり、テーブルからデータを取得しないため、from 句は必要ありません。

3.3.1 列エイリアス

mysql ユーティリティはクエリから返される列のラベルを自動的に生成しますが、独自のラベルを割り当てたいこともあります。テーブルの列に不適切な名前やあいまいな名前が付いている場合は、新しいラベルを割り当ててもよいかもしれません。一方で、結果セットが式または組み込み関数の呼び出しによって生成される場合、それらの列に新しいラベルを割り当てたくなることはほぼ確実です。新しいラベルを割り当てるには、select 句の各要素の後に**列エイリアス**（column alias）を追加します。先の language テーブルに対するクエリには3つの列が含まれていましたが、これらの列に列エイリアスを追加してみましょう。

```
mysql> SELECT language_id,
    ->   'COMMON' language_usage,
    ->   language_id * 3.1415927 lang_pi_value,
    ->   upper(name) language_name
    -> FROM language;
+-------------+----------------+---------------+---------------+
| language_id | language_usage | lang_pi_value | language_name |
+-------------+----------------+---------------+---------------+
```

```
|           1 | COMMON        |     3.1415927 | ENGLISH       |
|           2 | COMMON        |     6.2831854 | ITALIAN       |
|           3 | COMMON        |     9.4247781 | JAPANESE      |
|           4 | COMMON        |    12.5663708 | MANDARIN      |
|           5 | COMMON        |    15.7079635 | FRENCH        |
|           6 | COMMON        |    18.8495562 | GERMAN        |
+-------------+---------------+---------------+---------------+
6 rows in set (0.00 sec)
```

　select 句を見てみると、2 列目、3 列目、4 列目の後ろに language_usage、lang_pi_value、language_name という列エイリアスが追加されていることがわかります。列エイリアスを追加したほうが、出力がわかりやすくなることに異論はないでしょう。また、mysql ユーティリティではなく Java や Python からクエリを実行する場合も、このほうがプログラムしやすくなります。エイリアス名の前に as キーワードを付けると、列エイリアスがもっと目立つようになり、より識別しやすくなります。

```
mysql> SELECT language_id,
    -> 'COMMON' AS language_usage,
    -> language_id * 3.1415927 AS lang_pi_value,
    -> upper(name) AS language_name
    -> FROM language;
```

　なお、多くの人は as キーワードを付けたほうが読みやすくなると感じるようですが、本書の例では、as キーワードを使わないことにしました。

3.3.2　重複を取り除く

　場合によっては、クエリから重複するデータ行が返されることがあります。たとえば、映画に出演している俳優全員の ID を取得したところ、次のような結果が返されたとしましょう。

```
mysql> SELECT actor_id FROM film_actor ORDER BY actor_id;
+----------+
| actor_id |
+----------+
|        1 |
|        1 |
|        1 |
|        1 |
|        1 |
|        1 |
|        1 |
|        1 |
|        1 |
......
|      200 |
|      200 |
|      200 |
```

```
|       200 |
|       200 |
|       200 |
|       200 |
|       200 |
|       200 |
|       200 |
+-----------+
5462 rows in set (0.01 sec)
```

　俳優によっては複数の映画に出演しているため、同じ俳優 ID が複数出力されています。この場合、おそらく必要なのは各俳優の俳優 ID が 1 つだけ含まれたリストであって、各俳優が出演している映画ごとに俳優 ID が含まれたリストではありません。前者のリストを取得するには、select キーワードの直後に distinct キーワードを追加します。

```
mysql> SELECT DISTINCT actor_id FROM film_actor ORDER BY actor_id;
+-----------+
| actor_id  |
+-----------+
|         1 |
|         2 |
|         3 |
|         4 |
|         5 |
|         6 |
|         7 |
|         8 |
|         9 |
|        10 |
......
|       192 |
|       193 |
|       194 |
|       195 |
|       196 |
|       197 |
|       198 |
|       199 |
|       200 |
+-----------+
200 rows in set (0.00 sec)
```

　この結果セットには、俳優が出演している映画ごとに 1 つ、合計 5,462 行のデータではなく、俳優ごとに 1 つ、合計 200 行のデータが含まれています。

単に俳優全員のリストがあればよい場合は、film_actor テーブルのすべての行を読み取って重複する行を削除するのではなく、actor テーブルでクエリを実行すればよい。

サーバーに重複するデータを削除させたくない、あるいは結果セットに重複するデータが含まれていないことがわかっている場合は、distinct キーワードの代わりに all キーワードを指定できます。ただし、all キーワードはデフォルトなので、明示的に指定する必要はありません。このため、ほとんどのプログラマはクエリに all キーワードを追加しません。

重複するデータが含まれていない結果セットを生成するには、データの並べ替えが必要であることに注意しよう。結果セットが大きい場合、並べ替えには時間がかかることがある。重複をなくすために安易に distinct キーワードを使うのではなく、扱っているデータを理解することに時間を割き、重複があり得るかどうかを知ることが肝心である。

3.4　from 句

ここまで見てきたクエリは、from 句にテーブルが 1 つだけ含まれているものでした。ほとんどの SQL 本は from 句を単に「1 つ以上のテーブルのリスト」として定義していますが、この定義を次のように広げたいと思います。

> from 句は、クエリに使うテーブルと、テーブルどうしをリンクする方法を定義する

この定義は 2 つの関連する概念で構成されています。ここでは、これらの概念を詳しく見ていきます。

3.4.1　テーブル

テーブルと聞くと、ほとんどの人はデータベースに格納された関連する行の集合を連想します。これもテーブルの一種ですが、ここでは、データが格納される方法についていっさい考えず、関連する行の集合にのみ着目することで、この用語をもう少し広い意味で捉えてみようと思います。この広い定義に該当するテーブルとして次の 4 種類があります。

- 永続テーブル（create table 文を使って作成したテーブル）

- 派生テーブル（サブクエリによって返され、メモリ内で保持される行セット）

- 一時テーブル（メモリ内の揮発性データ）

- 仮想テーブル（create view 文を使って作成したテーブル）

この4種類のテーブルはどれもクエリの from 句に追加できます。from 句に永続テーブルを追加する方法はもうわかっているので、残りの3種類のテーブルを from 句で参照する方法をざっと確認してみましょう。

サブクエリによって生成された派生テーブル

サブクエリとは、別のクエリの中に含まれるクエリのことです。サブクエリは丸かっこ（()）で囲まれ、select 文のさまざまな部分に使うことができます。ただし、from 句の中で使う場合、サブクエリは派生テーブルを生成するという役割を果たします。派生テーブルは、クエリの他の句から参照できるテーブルであり、from 句に指定された他のテーブルと併せて処理できます。簡単な例を見てみましょう。

```
mysql> SELECT concat(cust.last_name, ', ', cust.first_name) full_name
    -> FROM
    -> (SELECT first_name, last_name, email
    ->  FROM customer
    ->  WHERE first_name = 'JESSIE'
    -> ) cust;
+---------------+
| full_name     |
+---------------+
| BANKS, JESSIE |
| MILAM, JESSIE |
+---------------+
2 rows in set (0.01 sec)
```

この例では、customer テーブルに対するサブクエリが3つの列を返し、含んでいる側のクエリがそのうちの2つを参照しています。含んでいる側のクエリはサブクエリをエイリアス（この場合は cust）で参照しています。cust のデータはクエリが完了するまでメモリ内で保持され、クエリが完了した時点で削除されます。from 句でサブクエリを使う例としてはごく単純なもので、特に有益なものではありません。サブクエリについては、9章で詳しく説明します。

一時テーブル

リレーショナルデータベースには、揮発性のテーブル —— つまり、一時的なテーブルを作成する機能があります（もちろん、実装上の違いはあります）。これらのテーブルは永続テーブルと同じものに見えますが、一時テーブルに挿入したデータはあるタイミングで消えてしまいます（通常は、トランザクションの最後か、データセッションを閉じるときに消えます）。単純な例として、ラストネームが J で始まる俳優を一時的に格納する方法を見てみましょう。

```
mysql> CREATE TEMPORARY TABLE actors_j
    -> (actor_id smallint(5),
    ->  first_name varchar(45),
    ->  last_name varchar(45)
    -> );
```

```
Query OK, 0 rows affected, 1 warning (0.00 sec)

mysql> INSERT INTO actors_j
    -> SELECT actor_id, first_name, last_name
    -> FROM actor
    -> WHERE last_name LIKE 'J%';
Query OK, 7 rows affected (0.00 sec)
Records: 7  Duplicates: 0  Warnings: 0

mysql> SELECT * FROM actors_j;
+----------+------------+-----------+
| actor_id | first_name | last_name |
+----------+------------+-----------+
|      119 | WARREN     | JACKMAN   |
|      131 | JANE       | JACKMAN   |
|        8 | MATTHEW    | JOHANSSON |
|       64 | RAY        | JOHANSSON |
|      146 | ALBERT     | JOHANSSON |
|       82 | WOODY      | JOLIE     |
|       43 | KIRK       | JOVOVICH  |
+----------+------------+-----------+
7 rows in set (0.00 sec)
```

これら7つの行はメモリ内に一時的に格納され、セッションを閉じた後に消えてしまいます。

> ほとんどのデータベースサーバーは、セッションの終了時に一時テーブルも削除する。
> Oracle Database は例外で、一時テーブルの定義を将来のセッションで利用できるように
> 取っておく。

ビュー

ビューとは、データディクショナリに格納されたクエリのことです。その外観や振る舞いはテーブルに似ていますが、データは関連付けられていません（これが「仮想」テーブルと呼ばれる所以です）。ビューに対してクエリを実行すると、そのクエリがビューの定義とマージされ、最終的に実行されるクエリが作成されます。

次のビューは customer テーブルに対するクエリとして定義されており、利用可能な列のうちの4つを含んでいます。

```
mysql> CREATE VIEW cust_vw AS
    -> SELECT customer_id, first_name, last_name, active
    -> FROM customer;
Query OK, 0 rows affected (0.12 sec)
```

ビューを作成するときに追加のデータが作成されたり格納されたりすることはありません。サーバーがこの select 文をあとから利用できるようにしまい込むだけです。ビューを作成したところで、このビューに対してクエリを実行してみましょう。

```
mysql> SELECT first_name, last_name
    -> FROM cust_vw
    -> WHERE active = 0;
+------------+------------+
| first_name | last_name  |
+------------+------------+
| SANDRA     | MARTIN     |
| JUDITH     | COX        |
| SHEILA     | WELLS      |
| ERICA      | MATTHEWS   |
| HEIDI      | LARSON     |
| PENNY      | NEAL       |
| KENNETH    | GOODEN     |
| HARRY      | ARCE       |
| NATHAN     | RUNYON     |
| THEODORE   | CULP       |
| MAURICE    | CRAWLEY    |
| BEN        | EASTER     |
| CHRISTIAN  | JUNG       |
| JIMMIE     | EGGLESTON  |
| TERRANCE   | ROUSH      |
+------------+------------+
15 rows in set (0.00 sec)
```

　ビューを作成する理由はさまざまです。ユーザーから列を見えなくしたいこともあれば、複雑な
データベースの設計を単純にしたいこともあります。

3.4.2　テーブルリンク

　from 句には、この句に複数のテーブルを指定する場合に適用されるもう 1 つの定義がありま
す —— それらのテーブルを**リンク**するための条件を指定しなければならないことです。これは
MySQL や他のデータベースサーバーの要件ではありませんが、複数のテーブルを結合する方法と
して ANSI で承認されたものであり、さまざまなデータベースサーバーの間で最も可搬性の高い方
法です。複数のテーブルの結合については 5 章と 10 章で説明しますが、俄然興味がわいた読者のた
めに、ここで単純な例を見ておきましょう。

```
mysql> SELECT customer.first_name, customer.last_name,
    ->     time(rental.rental_date) rental_time
    -> FROM customer
    ->     INNER JOIN rental
    ->     ON customer.customer_id = rental.customer_id
    -> WHERE date(rental.rental_date) = '2005-06-14';
+------------+------------+-------------+
| first_name | last_name  | rental_time |
+------------+------------+-------------+
| CATHERINE  | CAMPBELL   | 23:17:03    |
| JOYCE      | EDWARDS    | 23:16:26    |
| AMBER      | DIXON      | 23:42:56    |
| JEANETTE   | GREENE     | 23:54:46    |
```

```
|  MINNIE      |  ROMERO     |  23:00:34    |
|  GWENDOLYN   |  MAY        |  23:16:27    |
|  SONIA       |  GREGORY    |  23:50:11    |
|  MIRIAM      |  MCKINNEY   |  23:07:08    |
|  CHARLES     |  KOWALSKI   |  23:54:34    |
|  DANIEL      |  CABRAL     |  23:09:38    |
|  MATTHEW     |  MAHAN      |  23:25:58    |
|  JEFFERY     |  PINSON     |  22:53:33    |
|  HERMAN      |  DEVORE     |  23:35:09    |
|  ELMER       |  NOE        |  22:55:13    |
|  TERRANCE    |  ROUSH      |  23:12:46    |
|  TERRENCE    |  GUNDERSON  |  23:47:35    |
+------------+-----------+-------------+
16 rows in set (0.04 sec)
```

　このクエリは、customer テーブルのデータ（first_name、last_name）と rental テーブルの
データ（rental_date）を表示するもので、from 句に両方のテーブルが指定されています。2つ
のテーブルをリンクする仕掛けは、customer テーブルと rental テーブルの両方に格納されてい
る顧客 ID にあります。2つのテーブルをリンクするメカニズムを**結合**（join）と呼びます。つまり、
customer テーブルの customer_id 列の値をもとに、データベースサーバーにその顧客のレンタ
ルを rental テーブルですべて検索させます。2つのテーブルを結合する条件は from 句の on キー
ワードに指定されています。この場合の結合条件は ON customer.customer_id = rental.
customer_id です。where 句は結合の一部ではなく、結果セットを比較小さく保つために含まれ
ているだけです。というのも、rental テーブルには 16,000 行以上のデータが含まれているからで
す。複数のテーブルを結合する方法についても 5 章で詳しく説明します。

3.4.3　テーブルエイリアスを定義する

　1つのクエリで複数のテーブルを結合するときには、select、where、group by、having、
order by で列を参照するときに、参照先のテーブルを区別する手段が必要になります。from 句
の外側でテーブルを参照するときには、次の2つの選択肢があります。

- 完全なテーブル名を使う（customer.customer_id など）。
- 各テーブルに**エイリアス**を割り当て、クエリ全体でエイリアスを使う。

　前項のクエリでは、select 句と on 句で完全なテーブル名を使いました。テーブルエイリアスを
使ってこのクエリを書き換えると次のようになります。

```
SELECT c.first_name, c.last_name,
  time(r.rental_date) rental_time
FROM customer c
  INNER JOIN rental r
```

```
  ON c.customer_id = r.customer_id
WHERE date(r.rental_date) = '2005-06-14';
```

　from句をよく見てみると、customerテーブルにエイリアスc、rentalテーブルにエイリアスrを割り当てていることがわかります。これらのエイリアスは、on句で結合条件を定義するときと、select句で結果セットに追加する列を指定するときに使われています。エイリアスを使うと、（選択したエイリアス名が妥当である限り）混乱を生むことなく文がよりコンパクトになることがわかると思います。さらに、列エイリアスのときと同様に、テーブルエイリアスでもasキーワードを使うことができます。

```
SELECT c.first_name, c.last_name,
  time(r.rental_date) rental_time
FROM customer AS c
  INNER JOIN rental AS r
  ON c.customer_id = r.customer_id
WHERE date(r.rental_date) = '2005-06-14';
```

　筆者が一緒に仕事をしてきたデータベース開発者のうち、列エイリアスとテーブルエイリアスにasキーワードを使う人の割合は半々といったところでした。

3.5　where句

　languageのような小さなテーブルでは特にそうですが、テーブルからすべての行を取得できればそれでよい場合があります。しかし、ほとんどの場合は、テーブルから行を1つ残らず取得するのではなく、必要のない行は取り除きたいと考えます。そこで登場するのがwhere句です。

> where句は結果セットから不要な行を取り除くためのメカニズムである

　たとえば、映画をレンタルしようと考えているが、レーティングがG（General Audiences）で、少なくとも1週間レンタルできる映画にしか興味がないとしましょう。次のクエリは、これらの条件を満たしている映画だけを取り出すためにwhere句を使っています。

```
mysql> SELECT title
    -> FROM film
    -> WHERE rating = 'G' AND rental_duration >= 7;
+------------------------+
| title                  |
+------------------------+
| BLANKET BEVERLY        |
| BORROWERS BEDAZZLED    |
| BRIDE INTRIGUE         |
| CATCH AMISTAD          |
```

```
| CITIZEN SHREK           |
| COLDBLOODED DARLING     |
| CONTROL ANTHEM          |
| CRUELTY UNFORGIVEN      |
| DARN FORRESTER          |
| DESPERATE TRAINSPOTTING |
| DIARY PANIC             |
| DRACULA CRYSTAL         |
| EMPIRE MALKOVICH        |
| FIREHOUSE VIETNAM       |
| GILBERT PELICAN         |
| GRADUATE LORD           |
| GREASE YOUTH            |
| GUN BONNIE              |
| HOOK CHARIOTS           |
| MARRIED GO              |
| MENAGERIE RUSHMORE      |
| MUSCLE BRIGHT           |
| OPERATION OPERATION     |
| PRIMARY GLASS           |
| REBEL AIRPORT           |
| SPIKING ELEMENT         |
| TRUMAN CRAZY            |
| WAKE JAWS               |
| WAR NOTTING             |
+-------------------------+
29 rows in set (0.00 sec)
```

　この場合、where 句は film テーブルの 1,000 行のデータのうち 971 行を取り除いています。この where 句に含まれている**フィルタ条件**は 2 つですが、条件はいくつでも必要なだけ追加できます。その場合は、個々の条件を and、or、not といった演算子で区切ります。where 句とフィルタ条件については、4 章で詳しく説明します。

　次に、2 つの条件を区切っている演算子を and から or に変更したらどうなるか見てみましょう。

```
mysql> SELECT title
    -> FROM film
    -> WHERE rating = 'G' OR rental_duration >= 7;
+--------------------------+
| title                    |
+--------------------------+
| ACE GOLDFINGER           |
| ADAPTATION HOLES         |
| AFFAIR PREJUDICE         |
| AFRICAN EGG              |
| ALAMO VIDEOTAPE          |
| AMISTAD MIDSUMMER        |
| ANGELS LIFE              |
| ANNIE IDENTITY           |
| ......                   |
| WATERSHIP FRONTIER       |
| WEREWOLF LOLA            |
```

```
| WEST LION              |
| WESTWARD SEABISCUIT    |
| WOLVES DESIRE          |
| WON DARES              |
| WORKER TARZAN          |
| YOUNG LANGUAGE         |
+------------------------+
340 rows in set (0.01 sec)
```

　and 演算子を使って条件を区切る場合、結果セットに追加される行は「すべて」の条件が true と評価されたものでなければなりません。これに対し、or 演算子を使う場合は、条件が 1 つでも true と評価されれば、その行は結果セットに追加されます。結果セットのサイズが 29 行からいきなり 340 行に増えたのは、そういうわけです。

　では、where 句で and 演算子と or 演算子の両方を使う必要がある場合はどうすればよいでしょうか。よい質問です。その場合は、丸かっこを使って条件をグループ化する必要があります。次のクエリは、レーティングが G で 7 日以上レンタルできる映画、またはレーティングが PG-13 で最長で 3 日間しかレンタルできない映画を結果セットに追加します。

```
mysql> SELECT title, rating, rental_duration
    -> FROM film
    -> WHERE (rating = 'G' AND rental_duration >= 7)
    ->   OR (rating = 'PG-13' AND rental_duration < 4);
+------------------------+--------+-----------------+
| title                  | rating | rental_duration |
+------------------------+--------+-----------------+
| ALABAMA DEVIL          | PG-13  |               3 |
| BACKLASH UNDEFEATED    | PG-13  |               3 |
| BILKO ANONYMOUS        | PG-13  |               3 |
| BLANKET BEVERLY        | G      |               7 |
| BORROWERS BEDAZZLED    | G      |               7 |
| BRIDE INTRIGUE         | G      |               7 |
| CASPER DRAGONFLY       | PG-13  |               3 |
| CATCH AMISTAD          | G      |               7 |
| CITIZEN SHREK          | G      |               7 |
| COLDBLOODED DARLING    | G      |               7 |
......
| TREASURE COMMAND       | PG-13  |               3 |
| TRUMAN CRAZY           | G      |               7 |
| WAIT CIDER             | PG-13  |               3 |
| WAKE JAWS              | G      |               7 |
| WAR NOTTING            | G      |               7 |
| WORLD LEATHERNECKS     | PG-13  |               3 |
+------------------------+--------+-----------------+
68 rows in set (0.00 sec)
```

　演算子を組み合わせて使うときには、必ず丸かっこを使って条件をグループ化すべきです。そのようにすると、あなた、データベースサーバー、そしてあなたのコードを引き継ぐ誰かが共通の見解を持てるようになります。

3.6　group by 句と having 句

　ここまで見てきたクエリはすべて、データを操作せずにそのまま取得するものでした。しかし、データにどのような傾向があるか調べたいので、データベースサーバーにデータを少しいじらせてから結果セットを取得したいこともあります。そのようなメカニズムの1つはgroup by句であり、列の値に基づいてデータをグループ化するために使われます。たとえば、映画を40本以上レンタルしている顧客をすべてリストアップしたいとしましょう。rentalテーブルの16,044行のデータをすべて調べる必要はありません。代わりに、データベースサーバーにデータをグループ化させるクエリを記述できるからです。このクエリは、すべてのレンタル記録を顧客ごとにグループ化し、各顧客のレンタルの回数をカウントし、レンタルの回数が40以上の顧客だけを返します。group by句を使って行をグループ化するときには、having句を指定することもできます。having句を指定すると、グループ化したデータをフィルタリングできます。要するに、where句を使って素のデータをフィルタリングするときと同じです。

　このクエリは次のようになります。

```
mysql> SELECT c.first_name, c.last_name, count(*)
    -> FROM customer c
    ->   INNER JOIN rental r
    ->   ON c.customer_id = r.customer_id
    -> GROUP BY c.first_name, c.last_name
    -> HAVING count(*) >= 40;
+------------+-----------+----------+
| first_name | last_name | count(*) |
+------------+-----------+----------+
| TAMMY      | SANDERS   |       41 |
| CLARA      | SHAW      |       42 |
| ELEANOR    | HUNT      |       46 |
| SUE        | PETERS    |       40 |
| MARCIA     | DEAN      |       42 |
| WESLEY     | BULL      |       40 |
| KARL       | SEAL      |       45 |
+------------+-----------+----------+
7 rows in set (0.01 sec)
```

　この2つの句についてざっと説明しておこうと考えたのは、あとで戸惑うことがないようにしたかったからです。しかし、この2つの句はselect文の他の句よりも少し複雑です。group byとhavingをいつどのように使うかについては、8章で完全に説明することにします。

3.7　order by 句

　一般に、クエリから返される結果セットの行は決まった順序で並んでいるわけではありません。結果セットの行を決まった順番で並べたい場合は、order by 句を使って結果セットを並べ替える必要があります。

　　order by 句は素の列データまたは列データに基づく式を使って結果セットを並べ替えるためのメカニズムである

　例として、3.4.2 項の「2005 年 6 月 14 日に映画をレンタルした顧客全員を取得する」クエリをもう一度見てみましょう。

```
mysql> SELECT c.first_name, c.last_name,
    ->   time(r.rental_date) rental_time
    -> FROM customer c
    ->   INNER JOIN rental r
    ->   ON c.customer_id = r.customer_id
    -> WHERE date(r.rental_date) = '2005-06-14';
+------------+-----------+-------------+
| first_name | last_name | rental_time |
+------------+-----------+-------------+
| CATHERINE  | CAMPBELL  | 23:17:03    |
| JOYCE      | EDWARDS   | 23:16:26    |
| AMBER      | DIXON     | 23:42:56    |
| JEANETTE   | GREENE    | 23:54:46    |
| MINNIE     | ROMERO    | 23:00:34    |
| GWENDOLYN  | MAY       | 23:16:27    |
| SONIA      | GREGORY   | 23:50:11    |
| MIRIAM     | MCKINNEY  | 23:07:08    |
| CHARLES    | KOWALSKI  | 23:54:34    |
| DANIEL     | CABRAL    | 23:09:38    |
| MATTHEW    | MAHAN     | 23:25:58    |
| JEFFERY    | PINSON    | 22:53:33    |
| HERMAN     | DEVORE    | 23:35:09    |
| ELMER      | NOE       | 22:55:13    |
| TERRANCE   | ROUSH     | 23:12:46    |
| TERRENCE   | GUNDERSON | 23:47:35    |
+------------+-----------+-------------+
16 rows in set (0.02 sec)
```

　結果をラストネームのアルファベット順にしたい場合は、order by 句に last_name 列を追加します。

```
mysql> SELECT c.first_name, c.last_name,
    ->   time(r.rental_date) rental_time
    -> FROM customer c
    ->   INNER JOIN rental r
```

```
    ->    ON c.customer_id = r.customer_id
    -> WHERE date(r.rental_date) = '2005-06-14'
    -> ORDER BY c.last_name;
+------------+-----------+-------------+
| first_name | last_name | rental_time |
+------------+-----------+-------------+
| DANIEL     | CABRAL    | 23:09:38    |
| CATHERINE  | CAMPBELL  | 23:17:03    |
| HERMAN     | DEVORE    | 23:35:09    |
| AMBER      | DIXON     | 23:42:56    |
| JOYCE      | EDWARDS   | 23:16:26    |
| JEANETTE   | GREENE    | 23:54:46    |
| SONIA      | GREGORY   | 23:50:11    |
| TERRENCE   | GUNDERSON | 23:47:35    |
| CHARLES    | KOWALSKI  | 23:54:34    |
| MATTHEW    | MAHAN     | 23:25:58    |
| GWENDOLYN  | MAY       | 23:16:27    |
| MIRIAM     | MCKINNEY  | 23:07:08    |
| ELMER      | NOE       | 22:55:13    |
| JEFFERY    | PINSON    | 22:53:33    |
| MINNIE     | ROMERO    | 23:00:34    |
| TERRANCE   | ROUSH     | 23:12:46    |
+------------+-----------+-------------+
16 rows in set (0.02 sec)
```

　この例には当てはまりませんが、大規模な顧客リストに同じラストネームを持つ人が複数含まれているというのはよくあることです。このため、ソート条件にファーストネームも追加するとよいかもしれません。

　そこで、order by 句の last_name 列の後に first_name 列を追加してみましょう。

```
mysql> SELECT c.first_name, c.last_name,
    ->    time(r.rental_date) rental_time
    -> FROM customer c
    ->    INNER JOIN rental r
    ->    ON c.customer_id = r.customer_id
    -> WHERE date(r.rental_date) = '2005-06-14'
    -> ORDER BY c.last_name, c.first_name;
+------------+-----------+-------------+
| first_name | last_name | rental_time |
+------------+-----------+-------------+
| DANIEL     | CABRAL    | 23:09:38    |
| CATHERINE  | CAMPBELL  | 23:17:03    |
| HERMAN     | DEVORE    | 23:35:09    |
| AMBER      | DIXON     | 23:42:56    |
| JOYCE      | EDWARDS   | 23:16:26    |
| JEANETTE   | GREENE    | 23:54:46    |
| SONIA      | GREGORY   | 23:50:11    |
| TERRENCE   | GUNDERSON | 23:47:35    |
| CHARLES    | KOWALSKI  | 23:54:34    |
| MATTHEW    | MAHAN     | 23:25:58    |
| GWENDOLYN  | MAY       | 23:16:27    |
| MIRIAM     | MCKINNEY  | 23:07:08    |
```

```
| ELMER      | NOE       | 22:55:13    |
| JEFFERY    | PINSON    | 22:53:33    |
| MINNIE     | ROMERO    | 23:00:34    |
| TERRANCE   | ROUSH     | 23:12:46    |
+-----------+----------+-------------+
16 rows in set (0.02 sec)
```

　order by 句に複数の列を追加するときには、列を指定する順序によって結果が変わってきます。order by 句の2つの列の順序を入れ替えた場合は、Amber Dixon が結果セットの先頭に表示されるはずです。

3.7.1　昇順と降順

　並べ替えの際には、asc と desc の2つのキーワードを使って**昇順**（ascending）または**降順**（descending）での並べ替えを指定できます。デフォルトは昇順なので、降順で並べ替えたい場合は desc キーワードを追加する必要があります。たとえば、次のクエリは 2005 年 6 月 14 日に映画をレンタルした顧客全員をレンタル時刻の降順で表示します。

```
mysql> SELECT c.first_name, c.last_name,
    ->   time(r.rental_date) rental_time
    -> FROM customer c
    ->   INNER JOIN rental r
    ->   ON c.customer_id = r.customer_id
    -> WHERE date(r.rental_date) = '2005-06-14'
    -> ORDER BY time(r.rental_date) desc;
+-----------+----------+-------------+
| first_name | last_name | rental_time |
+-----------+----------+-------------+
| JEANETTE   | GREENE    | 23:54:46    |
| CHARLES    | KOWALSKI  | 23:54:34    |
| SONIA      | GREGORY   | 23:50:11    |
| TERRENCE   | GUNDERSON | 23:47:35    |
| AMBER      | DIXON     | 23:42:56    |
| HERMAN     | DEVORE    | 23:35:09    |
| MATTHEW    | MAHAN     | 23:25:58    |
| CATHERINE  | CAMPBELL  | 23:17:03    |
| GWENDOLYN  | MAY       | 23:16:27    |
| JOYCE      | EDWARDS   | 23:16:26    |
| TERRANCE   | ROUSH     | 23:12:46    |
| DANIEL     | CABRAL    | 23:09:38    |
| MIRIAM     | MCKINNEY  | 23:07:08    |
| MINNIE     | ROMERO    | 23:00:34    |
| ELMER      | NOE       | 22:55:13    |
| JEFFERY    | PINSON    | 22:53:33    |
+-----------+----------+-------------+
16 rows in set (0.02 sec)
```

　降順での並べ替えは、「残高が最も多い口座を5つ表示する」といったランク付けクエリでよく使われます。MySQL には、データを並べ替えた後、最初の X 行以外をすべて削除できる limit とい

う句が含まれています。

3.7.2 数値のプレースホルダによる並べ替え

select 句で列を使った並べ替えを行う場合は、それらの列を名前ではなく**位置**で参照することもできます。この方法は、前項の例のように式を使って並べ替えを行う場合に特に便利です。最後のクエリで、降順での並べ替えを指定している order by 句を、select 句の 3 つ目の要素を使うように書き換えてみましょう。

```
mysql> SELECT c.first_name, c.last_name,
    ->   time(r.rental_date) rental_time
    -> FROM customer c
    ->   INNER JOIN rental r
    ->   ON c.customer_id = r.customer_id
    -> WHERE date(r.rental_date) = '2005-06-14'
    -> ORDER BY 3 desc;
+------------+-----------+-------------+
| first_name | last_name | rental_time |
+------------+-----------+-------------+
| JEANETTE   | GREENE    | 23:54:46    |
| CHARLES    | KOWALSKI  | 23:54:34    |
| SONIA      | GREGORY   | 23:50:11    |
| TERRENCE   | GUNDERSON | 23:47:35    |
| AMBER      | DIXON     | 23:42:56    |
| HERMAN     | DEVORE    | 23:35:09    |
| MATTHEW    | MAHAN     | 23:25:58    |
| CATHERINE  | CAMPBELL  | 23:17:03    |
| GWENDOLYN  | MAY       | 23:16:27    |
| JOYCE      | EDWARDS   | 23:16:26    |
| TERRANCE   | ROUSH     | 23:12:46    |
| DANIEL     | CABRAL    | 23:09:38    |
| MIRIAM     | MCKINNEY  | 23:07:08    |
| MINNIE     | ROMERO    | 23:00:34    |
| ELMER      | NOE       | 22:55:13    |
| JEFFERY    | PINSON    | 22:53:33    |
+------------+-----------+-------------+
16 rows in set (0.01 sec)
```

この機能は控えめに使うようにしてください。order by 句の番号を変更せずに select 句に列を追加すると、予想外の結果になることが考えられるからです。筆者の場合、アドホッククエリを記述しているときは列を位置で参照することがありますが、コードを記述しているときは常に列を名前で参照するようにしています。

3.8　練習問題

　この練習問題の目的は、select 文とそのさまざまな句についての理解を深めることにあります。解答は付録 B にあります。

3-1　俳優全員の俳優 ID、ファーストネーム、ラストネームを取得し、最初はラストネームで、続いてファーストネームで並べ替えてみよう。

3-2　ラストネームが 'WILLIAMS' または 'DAVIS' に等しい俳優全員の俳優 ID、ファーストネーム、ラストネームを取得してみよう。

3-3　rental テーブルに対するクエリを記述し、2005 年 7 月 5 日に映画をレンタルした顧客の ID を取得してみよう（rental.rental_date 列を使う。時間要素を無視するには date 関数を使う）。なお、どの行にも異なる顧客 ID が含まれるようにする。

3-4　このマルチテーブルクエリから次の結果が得られるように空欄（<番号> 部分）を埋めてみよう。

```
mysql> SELECT c.email, r.return_date
    -> FROM customer c
    ->   INNER JOIN rental <1>
    ->   ON c.customer_id = <2>
    -> WHERE date(r.rental_date) = '2005-06-14'
    -> ORDER BY <3> <4>;
+-----------------------------------------+---------------------+
| email                                   | return_date         |
+-----------------------------------------+---------------------+
| DANIEL.CABRAL@sakilacustomer.org        | 2005-06-23 22:00:38 |
| TERRANCE.ROUSH@sakilacustomer.org       | 2005-06-23 21:53:46 |
| MIRIAM.MCKINNEY@sakilacustomer.org      | 2005-06-21 17:12:08 |
| GWENDOLYN.MAY@sakilacustomer.org        | 2005-06-20 02:40:27 |
| JEANETTE.GREENE@sakilacustomer.org      | 2005-06-19 23:26:46 |
| HERMAN.DEVORE@sakilacustomer.org        | 2005-06-19 03:20:09 |
| JEFFERY.PINSON@sakilacustomer.org       | 2005-06-18 21:37:33 |
| MATTHEW.MAHAN@sakilacustomer.org        | 2005-06-18 05:18:58 |
| MINNIE.ROMERO@sakilacustomer.org        | 2005-06-18 01:58:34 |
| SONIA.GREGORY@sakilacustomer.org        | 2005-06-17 21:44:11 |
| TERRENCE.GUNDERSON@sakilacustomer.org   | 2005-06-17 05:28:35 |
| ELMER.NOE@sakilacustomer.org            | 2005-06-17 02:11:13 |
| JOYCE.EDWARDS@sakilacustomer.org        | 2005-06-16 21:00:26 |
| AMBER.DIXON@sakilacustomer.org          | 2005-06-16 04:02:56 |
| CHARLES.KOWALSKI@sakilacustomer.org     | 2005-06-16 02:26:34 |
| CATHERINE.CAMPBELL@sakilacustomer.org   | 2005-06-15 20:43:03 |
+-----------------------------------------+---------------------+
16 rows in set (0.02 sec)
```

4章
フィルタリング

テーブルの行を1つ残らず操作したいことがあります。たとえば次のような場合です。

- 新しいデータウェアハウスのフィードとして使ったテーブルからデータをすべて削除する。
- テーブルに新しい列を追加した後、テーブルの行をすべて変更する。
- メッセージキューテーブルから行をすべて削除する。

このような場合、SQL文にwhere句を追加する必要はありません。なぜなら、どのような行も考慮の対象から外す必要がないからです。しかし、ほとんどの場合は、テーブルの行の一部に焦点を絞り込む必要があります。このため、SQLのすべてのデータ文には、オプションのwhere句があります。このwhere句には、そのSQL文の影響を受ける行の数を絞り込むための**フィルタ条件**(filter condition)が1つ以上含まれています。それに加えて、select文には、グループ化したデータのフィルタ条件を指定できるhaving句もあります。本章では、select文、update文、delete文のwhere句に指定できるさまざまな種類のフィルタ条件を詳しく見ていきます。select文のhaving句でフィルタ条件を使う方法については、8章で例を見ながら説明します。

4.1 条件の評価

where句には、1つまたは複数の**条件**を指定できます。これらの条件はそれぞれandまたはor演算子で区切って指定します。where句に複数の条件が指定されていて、すべての条件がand演算子で区切られていた場合、結果セットに含まれるのはすべての条件がtrueと評価された行だけです。次のwhere句について考えてみましょう。

```
WHERE first_name = 'STEVEN' AND create_date > '2006-01-01'
```

この2つの条件により、結果セットに含まれるのは、ファーストネームがStevenで、レコード の作成日が2006年1月2日以降の行だけになります。この例で使っている条件は2つだけですが、 where句に条件がいくつ追加されていたとしても、それらがand演算子で区切られているとすれ ば、結果セットに含まれるのはすべての条件がtrueと評価された行だけです。

これに対し、where句のすべての条件がor演算子で区切られている場合、条件が1つでもtrue と評価された行は結果セットに含まれることになります。次の2つの条件について考えてみましょう。

```
WHERE first_name = 'STEVEN' OR create_date > '2006-01-01'
```

このとき、特定の行が結果セットに含まれるケースとして次の3通りがあります。

- ファーストネームがStevenで、作成日が2006年1月2日以降

- ファーストネームがStevenで、作成日が2006年1月1日かそれ以前

- ファーストネームがStevenではなく、作成日が2006年1月2日以降

表4-1は、where句にor演算子で区切られた2つの条件が含まれている場合の結果をまとめた ものです。

表4-1：or演算子で区切られた2つの条件の評価

中間結果	最終結果
WHERE true OR true	true
WHERE true OR false	true
WHERE false OR true	true
WHERE false OR false	false

先の例に当てはめてみると、結果セットから行が除外されるのは、その顧客のファーストネーム がStevenではなく、レコードの作成日が2006年1月1日かそれ以前の場合だけとなります。

4.1.1 丸かっこを使う

where句にand演算子とor演算子で区切られた条件を3つ以上指定する場合は、データベース サーバーとあなたのコードを読む人のために、丸かっこ(())を使って意図を明白にすべきです。先 の例を拡張して、ファーストネームがStevenか、ラストネームがYoungであり、かつレコードの 作成日が2006年1月2日以降であることをチェックする条件をwhere句に追加したとしましょう。

```
WHERE (first_name = 'STEVEN' OR last_name = 'YOUNG')
  AND create_date > '2006-01-01'
```

条件は3つになっています。最終的な結果セットに追加される行は、1つ目または2つ目の条件（または両方）が true と評価され、かつ3つ目の条件が true と評価された行だけです。この where 句に対して考えられる結果をまとめると、表4-2のようになります。

表4-2：and 演算子と or 演算子で区切られた3つの条件の評価

中間結果	最終結果
WHERE (true OR true) AND true	true
WHERE (true OR false) AND true	true
WHERE (false OR true) AND true	true
WHERE (false OR false) AND true	false
WHERE (true OR true) AND false	false
WHERE (true OR false) AND false	false
WHERE (false OR true) AND false	false
WHERE (false OR false) AND false	false

このように、where 句の条件の数が増えるほど、データベースサーバーが評価しなければならない組み合わせも増えることになります。この場合、最終的な結果が true になるのは、8つの組み合わせのうち3つだけです。

4.1.2 not 演算子を使う

先の3つの条件を使った例は比較的わかりやすいものでした（そうであったことを願っています）。しかし、次のように書き換えた場合はどうでしょう。

```
WHERE NOT (first_name = 'STEVEN' OR last_name = 'YOUNG')
  AND create_date > '2006-01-01'
```

どこが変わったかわかりますか？ そう、最初の条件セットの前に not 演算子が追加されたのです。このようにすると、ファーストネームが Steven かラストネームが Young で、かつレコードの作成日が 2006 年 1 月 2 日以降の顧客を検索するのではなく、ファーストネームが Steven ではないかラストネームが Young ではなく、かつレコードの作成日が 2006 年 1 月 2 日以降の顧客だけを検索するようになります。この例で考えられる結果は表4-3のようになります。

表4-3：and、or、not演算子で区切られた3つの条件の評価

中間結果	最終結果
WHERE NOT (true OR true) AND true	false
WHERE NOT (true OR false) AND true	false
WHERE NOT (false OR true) AND true	false
WHERE NOT (false OR false) AND true	true
WHERE NOT (true OR true) AND false	false
WHERE NOT (true OR false) AND false	false
WHERE NOT (false OR true) AND false	false
WHERE NOT (false OR false) AND false	false

　not演算子を含んでいるwhere句を評価するのは、データベースサーバーでは造作もないことです。しかし、人はたいていこういうのが苦手なので、この演算子を見かけることはほとんどありません。この場合、not演算子を使わないようにwhere句を書き換えると次のようになります。

```
WHERE first_name <> 'STEVEN' AND last_name <> 'YOUNG'
  AND create_date > '2006-01-01'
```

　データベースサーバーは選り好みなんてしないので、より理解しやすいこちらのwhere句を使ったほうがよいでしょう。

4.2　条件を組み立てる

　データベースサーバーが複数の条件を評価する方法がわかったところで、一歩下がって、1つの条件を構成しているものを調べてみましょう。条件は、1つ以上の**演算子**（operator）で組み合わされた1つ以上の**式**（expression）で構成されます。式は次のいずれかになります。

- 数字

- テーブルまたはビューの列

- 'Maple Street' などの文字列リテラル

- concat('Learning', ' ', 'SQL') などの組み込み関数

- サブクエリ

- ('Boston', 'New York', 'Chicago') などの式のリスト

　条件に使われる演算子は次のいずれかになります。

- =、!=、<、>、<>、like、in、between などの比較演算子
- +、-、*、/ などの算術演算子

次節では、これらの式と演算子を組み合わせてさまざまな種類の条件を組み立てる方法を具体的に見ていきます。

4.3 条件の種類

必要のないデータを取り除く方法はさまざまです。まず、追加または除外する具体的な値、値の集合、または値の範囲を検索するという方法があります。次に、文字列データを扱っている場合は、さまざまなパターン検索手法を使って部分的にマッチするものを検索するという方法があります。ここでは、これらの条件を種類別に詳しく見ていきます。

4.3.1 等号条件

実際に書いたり見たりするフィルタ条件の大半は、次に示すような '< 列> = < 式>' の形式をとります。

```
title = 'RIVER OUTLAW'
fed_id = '111-11-1111'
amount = 375.25
film_id = (SELECT film_id FROM film WHERE title = 'RIVER OUTLAW')
```

このような条件は、一方の式がもう一方の式に等しいかどうかを表すことから、**等号条件**（equality condition）と呼ばれます。最初の3つの例は、列がリテラル（2つの文字列と数値）と等しいことを表しています。最後の例は、列がサブクエリから返された値と等しいことを表しています。次のクエリには、等号条件が2つ含まれています。1つ目は on 句に含まれており（結合条件）、2つ目は where 句に含まれています（フィルタ条件）。

```
mysql> SELECT c.email
    -> FROM customer c
    ->   INNER JOIN rental r
    ->   ON c.customer_id = r.customer_id
    -> WHERE date(r.rental_date) = '2005-06-14';
+---------------------------------------+
| email                                 |
+---------------------------------------+
| CATHERINE.CAMPBELL@sakilacustomer.org |
| JOYCE.EDWARDS@sakilacustomer.org      |
| AMBER.DIXON@sakilacustomer.org        |
| JEANETTE.GREENE@sakilacustomer.org    |
| MINNIE.ROMERO@sakilacustomer.org      |
```

```
| GWENDOLYN.MAY@sakilacustomer.org        |
| SONIA.GREGORY@sakilacustomer.org        |
| MIRIAM.MCKINNEY@sakilacustomer.org      |
| CHARLES.KOWALSKI@sakilacustomer.org     |
| DANIEL.CABRAL@sakilacustomer.org        |
| MATTHEW.MAHAN@sakilacustomer.org        |
| JEFFERY.PINSON@sakilacustomer.org       |
| HERMAN.DEVORE@sakilacustomer.org        |
| ELMER.NOE@sakilacustomer.org            |
| TERRANCE.ROUSH@sakilacustomer.org       |
| TERRENCE.GUNDERSON@sakilacustomer.org   |
+-----------------------------------------+
16 rows in set (0.01 sec)
```

このクエリは 2005 年 6 月 14 日に映画をレンタルした顧客全員のメールアドレスを出力します。

不等号条件

よく使われるもう 1 つの条件は、2 つの式が等しくないことを表す**不等号条件**(inequality condition) です。先のクエリで、where 句のフィルタ条件を不等号条件に書き換えると次のように なります。

```
mysql> SELECT c.email
    -> FROM customer c
    ->   INNER JOIN rental r
    ->   ON c.customer_id = r.customer_id
    -> WHERE date(r.rental_date) <> '2005-06-14';
+-----------------------------------------+
| email                                   |
+-----------------------------------------+
| MARY.SMITH@sakilacustomer.org           |
| MARY.SMITH@sakilacustomer.org           |
| MARY.SMITH@sakilacustomer.org           |
| MARY.SMITH@sakilacustomer.org           |
| MARY.SMITH@sakilacustomer.org           |
| MARY.SMITH@sakilacustomer.org           |
| MARY.SMITH@sakilacustomer.org           |
| MARY.SMITH@sakilacustomer.org           |
| MARY.SMITH@sakilacustomer.org           |
......
| AUSTIN.CINTRON@sakilacustomer.org       |
| AUSTIN.CINTRON@sakilacustomer.org       |
| AUSTIN.CINTRON@sakilacustomer.org       |
| AUSTIN.CINTRON@sakilacustomer.org       |
| AUSTIN.CINTRON@sakilacustomer.org       |
| AUSTIN.CINTRON@sakilacustomer.org       |
| AUSTIN.CINTRON@sakilacustomer.org       |
| AUSTIN.CINTRON@sakilacustomer.org       |
| AUSTIN.CINTRON@sakilacustomer.org       |
+-----------------------------------------+
16028 rows in set (0.02 sec)
```

　このクエリは 2005 年 6 月 14 日以外の日に映画をレンタルした顧客全員のメールアドレスを出力します。なお、不等号条件を組み立てるときには、演算子として != と <> のどちらかを選択できます。

等号条件を使ったデータの変更

　等号条件と不等号条件はデータを変更するときによく使われます。たとえば、この映画レンタル会社に「古いアカウントの行を削除するのは 1 年に一度だけ」というポリシーがあるとしましょう。そこで、rental テーブルからレンタル日が 2004 年の行を削除することになりました。そのための方法の 1 つは次のようなものです。

```
DELETE FROM rental
WHERE year(rental_date) = 2004;
```

　この例では、等号条件を 1 つだけ使っています。この他に、不等号条件を 2 つ使う方法もあります。たとえば、レンタル日が 2005 年または 2006 年ではない行をすべて削除する方法は次のようになります。

```
DELETE FROM rental
WHERE year(rental_date) <> 2005 AND year(rental_date) <> 2006;
```

delete 文や update 文の例を考えるときには、行が 1 つも変更されないような文になるようにしている。そのようにすると、それらの文を実行してもサンプルデータが変更されないので、select 文の出力が常に本書に掲載されているものと同じになるからだ。
MySQL のセッションはデフォルトでオートコミットモードなので（12 章を参照）、これらの文の 1 つがサンプルデータを変更するとしたら、変更内容をロールバックする（元に戻す）ことはできない。もちろん、サンプルデータを一度消去してからスクリプトを再び実行してテーブルを再作成すれば、いつでも元の状態に戻せるが、本書ではサンプルデータを変更しないように配慮している。

4.3.2　範囲条件

　式がもう 1 つの式に等しい（あるいは等しくない）ことをチェックする条件に加えて、式が特定の範囲に収まるかどうかをチェックする条件を組み立てることもできます。この種の条件は数値データや時間データを扱うときによく使われます。次のクエリを見てください。

```
mysql> SELECT customer_id, rental_date
    -> FROM rental
```

```
    -> WHERE rental_date < '2005-05-25';
+-------------+---------------------+
| customer_id | rental_date         |
+-------------+---------------------+
|         130 | 2005-05-24 22:53:30 |
|         459 | 2005-05-24 22:54:33 |
|         408 | 2005-05-24 23:03:39 |
|         333 | 2005-05-24 23:04:41 |
|         222 | 2005-05-24 23:05:21 |
|         549 | 2005-05-24 23:08:07 |
|         269 | 2005-05-24 23:11:53 |
|         239 | 2005-05-24 23:31:46 |
+-------------+---------------------+
8 rows in set (0.01 sec)
```

　このクエリは 2005 年 5 月 25 日よりも前にレンタルされた映画をすべて検索します。また、レンタル日の上限だけではなく、下限も指定できます。

```
mysql> SELECT customer_id, rental_date
    -> FROM rental
    -> WHERE rental_date <= '2005-06-16'
    ->   AND rental_date >= '2005-06-14';
+-------------+---------------------+
| customer_id | rental_date         |
+-------------+---------------------+
|         416 | 2005-06-14 22:53:33 |
|         516 | 2005-06-14 22:55:13 |
|         239 | 2005-06-14 23:00:34 |
|         285 | 2005-06-14 23:07:08 |
|         310 | 2005-06-14 23:09:38 |
|         592 | 2005-06-14 23:12:46 |
......
|         148 | 2005-06-15 23:20:26 |
|         237 | 2005-06-15 23:36:37 |
|         155 | 2005-06-15 23:55:27 |
|         341 | 2005-06-15 23:57:20 |
|         149 | 2005-06-15 23:58:53 |
+-------------+---------------------+
364 rows in set (0.00 sec)
```

　このクエリは 2005 年の 6 月 14 日または 6 月 15 日のレンタルをすべて取得します[1]。

between 演算子

　範囲の上限と下限を両方とも指定する場合は、条件を 2 つ使うのではなく、between 演算子を使って条件を 1 つに減らすこともできます。

---

[1]　[訳注] rental_date <= '2005-06-16' を指定しているのに 6 月 16 日のレンタルが返されないのは、日付の時刻成分を指定しないと時刻がデフォルトで午前 0 時になるためだ。つまり、次の条件と同じである。

```
WHERE date(rental_date) < '2005-06-16' AND date(rental_date) >= '2005-06-14';
```

```
mysql> SELECT customer_id, rental_date
    -> FROM rental
    -> WHERE rental_date BETWEEN '2005-06-14' AND '2005-06-16';
+-------------+---------------------+
| customer_id | rental_date         |
+-------------+---------------------+
|         416 | 2005-06-14 22:53:33 |
|         516 | 2005-06-14 22:55:13 |
|         239 | 2005-06-14 23:00:34 |
|         285 | 2005-06-14 23:07:08 |
|         310 | 2005-06-14 23:09:38 |
|         592 | 2005-06-14 23:12:46 |
......
|         148 | 2005-06-15 23:20:26 |
|         237 | 2005-06-15 23:36:37 |
|         155 | 2005-06-15 23:55:27 |
|         341 | 2005-06-15 23:57:20 |
|         149 | 2005-06-15 23:58:53 |
+-------------+---------------------+
364 rows in set (0.00 sec)
```

between 演算子を使うときには、注意しなければならない点が 2 つあります。まず、常に範囲の下限を（between 演算子の後ろに）指定してから範囲の条件を（and 演算子の後ろに）指定してください。上限を先に指定したらどうなるか見てみましょう。

```
mysql> SELECT customer_id, rental_date
    -> FROM rental
    -> WHERE rental_date BETWEEN '2005-06-16' AND '2005-06-14';
Empty set (0.00 sec)
```

データがまったく返されないことがわかります。というのも、データベースサーバーが実際には <= 演算子と >= 演算子を使って 1 つの条件から 2 つの条件を生成するからです。

```
mysql> SELECT customer_id, rental_date
    -> FROM rental
    -> WHERE rental_date >= '2005-06-16'
    -> AND rental_date <= '2005-06-14';
Empty set (0.00 sec)
```

このクエリが空の結果セットを返すのは、2005 年 6 月 16 日以降で 2005 年 6 月 14 日以前という日付はあり得ないからです。このことは、between 演算子に落とし穴がもう 1 つあることを示唆しています。それは上限と下限に指定した値が範囲に**含まれる**ことです。この例では、6 月 14 日または 6 月 15 日のレンタルを取得したいので、範囲の下限として 2005-06-14、上限として 2005-06-16 を指定しています。日付の時刻成分を指定していないため、時刻はデフォルトで午前 0 時となります。したがって、実質的な範囲は 2005-06-14 00:00:00 から 2005-06-16 00:00:00 となり、6 月 14 日または 6 月 15 日のレンタルだけが含まれることになります。

日付に加えて、数値の範囲を指定する条件も指定できます。次に示すように、数値の範囲は簡単

に理解できます。

```
mysql> SELECT customer_id, payment_date, amount
    -> FROM payment
    -> WHERE amount BETWEEN 10.0 AND 11.99;
+-------------+---------------------+--------+
| customer_id | payment_date        | amount |
+-------------+---------------------+--------+
|           2 | 2005-07-30 13:47:43 |  10.99 |
|           3 | 2005-07-27 20:23:12 |  10.99 |
|          12 | 2005-08-01 06:50:26 |  10.99 |
|          13 | 2005-07-29 22:37:41 |  11.99 |
|          21 | 2005-06-21 01:04:35 |  10.99 |
|          29 | 2005-07-09 21:55:19 |  10.99 |
......
|         571 | 2005-06-20 08:15:27 |  10.99 |
|         572 | 2005-06-17 04:05:12 |  10.99 |
|         573 | 2005-07-31 12:14:19 |  10.99 |
|         591 | 2005-07-07 20:45:51 |  11.99 |
|         592 | 2005-07-06 22:58:31 |  11.99 |
|         595 | 2005-07-31 11:51:46 |  10.99 |
+-------------+---------------------+--------+
114 rows in set (0.01 sec)
```

　レンタル料が 10 ドルから 11.99 ドルの間のレンタルがすべて返されています。この場合も、下限を先に指定することを忘れないでください。

文字列の範囲

　日付と数値の範囲に加えて、文字列の範囲を検索する条件も指定できます。文字列の範囲を検索すると聞いてもピンとこないかもしれません。たとえば、ラストネームがある範囲に含まれている顧客を検索したいとしましょう。次のクエリは、ラストネームが FA と FR の間にある顧客を返します。

```
mysql> SELECT last_name, first_name
    -> FROM customer
    -> WHERE last_name BETWEEN 'FA' AND 'FR';
+------------+------------+
| last_name  | first_name |
+------------+------------+
| FARNSWORTH | JOHN       |
| FENNELL    | ALEXANDER  |
| FERGUSON   | BERTHA     |
| FERNANDEZ  | MELINDA    |
| FIELDS     | VICKI      |
| FISHER     | CINDY      |
| FLEMING    | MYRTLE     |
| FLETCHER   | MAE        |
| FLORES     | JULIA      |
| FORD       | CRYSTAL    |
| FORMAN     | MICHEAL    |
```

```
| FORSYTHE   | ENRIQUE    |
| FORTIER    | RAUL       |
| FORTNER    | HOWARD     |
| FOSTER     | PHYLLIS    |
| FOUST      | JACK       |
| FOWLER     | JO         |
| FOX        | HOLLY      |
+------------+------------+
18 rows in set (0.01 sec)
```

ラストネームが FR で始まる顧客が 5 人いるはずですが、結果セットには含まれていません。これは FRANKLIN のような名前が範囲外だからです。ただし、範囲の右側を FRB まで広げれば、5 人の顧客のうち 4 人を拾い上げることができます。

```
mysql> SELECT last_name, first_name
    -> FROM customer
    -> WHERE last_name BETWEEN 'FA' AND 'FRB';
+------------+------------+
| last_name  | first_name |
+------------+------------+
| FARNSWORTH | JOHN       |
| FENNELL    | ALEXANDER  |
| FERGUSON   | BERTHA     |
| FERNANDEZ  | MELINDA    |
| FIELDS     | VICKI      |
| FISHER     | CINDY      |
| FLEMING    | MYRTLE     |
| FLETCHER   | MAE        |
| FLORES     | JULIA      |
| FORD       | CRYSTAL    |
| FORMAN     | MICHEAL    |
| FORSYTHE   | ENRIQUE    |
| FORTIER    | RAUL       |
| FORTNER    | HOWARD     |
| FOSTER     | PHYLLIS    |
| FOUST      | JACK       |
| FOWLER     | JO         |
| FOX        | HOLLY      |
| FRALEY     | JUAN       |
| FRANCISCO  | JOEL       |
| FRANKLIN   | BETH       |
| FRAZIER    | GLENDA     |
+------------+------------+
22 rows in set (0.00 sec)
```

　文字列の範囲を扱うには、文字セット内の文字の順序を知っていなければなりません。文字セット内の文字の順序は**照合順序**（collation）と呼ばれます。

4.3.3　メンバーシップ条件

　場合によっては、式を1つの値や値の範囲に制限するのではなく、値の有限集合に制限したいこともあります。たとえば、レーティングが 'G' または 'PG' の映画をすべて特定したいとしましょう。

```
mysql> SELECT title, rating
    -> FROM film
    -> WHERE rating = 'G' OR rating = 'PG';
+--------------------------+--------+
| title                    | rating |
+--------------------------+--------+
| ACADEMY DINOSAUR         | PG     |
| ACE GOLDFINGER           | G      |
| AFFAIR PREJUDICE         | G      |
| AFRICAN EGG              | G      |
| AGENT TRUMAN             | PG     |
| ALAMO VIDEOTAPE          | G      |
| ALASKA PHANTOM           | PG     |
| ALI FOREVER              | PG     |
| AMADEUS HOLY             | PG     |
......
| WEDDING APOLLO           | PG     |
| WEREWOLF LOLA            | G      |
| WEST LION                | G      |
| WIZARD COLDBLOODED       | PG     |
| WON DARES                | PG     |
| WONDERLAND CHRISTMAS     | PG     |
| WORDS HUNTER             | PG     |
| WORST BANGER             | PG     |
| YOUNG LANGUAGE           | G      |
+--------------------------+--------+
372 rows in set (0.01 sec)
```

　この where 句（or 演算子で連結された2つの条件）を作成するのはそれほど面倒ではありませんが、式の数が 10 ～ 20 個に増えたとしたらどうでしょう。このような場合は、代わりに in 演算子を使うことができます。

```
SELECT title, rating
FROM film
WHERE rating IN ('G','PG');
```

　in 演算子を使えば、式がいくつになったとしても、条件を1つにまとめることができます。

サブクエリを使う

　('G','PG') のように式を独自にまとめることに加えて、サブクエリを使って式をその場で生成することもできます。たとえば、タイトルに 'PET' という文字列が含まれている映画は家族で観ても安全であると推測できるとしましょう。この場合は、film テーブルに対してサブクエリを実行することで、タイトルに 'PET' という文字列が含まれている映画のレーティングをすべて取り出す

ことができます。続いて、取り出したレーティングのいずれかを持つ映画をすべて出力します。

```
mysql> SELECT title, rating
    -> FROM film
    -> WHERE rating IN (SELECT rating FROM film WHERE title LIKE '%PET%');
+--------------------------+--------+
| title                    | rating |
+--------------------------+--------+
| ACADEMY DINOSAUR         | PG     |
| ACE GOLDFINGER           | G      |
| AFFAIR PREJUDICE         | G      |
| AFRICAN EGG              | G      |
| AGENT TRUMAN             | PG     |
| ALAMO VIDEOTAPE          | G      |
| ALASKA PHANTOM           | PG     |
| ALI FOREVER              | PG     |
| AMADEUS HOLY             | PG     |
| ......                   |        |
| WEDDING APOLLO           | PG     |
| WEREWOLF LOLA            | G      |
| WEST LION                | G      |
| WIZARD COLDBLOODED       | PG     |
| WON DARES                | PG     |
| WONDERLAND CHRISTMAS     | PG     |
| WORDS HUNTER             | PG     |
| WORST BANGER             | PG     |
| YOUNG LANGUAGE           | G      |
+--------------------------+--------+
372 rows in set (0.00 sec)
```

このサブクエリは 'G' と 'PG' からなる結果セットを返します。メインのクエリでは、rating
列の値がサブクエリから返された結果セットに含まれているかどうかをチェックします。

not in 演算子を使う

場合によっては、一連の式の中に特定の式が存在するかどうかを確認したいことや、特定の式が
存在しないかどうかを確認したいことがあります。このような場合は、not in 演算子を使うこと
ができます。

```
SELECT title, rating
FROM film
WHERE rating NOT IN ('PG-13','R', 'NC-17');
```

このクエリは、レーティングが 'PG-13'、'R'、'NC-17' のいずれでもない映画をすべて検索
します。結果として、以前のクエリと同じ 372 行のデータが返されます。

4.3.4　マッチング条件

ここまでは、文字列そのもの、文字列の範囲、または文字列の集合を特定するための条件を見て

きました。最後に紹介する条件は、文字列の部分的なマッチングに関するものです。たとえば、ラストネームがQで始まる顧客を検索したいとしましょう。last_name列から1文字目を抜き出す方法として考えられるのは、組み込み関数を使うことです。

```
mysql> SELECT last_name, first_name
    -> FROM customer
    -> WHERE left(last_name, 1) = 'Q';
+-------------+------------+
| last_name   | first_name |
+-------------+------------+
| QUALLS      | STEPHEN    |
| QUINTANILLA | ROGER      |
| QUIGLEY     | TROY       |
+-------------+------------+
3 rows in set (0.00 sec)
```

　組み込み関数leftはこの仕事を見事にやってのけていますが、あまり柔軟ではありません。代わりに、ワイルドカード文字を使って検索式を組み立てるという方法があります。さっそく見てみましょう。

ワイルドカードを使う

　部分的にマッチする文字列を検索するときには、次の点に着目します。

- 特定の文字で始まる／終わる文字列

- 部分文字列で始まる／終わる文字列

- 途中に特定の文字が含まれている文字列

- 途中に部分文字列が含まれている文字列

- 個々の文字に関係なく、特定のフォーマットを持つ文字列

　これらの部分文字列や他の部分文字列を照合するための検索式は、表4-4に示すワイルドカード文字を使って作成できます。

表4-4：ワイルドカード文字

ワイルドカード文字	照合
_	ちょうど1文字
%	任意の個数（0を含む）の文字

　アンダースコア文字（_）は1文字に置き換えられ、パーセント記号（%）は任意の個数の文字に置

き換えられます。検索式を使って条件を組み立てるときには、次に示すように、like 演算子を使います。

```
mysql> SELECT last_name, first_name
    -> FROM customer
    -> WHERE last_name LIKE '_A_T%S';
+-----------+------------+
| last_name | first_name |
+-----------+------------+
| MATTHEWS  | ERICA      |
| WALTERS   | CASSANDRA  |
| WATTS     | SHELLY     |
+-----------+------------+
3 rows in set (0.00 sec)
```

この検索式は、2 文字目が A、4 文字目が T、その後に任意の個数の文字が続き、最後の文字が S という文字列を指定しています。表 4-5 に、検索式とそれらの解釈の例をいくつかまとめておきます。

表 4-5：検索式の例

検索式	意味
F%	F で始まる文字列
%t	t で終わる文字列
%bas%	部分文字列 'bas' を含んでいる文字列
__t_	3 文字目が t の 4 文字の文字列
___-__-____	4 文字目と 7 文字目がハイフンの 11 文字の文字列

ワイルドカード文字がうまくいくのは、単純な検索式を組み立てる場合です。もう少し複雑な検索式が必要な場合は、次に示すように、複数の検索式を使うことができます。

```
mysql> SELECT last_name, first_name
    -> FROM customer
    -> WHERE last_name LIKE 'Q%' OR last_name LIKE 'Y%';
+-------------+------------+
| last_name   | first_name |
+-------------+------------+
| QUALLS      | STEPHEN    |
| QUIGLEY     | TROY       |
| QUINTANILLA | ROGER      |
| YANEZ       | LUIS       |
| YEE         | MARVIN     |
| YOUNG       | CYNTHIA    |
+-------------+------------+
6 rows in set (0.00 sec)
```

このクエリはラストネームが Q または Y で始まる顧客をすべて検索します。

正規表現を使う

　ワイルドカード文字では柔軟性に問題があるという場合は、正規表現を使って検索式を組み立てることができます。正規表現とは、言ってしまえば、検索式を増強したようなものです。SQLは初めてだが、Perl などのプログラミング言語を使ってコードを書いていたという読者は、すでに正規表現を熟知しているかもしれません。正規表現を使ったことがない場合は、E. F. Friedl 著『Mastering Regular Expressions』(O'Reilly Media, Inc.) [†2] を読んでおくとよいでしょう。

　MySQL が実装している正規表現を使って先のクエリ（ラストネームが Q または Y で始まる顧客全員を検索）を書き換えると、次のようになります。

```
mysql> SELECT last_name, first_name
    -> FROM customer
    -> WHERE last_name REGEXP '^[QY]';
+-------------+------------+
| last_name   | first_name |
+-------------+------------+
| YOUNG       | CYNTHIA    |
| QUALLS      | STEPHEN    |
| QUINTANILLA | ROGER      |
| YANEZ       | LUIS       |
| YEE         | MARVIN     |
| QUIGLEY     | TROY       |
+-------------+------------+
6 rows in set (0.00 sec)
```

　regexp 演算子は、正規表現（この例では '^[QY]'）を受け取り、その正規表現を条件の左側にある式（last_name 列）に適用します。クエリに含まれていたワイルドカード文字に基づく2つの条件が、正規表現を使った1つの条件に置き換えられていることがわかります。

　正規表現は、Oracle Database と Microsoft SQL Server でもサポートされています。Oracle Database では、先の regexp 演算子の代わりに regexp_like 関数を使います。SQL Server では、正規表現を like 演算子で使うことができます。

4.4　null

　そろそろ覚悟を決めて、先延ばしにしていたテーマと向かい合うときが来たようです。そう、null 値です。null はつかみどころのない値であり、思わず身震いしてしまいます。null は値がないことを表します。たとえば、レンタルされた映画が返却されるまでの間、rental テーブルの return_date 列は null にしておくべきです。この状況で return_date 列に代入できる値はないからです。しかし、さまざまな意味を持つという点で、null は少し捉えどころがない値です。

---

†2　『詳説 正規表現 第3版』（オライリー・ジャパン、2008年）

適用外

外国映画ではない場合、元の言語の ID は null になる。

値が不明

レンタルの行が作成された時点では、返却日はわからない。

値が未定義

データベースにまだ追加されていない映画がレンタルされたなど。

理論家は、これら（およびその他）の状況にはそれぞれ異なる式で対処すればよいと主張するが、ほとんどの実務家は、複数の null 値を持つほうがもっと収拾がつかなくなることに同意するだろう。

null を扱うときには、次の点に注意してください。

- 式は null になることがあるが、null に等しくなることはない。

- 2つの null が互いに等しくなることはない。

式が null かどうかを評価するには、次に示すように、is null 演算子を使う必要があります。

```
mysql> SELECT rental_id, customer_id
    -> FROM rental
    -> WHERE return_date IS NULL;
+-----------+-------------+
| rental_id | customer_id |
+-----------+-------------+
|     11496 |         155 |
|     11541 |         335 |
|     11563 |          83 |
|     11577 |         219 |
|     11593 |          99 |
......
|     15867 |         505 |
|     15875 |          41 |
|     15894 |         168 |
|     15966 |         374 |
+-----------+-------------+
183 rows in set (0.01 sec)
```

このクエリは返却されなかったレンタルをすべて検索します。このクエリを is null の代わりに = null を使って書き換えると次のようになります。

```
mysql> SELECT rental_id, customer_id
    -> FROM rental
    -> WHERE return_date = NULL;
Empty set (0.01 sec)
```

　クエリは解析されて実行されていますが、行はまったく返されていません。これは経験の浅い
SQLプログラマがよく引っかかる間違いです。しかも、データベースサーバーからエラーは返され
ないので、nullを評価する条件を作成するときにはくれぐれも注意してください。

　列に値が代入されているかどうかを確認したい場合は、is not null演算子を使うことができ
ます。

```
mysql> SELECT rental_id, customer_id, return_date
    -> FROM rental
    -> WHERE return_date IS NOT NULL;
+-----------+-------------+---------------------+
| rental_id | customer_id | return_date         |
+-----------+-------------+---------------------+
|         1 |         130 | 2005-05-26 22:04:30 |
|         2 |         459 | 2005-05-28 19:40:33 |
|         3 |         408 | 2005-06-01 22:12:39 |
|         4 |         333 | 2005-06-03 01:43:41 |
|         5 |         222 | 2005-06-02 04:33:21 |
|         6 |         549 | 2005-05-27 01:32:07 |
|         7 |         269 | 2005-05-29 20:34:53 |
......
|     16043 |         526 | 2005-08-31 03:09:03 |
|     16044 |         468 | 2005-08-25 04:08:39 |
|     16045 |          14 | 2005-08-25 23:54:26 |
|     16046 |          74 | 2005-08-27 18:02:47 |
|     16047 |         114 | 2005-08-25 02:48:48 |
|     16048 |         103 | 2005-08-31 21:33:07 |
|     16049 |         393 | 2005-08-30 01:01:12 |
+-----------+-------------+---------------------+
15861 rows in set (0.00 sec)
```

　このクエリは返却されたレンタルをすべて返します。これらのレンタルはrentalテーブルの行
の大半（16,044行のうち15,861行）を占めています。

　nullの説明をひとまず終える前に、潜在的な落とし穴をもう1つ調べておきましょう。たとえ
ば、2005年の5月から8月の間に返却されなかったレンタルをすべて調べる必要があるとしましょ
う。最初に思い付くのは次のようなクエリかもしれません。

```
mysql> SELECT rental_id, customer_id, return_date
    -> FROM rental
    -> WHERE return_date NOT BETWEEN '2005-05-01' AND '2005-09-01';
+-----------+-------------+---------------------+
| rental_id | customer_id | return_date         |
+-----------+-------------+---------------------+
|     15365 |         327 | 2005-09-01 03:14:17 |
|     15388 |          50 | 2005-09-01 03:50:23 |
```

```
|     15392 |         410 | 2005-09-01 01:14:15 |
|     15401 |         103 | 2005-09-01 03:44:10 |
|     15415 |         204 | 2005-09-01 02:05:56 |
......
|     15977 |         550 | 2005-09-01 22:12:10 |
|     15982 |         370 | 2005-09-01 21:51:31 |
|     16005 |         466 | 2005-09-02 02:35:22 |
|     16020 |         311 | 2005-09-01 18:17:33 |
|     16033 |         226 | 2005-09-01 02:36:15 |
|     16037 |          45 | 2005-09-01 02:48:04 |
|     16040 |         195 | 2005-09-02 02:19:33 |
+-----------+-------------+---------------------+
62 rows in set (0.00 sec)
```

　62件のレンタルが5月〜8月以外の期間に返却されたことは確かですが、返されたデータをよく見てみると、すべての行の return_date 列に null 以外の値が設定されていることがわかります。ですが、返却されなかった183件のレンタルはどうなったのでしょうか。見方によっては、これら183行のデータは5月から8月の間に返却されたものではないため、結果セットに含まれてもよいはずです。この質問に正確に答えるには、return_date 列に null 値が含まれている可能性を考慮に入れなければなりません。

```
mysql> SELECT rental_id, customer_id, return_date
    -> FROM rental
    -> WHERE return_date IS NULL
    -> OR return_date NOT BETWEEN '2005-05-01' AND '2005-09-01';
+-----------+-------------+---------------------+
| rental_id | customer_id | return_date         |
+-----------+-------------+---------------------+
|     11496 |         155 | NULL                |
|     11541 |         335 | NULL                |
|     11563 |          83 | NULL                |
|     11577 |         219 | NULL                |
|     11593 |          99 | NULL                |
......
|     15939 |         382 | 2005-09-01 17:25:21 |
|     15942 |         210 | 2005-09-01 18:39:40 |
|     15966 |         374 | NULL                |
|     15971 |         187 | 2005-09-02 01:28:33 |
|     15973 |         343 | 2005-09-01 20:08:41 |
|     15977 |         550 | 2005-09-01 22:12:10 |
|     15982 |         370 | 2005-09-01 21:51:31 |
|     16005 |         466 | 2005-09-02 02:35:22 |
|     16020 |         311 | 2005-09-01 18:17:33 |
|     16033 |         226 | 2005-09-01 02:36:15 |
|     16037 |          45 | 2005-09-01 02:48:04 |
|     16040 |         195 | 2005-09-02 02:19:33 |
+-----------+-------------+---------------------+
245 rows in set (0.01 sec)
```

　この結果セットには、5月から8月以外の期間に返却された62件のレンタルと返却されなかっ

た 183 件のレンタルの合計 245 行が含まれています。よく知らないデータベースを扱うときには、フィルタ条件の隙間からデータが零れ落ちないようにするための措置として、テーブルのどの列で null が許可されているのかを調べておくとよいでしょう。

4.5　練習問題

　この練習問題では、フィルタ条件をどれくらい理解できたかをテストします。解答は付録 B にあります。

　最初の 2 つの練習問題では、payment テーブルから取得した次の行セットを使います。

```
+------------+-------------+---------+--------------------+
| payment_id | customer_id |  amount | date(payment_date) |
+------------+-------------+---------+--------------------+
|        101 |           4 |    8.99 | 2005-08-18         |
|        102 |           4 |    1.99 | 2005-08-19         |
|        103 |           4 |    2.99 | 2005-08-20         |
|        104 |           4 |    6.99 | 2005-08-20         |
|        105 |           4 |    4.99 | 2005-08-21         |
|        106 |           4 |    2.99 | 2005-08-22         |
|        107 |           4 |    1.99 | 2005-08-23         |
|        108 |           5 |    0.99 | 2005-05-29         |
|        109 |           5 |    6.99 | 2005-05-31         |
|        110 |           5 |    1.99 | 2005-05-31         |
|        111 |           5 |    3.99 | 2005-06-15         |
|        112 |           5 |    2.99 | 2005-06-16         |
|        113 |           5 |    4.99 | 2005-06-17         |
|        114 |           5 |    2.99 | 2005-06-19         |
|        115 |           5 |    4.99 | 2005-06-20         |
|        116 |           5 |    4.99 | 2005-07-06         |
|        117 |           5 |    2.99 | 2005-07-08         |
|        118 |           5 |    4.99 | 2005-07-09         |
|        119 |           5 |    5.99 | 2005-07-09         |
|        120 |           5 |    1.99 | 2005-07-09         |
+------------+-------------+---------+--------------------+
```

4-1　次のフィルタ条件によって返される支払い ID（payment_id）はどれか。

```
customer_id <> 5 AND (amount > 8 OR date(payment_date) = '2005-08-23')
```

4-2　次のフィルタ条件によって返される支払い ID はどれか。

```
customer_id = 5 AND NOT (amount > 6 OR date(payment_date) = '2005-06-19')
```

4-3　payment テーブルから金額が 1.98、7.98、または 9.98 の行をすべて取得するクエリを記述してみよう。

4-4 ラストネームの 2 文字目が A で、A の後ろのどこかに W が含まれている顧客全員を検索するクエリを記述してみよう。

5章
複数のテーブルから
データを取得する

2章では、正規化と呼ばれるプロセスを通じて関連する概念をばらばらに分解する仕組みを確認しました。その最終的な結果として、person と favorite_food の 2 つのテーブルが作成されました。しかし、住所氏名と好きな食べ物を 1 つのレポートにまとめたい場合は、これら 2 つのテーブルのデータを再び 1 つにまとめるメカニズムが必要です。このメカニズムを**結合** (join) と呼びます。本章では、最も単純で最もよく使われる**内部結合** (inner join) に焦点を合わせます。10 章では、さまざまな種類の結合を具体的に見ていきます。

5.1　結合とは何か

1 つのテーブルに対するクエリは特に珍しくありませんが、ほとんどのクエリでは、2 つ、3 つ、あるいはそれ以上のテーブルが必要になります。具体的な例として、customer テーブルと address テーブルの定義を調べた後、両方のテーブルからデータを取得するクエリを定義してみましょう。

```
mysql> desc customer;
+-------------+-------------------+------+-----+-------------------+
| Field       | Type              | Null | Key | Default           |
+-------------+-------------------+------+-----+-------------------+
| customer_id | smallint unsigned | NO   | PRI | NULL              |
| store_id    | tinyint unsigned  | NO   | MUL | NULL              |
| first_name  | varchar(45)       | NO   |     | NULL              |
| last_name   | varchar(45)       | NO   | MUL | NULL              |
| email       | varchar(50)       | YES  |     | NULL              |
| address_id  | smallint unsigned | NO   | MUL | NULL              |
| active      | tinyint(1)        | NO   |     | 1                 |
| create_date | datetime          | NO   |     | NULL              |
| last_update | timestamp         | YES  |     | CURRENT_TIMESTAMP |
+-------------+-------------------+------+-----+-------------------+
9 rows in set (0.00 sec)

mysql> desc address;
+-------------+-------------------+------+-----+-------------------+
```

```
| Field       | Type              | Null | Key | Default           |
+-------------+-------------------+------+-----+-------------------+
| address_id  | smallint unsigned | NO   | PRI | NULL              |
| address     | varchar(50)       | NO   |     | NULL              |
| address2    | varchar(50)       | YES  |     | NULL              |
| district    | varchar(20)       | NO   |     | NULL              |
| city_id     | smallint unsigned | NO   | MUL | NULL              |
| postal_code | varchar(10)       | YES  |     | NULL              |
| phone       | varchar(20)       | NO   |     | NULL              |
| location    | geometry          | NO   | MUL | NULL              |
| last_update | timestamp         | NO   |     | CURRENT_TIMESTAMP |
+-------------+-------------------+------+-----+-------------------+
9 rows in set (0.00 sec)
```

　各顧客のファーストネームとラストネームに加えてストリートアドレスを取得したいとしましょう。したがって、customer.first_name、customer.last_name、address.address の 3 つの列を取得するクエリが必要です。しかし、同じクエリで 2 つのテーブルのデータを取得するにはどうすればよいのでしょう。答えは customer.address_id 列にあります。この列の値は address テーブルに含まれている顧客のレコードの ID です（もう少し改まった表現にすると、customer.address_id 列は address テーブルの**外部キー**です）。ここで使うクエリは、データベースサーバーに customer.address_id 列を customer テーブルと address テーブルの「橋渡し」として使わせることで、両方のテーブルの列をクエリの結果セットに追加できるようにします。このような処理を**結合**と呼びます。

> あるテーブルの値が別のテーブルに存在することを検証するために外部キー制約を作成することもできる。先の例では、customer テーブルで外部キー制約を作成することで、customer.address_id 列に挿入される値が address.address_id 列で見つかることを確認できる。なお、2 つのテーブルを結合するにあたって外部キー制約は必ずしも必要ではないので注意しよう。

5.1.1　デカルト積

　最も手っ取り早い方法は、customer テーブルと address テーブルをクエリの from 句に配置して、どうなるか見てみることです。次のクエリは、from 句に両方のテーブルを join キーワードで区切って指定することで、顧客のファーストネームとラストネームに加えてストリートアドレスを取得します。

```
mysql> SELECT c.first_name, c.last_name, a.address
    -> FROM customer c JOIN address a;
+-------------+-------------+------------------------------------------+
| first_name  | last_name   | address                                  |
+-------------+-------------+------------------------------------------+
```

```
| MARY       | SMITH      | 47 MySakila Drive                |
| PATRICIA   | JOHNSON    | 47 MySakila Drive                |
| LINDA      | WILLIAMS   | 47 MySakila Drive                |
| BARBARA    | JONES      | 47 MySakila Drive                |
| ELIZABETH  | BROWN      | 47 MySakila Drive                |
| JENNIFER   | DAVIS      | 47 MySakila Drive                |
| MARIA      | MILLER     | 47 MySakila Drive                |
| SUSAN      | WILSON     | 47 MySakila Drive                |
......
| TERRANCE   | ROUSH      | 1325 Fukuyama Street             |
| RENE       | MCALISTER  | 1325 Fukuyama Street             |
| EDUARDO    | HIATT      | 1325 Fukuyama Street             |
| TERRENCE   | GUNDERSON  | 1325 Fukuyama Street             |
| ENRIQUE    | FORSYTHE   | 1325 Fukuyama Street             |
| FREDDIE    | DUGGAN     | 1325 Fukuyama Street             |
| WADE       | DELVALLE   | 1325 Fukuyama Street             |
| AUSTIN     | CINTRON    | 1325 Fukuyama Street             |
+------------+------------+----------------------------------+
361197 rows in set (0.07 sec)
```

　顧客は 599 人しかいませんし、address テーブルには 603 行しかないはずですが、結果が 361,197 行とはこれいかに？ よく見てみると、多くの顧客のストリートアドレスが同じであることがわかります。クエリに 2 つのテーブルの結合方法が指定されていなかったために、データベースサーバーが**デカルト積**（Cartesian product）を生成したからです。デカルト積は、これら 2 つのテーブルの全順列（599 人の顧客 × 603 個のストリートアドレス = 361,197 個の順列）であり、**直積**とも呼ばれます。結合の種類としては、これは**クロス結合**（cross join）と呼ばれるもので、滅多に（少なくとも意図的には）使われません。クロス結合についても 10 章で説明します。

5.1.2　内部結合

　このクエリを修正して顧客ごとに 1 行のデータが返されるようにするには、2 つのテーブルを結合する方法を定義する必要があります。先に述べたように、customer.address_id 列はこれら 2 つのテーブル間のリンクとして機能します。そこで、この情報を from 句の on キーワードに追加する必要があります。

```
mysql> SELECT c.first_name, c.last_name, a.address
    -> FROM customer c JOIN address a
    ->   ON c.address_id = a.address_id;
+------------+------------+----------------------------------------+
| first_name | last_name  | address                                |
+------------+------------+----------------------------------------+
| MARY       | SMITH      | 1913 Hanoi Way                         |
| PATRICIA   | JOHNSON    | 1121 Loja Avenue                       |
| LINDA      | WILLIAMS   | 692 Joliet Street                      |
| BARBARA    | JONES      | 1566 Inegl Manor                       |
| ELIZABETH  | BROWN      | 53 Idfu Parkway                        |
| JENNIFER   | DAVIS      | 1795 Santiago de Compostela Way        |
```

```
| MARIA      | MILLER     | 900 Santiago de Compostela Parkway       |
| SUSAN      | WILSON     | 478 Joliet Way                           |
| MARGARET   | MOORE      | 613 Korolev Drive                        |
| ......
| TERRANCE   | ROUSH      | 42 Fontana Avenue                        |
| RENE       | MCALISTER  | 1895 Zhezqazghan Drive                   |
| EDUARDO    | HIATT      | 1837 Kaduna Parkway                      |
| TERRENCE   | GUNDERSON  | 844 Bucuresti Place                      |
| ENRIQUE    | FORSYTHE   | 1101 Bucuresti Boulevard                 |
| FREDDIE    | DUGGAN     | 1103 Quilmes Boulevard                   |
| WADE       | DELVALLE   | 1331 Usak Boulevard                      |
| AUSTIN     | CINTRON    | 1325 Fukuyama Street                     |
+------------+------------+------------------------------------------+
599 rows in set (0.00 sec)
```

on キーワードを追加したところ、361,197 行のデータが期待どおりに 599 行のデータに減って います。on キーワードは、address_id 列を使って customer テーブルから address テーブ ルを走査するという方法で、データベースサーバーに 2 つのテーブルを結合させます。たとえば、 customer テーブルの Mary Smith の行では、address_id 列に 5 の値が含まれています（この例 では示されていません）。データベースサーバーは address テーブルを調べて address_id 列に 5 の値が含まれている行を探します。そして、その行の address 列から '1913 Hanoi Way' とい う値を取得します。

　一方のテーブルの address_id 列に存在する値が、もう一方のテーブルには存在しない場合、そ の値を含んでいる行の結合は失敗し、それらの行は結果セットに含まれなくなります。このような 結合を**内部結合**（inner join）と呼びます。内部結合は最もよく使われる結合です。もう少し具体的 に説明すると、customer テーブルでは address_id 列に 999 の値が含まれている行が存在し、 address では address_id 列に 999 の値が含まれている行が存在しない場合、その顧客の行は結 果セットに追加されないことになります。一致する行が存在するかどうかに関係なく、どちら一方 のテーブルに存在する行がすべて結果セットに追加されるようにしたい場合は、**外部結合**（outer join）を使う必要があります。外部結合についても 10 章で説明します。

　先の例では、結合の種類を from 句に指定しませんでした。しかし、内部結合を使って 2 つのテー ブルを結合したい場合は、そのことを from 句で明示的に指定すべきです。先の例に結合の種類を 追加してみましょう（inner というキーワードに注目してください）。

```
SELECT c.first_name, c.last_name, a.address
FROM customer c.INNER JOIN address a
  ON c.address_id = a.address_id;
```

　結合の種類を指定しない場合、データベースサーバーはデフォルトで内部結合を実行します。た だし、10 章で説明するように、結合は何種類かあるので、あなたのクエリを引き継ぐ人のためにも、 必要な結合の種類を指定する習慣を身につけておくべきです。

　先のクエリのように、2 つのテーブルの結合に使う列の名前が同じである場合は、on キーワード

の代わりに using キーワードを使うことができます。

```
SELECT c.first_name, c.last_name, a.address
FROM customer c INNER JOIN address a
  USING (address_id);
```

using キーワードは特定の状況でのみ利用できる省略表記なので、本書では混乱を避けるために常に on キーワードを使うことにします。

5.1.3 ANSI の結合構文

本書で使っているテーブルを結合するための概念は、ANSI SQL 規格の SQL92 バージョンで採択されたものです。主要なデータベース(Oracle Database、SQL Server、MySQL、IBM DB2 Universal Database、Sybase Adaptive Server)はすべて SQL92 の結合構文を採用しています。ほとんどのサーバーは SQL92 仕様がリリースされる前から存在しているため、古い結合構文もサポートしています。たとえば、先のクエリを次のように書き換えたとしても、すべてのサーバーでうまくいくはずです。

```
mysql> SELECT c.first_name, c.last_name, a.address
    -> FROM customer c, address a
    -> WHERE c.address_id = a.address_id;
+-------------+-------------+---------------------------------------+
| first_name  | last_name   | address                               |
+-------------+-------------+---------------------------------------+
| MARY        | SMITH       | 1913 Hanoi Way                        |
| PATRICIA    | JOHNSON     | 1121 Loja Avenue                      |
| LINDA       | WILLIAMS    | 692 Joliet Street                     |
| BARBARA     | JONES       | 1566 Inegl Manor                      |
| ELIZABETH   | BROWN       | 53 Idfu Parkway                       |
| JENNIFER    | DAVIS       | 1795 Santiago de Compostela Way       |
| MARIA       | MILLER      | 900 Santiago de Compostela Parkway    |
| SUSAN       | WILSON      | 478 Joliet Way                        |
| MARGARET    | MOORE       | 613 Korolev Drive                     |
| ......                                                             |
| TERRANCE    | ROUSH       | 42 Fontana Avenue                     |
| RENE        | MCALISTER   | 1895 Zhezqazghan Drive                |
| EDUARDO     | HIATT       | 1837 Kaduna Parkway                   |
| TERRENCE    | GUNDERSON   | 844 Bucuresti Place                   |
| ENRIQUE     | FORSYTHE    | 1101 Bucuresti Boulevard              |
| FREDDIE     | DUGGAN      | 1103 Quilmes Boulevard                |
| WADE        | DELVALLE    | 1331 Usak Boulevard                   |
| AUSTIN      | CINTRON     | 1325 Fukuyama Street                  |
+-------------+-------------+---------------------------------------+
599 rows in set (0.00 sec)
```

この古い結合構文には、on キーワードは含まれていません。代わりに、各テーブルをコンマ(,)で区切った上で from 句に指定し、結合条件を where 句に指定します。SQL92 の結合構文を無視して古い結合構文を使いたければそうすることもできますが、ANSI の結合構文には次のような利

点があります。

- 結合条件とフィルタ条件が別々の句（on キーワードと where 句）に分かれているため、クエリが理解しやすくなる。
- 結合条件がテーブルのペアごとに別の on キーワードに追加されるため、その部分の結合をうっかり書き忘れるという可能性が低くなる。
- SQL92 の結合構文を使うクエリにはデータベースサーバー間での移植性があるが、古い構文にはデータベースサーバーによって若干の違いがある。

　結合条件とフィルタ条件を両方とも含んだ複雑なクエリを見てみましょう。そうすれば、SQL92 の結合構文の利点をよく理解できるはずです。次のクエリは、郵便番号が 52137 である顧客だけを返します。

```
mysql> SELECT c.first_name, c.last_name, a.address
    -> FROM customer c, address a
    -> WHERE c.address_id = a.address_id
    -> AND a.postal_code = 52137;
+------------+-----------+------------------------+
| first_name | last_name | address                |
+------------+-----------+------------------------+
| JAMES      | GANNON    | 1635 Kuwana Boulevard  |
| FREDDIE    | DUGGAN    | 1103 Quilmes Boulevard |
+------------+-----------+------------------------+
2 rows in set (0.00 sec)
```

　ぱっと見ただけでは、where 句のどの条件が結合条件で、どの条件がフィルタ条件なのかを見分けるのは容易ではありません。また、どの種類の結合が使われているのかもすぐにはわかりませんし（結合の種類を特定するには、where 句の結合条件をよく調べて特別な文字が使われているかどうかを確認する必要があります）、うっかり書き忘れた結合条件があったとしても簡単にはわかりません。同じクエリに SQL92 の結合構文を使った場合は次のようになります。

```
mysql> SELECT c.first_name, c.last_name, a.address
    -> FROM customer c INNER JOIN address a
    ->   ON c.address_id = a.address_id
    -> WHERE a.postal_code = 52137;
+------------+-----------+------------------------+
| first_name | last_name | address                |
+------------+-----------+------------------------+
| JAMES      | GANNON    | 1635 Kuwana Boulevard  |
| FREDDIE    | DUGGAN    | 1103 Quilmes Boulevard |
+------------+-----------+------------------------+
2 rows in set (0.00 sec)
```

こちらのバージョンでは、どの条件が結合条件で、どの条件がフィルタ条件であるかは明白です。SQL92 の結合構文のほうが理解しやすいことが納得できたと思います。

5.2　3つ以上のテーブルを結合する

3つのテーブルの結合は2つのテーブルの結合とほぼ同じですが、ちょっとした違いが1つあります。2つのテーブルの結合では、from 句で2つのテーブルと1種類の結合を指定し、テーブルの結合方法を定義する on キーワードを1つだけ追加します。3つのテーブルの結合では、from 句で3つのテーブルと2種類の結合を指定し、on キーワードを2つ追加します。

具体的な例として、先のクエリを書き換え、顧客のストリートアドレスではなく都市を返すように変更してみましょう。ただし、都市の名前は address テーブルに格納されておらず、city テーブルに対する外部キーを使ってアクセスする必要があります。address テーブルと city テーブルの定義を見てみましょう。

```
mysql> desc address;
+-------------+-------------------+------+-----+-------------------+
| Field       | Type              | Null | Key | Default           |
+-------------+-------------------+------+-----+-------------------+
| address_id  | smallint unsigned | NO   | PRI | NULL              |
| address     | varchar(50)       | NO   |     | NULL              |
| address2    | varchar(50)       | YES  |     | NULL              |
| district    | varchar(20)       | NO   |     | NULL              |
| city_id     | smallint unsigned | NO   | MUL | NULL              |
| postal_code | varchar(10)       | YES  |     | NULL              |
| phone       | varchar(20)       | NO   |     | NULL              |
| location    | geometry          | NO   | MUL | NULL              |
| last_update | timestamp         | NO   |     | CURRENT_TIMESTAMP |
+-------------+-------------------+------+-----+-------------------+
9 rows in set (0.01 sec)

mysql> desc city;
+-------------+-------------------+------+-----+-------------------+
| Field       | Type              | Null | Key | Default           |
+-------------+-------------------+------+-----+-------------------+
| city_id     | smallint unsigned | NO   | PRI | NULL              |
| city        | varchar(50)       | NO   |     | NULL              |
| country_id  | smallint unsigned | NO   | MUL | NULL              |
| last_update | timestamp         | NO   |     | CURRENT_TIMESTAMP |
+-------------+-------------------+------+-----+-------------------+
4 rows in set (0.00 sec)
```

各顧客の都市を表示するには、address_id 列を使って customer テーブルから address テーブルを走査し、続いて city_id 列を使って address から city テーブルを走査する必要があります。このクエリは次のようになります。

```
mysql> SELECT c.first_name, c.last_name, ct.city
    -> FROM customer c
    ->   INNER JOIN address a
    ->   ON c.address_id = a.address_id
    ->   INNER JOIN city ct
    ->   ON a.city_id = ct.city_id;
+-------------+-------------+---------------------------+
| first_name  | last_name   | city                      |
+-------------+-------------+---------------------------+
| MARY        | SMITH       | Sasebo                    |
| PATRICIA    | JOHNSON     | San Bernardino            |
| LINDA       | WILLIAMS    | Athenai                   |
| BARBARA     | JONES       | Myingyan                  |
| ELIZABETH   | BROWN       | Nantou                    |
| JENNIFER    | DAVIS       | Laredo                    |
| ......                                                  |
| SETH        | HANNON      | al-Manama                 |
| KENT        | ARSENAULT   | Juiz de Fora              |
| TERRANCE    | ROUSH       | Szkesfehrvr               |
| RENE        | MCALISTER   | Garden Grove              |
| EDUARDO     | HIATT       | Jining                    |
| TERRENCE    | GUNDERSON   | Jinzhou                   |
| ENRIQUE     | FORSYTHE    | Patras                    |
| FREDDIE     | DUGGAN      | Sullana                   |
| WADE        | DELVALLE    | Lausanne                  |
| AUSTIN      | CINTRON     | Tieli                     |
+-------------+-------------+---------------------------+
599 rows in set (0.00 sec)
```

　このクエリの from 句には、3つのテーブル、2種類の結合、2つの on キーワードが指定されており、少し見た目がごちゃごちゃしてきました。ぱっと見た感じでは、from 句にテーブルが指定される順序が重要であるように思えるかもしれませんが、テーブルの順序を入れ替えても結果はまったく同じになります。テーブルを指定する方法は3つありますが、どの順序でも同じ結果になるのです。

```
SELECT c.first_name, c.last_name, ct.city
FROM customer c
  INNER JOIN address a
  ON c.address_id = a.address_id
  INNER JOIN city ct
  ON a.city_id = ct.city_id;

SELECT c.first_name, c.last_name, ct.city
FROM city ct
  INNER JOIN address a
  ON a.city_id = ct.city_id
  INNER JOIN customer c
  ON c.address_id = a.address_id;

SELECT c.first_name, c.last_name, ct.city
FROM address a
```

```
INNER JOIN city ct
ON a.city_id = ct.city_id
INNER JOIN customer c
ON c.address_id = a.address_id;
```

唯一の違いは、行が返される順序かもしれません。というのも、結果を並べ替える方法を指定する order by 句がないからです。

結合の順序は重要か？

customer/address/city クエリの3つのバージョンがなぜまったく同じ結果を返すのかがわからない場合は、SQL が非手続き型言語であることを思い出そう。つまり、取得したいデータとそのために必要なデータベースオブジェクトを指定するのはあなただが、クエリを実行する最善の方法を決めるのはデータベースサーバーである。データベースサーバーはそれらのデータベースオブジェクトから集めた統計データをもとに、3つのテーブルのどれから始めるかを決め、残りのテーブルを結合する順序を決めなければならない（ちなみに、最初に選択されるテーブルを「駆動表（driving table）」と呼ぶ）。というわけで、from 句に指定するテーブルの順序は重要ではない。

しかし、テーブルは常にクエリに指定した順序で結合されるべきであると考える人もいるだろう。その場合は、テーブルを然るべき順序で指定した上で、MySQL の straight_join キーワードを指定するか、SQL Server の force order オプションを指定するか、Oracle Database の ordered または leading オプティマイザヒントを指定することもできる。MySQL の場合、駆動表として city テーブルを使い、続いて address テーブルと customer テーブルを結合する方法は次のようになる。

```
SELECT STRAIGHT_JOIN c.first_name, c.last_name, ct.city
FROM city ct
  INNER JOIN address a
  ON a.city_id = ct.city_id
  INNER JOIN customer c
  ON c.address_id = a.address_id;
```

5.2.1 サブクエリをテーブルとして使う

複数のテーブルを使うクエリの例をいくつか見てきましたが、言及するに値するケースがもう1つあります。データセットの一部がサブクエリによって生成される場合はどうすればよいかです。サブクエリについては9章で説明しますが、サブクエリの概念自体は前章の from 句の説明ですでに紹介しました。次のクエリは、address テーブルと city テーブルに対するサブクエリに customer テーブルを結合します。

```
mysql> SELECT c.first_name, c.last_name, addr.address, addr.city
    -> FROM customer c
    ->   INNER JOIN
    ->   (SELECT a.address_id, a.address, ct.city
```

```
    ->        FROM address a
    ->          INNER JOIN city ct
    ->          ON a.city_id = ct.city_id
    ->        WHERE a.district = 'California'
    ->      ) addr
    ->    ON c.address_id = addr.address_id;
+------------+------------+------------------------+----------------+
| first_name | last_name  | address                | city           |
+------------+------------+------------------------+----------------+
| PATRICIA   | JOHNSON    | 1121 Loja Avenue       | San Bernardino |
| BETTY      | WHITE      | 770 Bydgoszcz Avenue   | Citrus Heights |
| ALICE      | STEWART    | 1135 Izumisano Parkway | Fontana        |
| ROSA       | REYNOLDS   | 793 Cam Ranh Avenue    | Lancaster      |
| RENEE      | LANE       | 533 al-Ayn Boulevard   | Compton        |
| KRISTIN    | JOHNSTON   | 226 Brest Manor        | Sunnyvale      |
| CASSANDRA  | WALTERS    | 920 Kumbakonam Loop    | Salinas        |
| JACOB      | LANCE      | 1866 al-Qatif Avenue   | El Monte       |
| RENE       | MCALISTER  | 1895 Zhezqazghan Drive | Garden Grove   |
+------------+------------+------------------------+----------------+
9 rows in set (0.00 sec)
```

　4行目から始まるサブクエリには、addr というエイリアスが割り当てられています。このサブクエリはカリフォルニア州の住所をすべて検索します。外側のクエリは、このサブクエリの結果を customer テーブルに結合することで、カリフォルニア州に住んでいる各顧客のファーストネーム、ラストネーム、ストリートアドレス、都市を取得します。このクエリは（サブクエリを使わずに）単に3つのテーブルを結合する方法でも記述できましたが、パフォーマンスや読みやすさという点では、サブクエリを1つ以上使うほうが有利なことがあります。

　何が起きているのかを可視化する1つの方法は、サブクエリを単体で実行し、その結果を調べてみることです。先の例に含まれていたサブクエリの結果は次のようになります。

```
mysql> SELECT a.address_id, a.address, ct.city
    -> FROM address a
    ->    INNER JOIN city ct
    ->    ON a.city_id = ct.city_id
    -> WHERE a.district = 'California';
+------------+------------------------+----------------+
| address_id | address                | city           |
+------------+------------------------+----------------+
|          6 | 1121 Loja Avenue       | San Bernardino |
|         18 | 770 Bydgoszcz Avenue   | Citrus Heights |
|         55 | 1135 Izumisano Parkway | Fontana        |
|        116 | 793 Cam Ranh Avenue    | Lancaster      |
|        186 | 533 al-Ayn Boulevard   | Compton        |
|        218 | 226 Brest Manor        | Sunnyvale      |
|        274 | 920 Kumbakonam Loop    | Salinas        |
|        425 | 1866 al-Qatif Avenue   | El Monte       |
|        599 | 1895 Zhezqazghan Drive | Garden Grove   |
+------------+------------------------+----------------+
9 rows in set (0.00 sec)
```

　この結果セットには、カリフォルニア州の9つの住所がすべて含まれています。address_id列を使ってcustomerテーブルと結合すると、これらのアドレスにリンクされている顧客情報が追加されます。

5.2.2　同じテーブルを2回使う

　複数のテーブルを結合する際に、同じテーブルを2回以上結合しなければならないことがあります。たとえば、サンプルデータベースのfilm_actorテーブルでは、俳優がそれぞれ出演した映画にリンクされています。2人の俳優が出演している映画をすべて検索したい場合は、次のようなクエリを記述できるかもしれません。このクエリは、filmテーブルをfilm_actorテーブルに結合し、film_actorテーブルをactorテーブルに結合します。

```
mysql> SELECT f.title
    -> FROM film f
    ->   INNER JOIN film_actor fa
    ->   ON f.film_id = fa.film_id
    ->   INNER JOIN actor a
    ->   ON fa.actor_id = a.actor_id
    -> WHERE ((a.first_name = 'CATE' AND a.last_name = 'MCQUEEN')
    ->   OR (a.first_name = 'CUBA' AND a.last_name = 'BIRCH'));
+---------------------+
| title               |
+---------------------+
| ATLANTIS CAUSE      |
| BLOOD ARGONAUTS     |
| COMMANDMENTS EXPRESS |
| DYNAMITE TARZAN     |
| EDGE KISSING        |
......
| TOWERS HURRICANE    |
| TROJAN TOMORROW     |
| VIRGIN DAISY        |
| VOLCANO TEXAS       |
| WATERSHIP FRONTIER  |
+---------------------+
54 rows in set (0.01 sec)
```

　このクエリはCate McQueenかCuba Birchが出演した映画をすべて返します。ここで、Cate McQueenとCuba Birchが共演している映画だけを取得したいとしましょう。そのような映画を見つけ出すには、filmテーブルの行を調べて、film_actorテーブルの2つの行にリンクされているものをすべて取得する必要があります。そのうちの1行はCate McQueenにリンクされており、もう1行はCuba Birchにリンクされています。したがって、film_actorテーブルとactorテーブルを2回ずつ指定し、それぞれに異なるエイリアスを割り当てて、さまざまな句でどちらを参照しているのかをデータベースサーバーが区別できるようにする必要があります。

```
mysql> SELECT f.title
    -> FROM film f
    ->   INNER JOIN film_actor fa1
    ->   ON f.film_id = fa1.film_id
    ->   INNER JOIN actor a1
    ->   ON fa1.actor_id = a1.actor_id
    ->   INNER JOIN film_actor fa2
    ->   ON f.film_id = fa2.film_id
    ->   INNER JOIN actor a2
    ->   ON fa2.actor_id = a2.actor_id
    -> WHERE (a1.first_name = 'CATE' AND a1.last_name = 'MCQUEEN')
    ->   AND (a2.first_name = 'CUBA' AND a2.last_name = 'BIRCH');
+------------------+
| title            |
+------------------+
| BLOOD ARGONAUTS  |
| TOWERS HURRICANE |
+------------------+
2 rows in set (0.00 sec)
```

　Cate McQueen と Cuba Birch は 54 本の映画に出演していますが、共演している映画はたった 2 本です。同じテーブルを複数回使っているため、これはテーブルエイリアスを使うことが「求められる」例の 1 つです。

5.3　自己結合

　同じクエリで同じテーブルを複数回指定できることに加えて、実際にはテーブルを同じテーブルに結合することも可能です。最初はおかしなことに思えるかもしれませんが、これにはもっともな理由がいくつかあります。テーブルの中には、**自己参照外部キー**（self-referencing foreign key）を含んでいるものがあります。自己参照外部キーとは、同じテーブル内の主キーを参照している列のことです。サンプルデータベースには、このような関係は含まれていませんが、film テーブルに prequel_film_id という列が定義されていると想像してみてください。この列の値はその映画の前編を表しています（たとえば、Fiddler Lost II という映画の prequel_film_id 列は Fiddler Lost という映画を指しています）。この列を追加した film テーブルの定義は次のようになります。

```
mysql> desc film;
+---------------------+----------------------+------+-----+---------+
| Field               | Type                 | Null | Key | Default |
+---------------------+----------------------+------+-----+---------+
| film_id             | smallint unsigned    | NO   | PRI | NULL    |
| title               | varchar(128)         | NO   | MUL | NULL    |
| description         | text                 | YES  |     | NULL    |
| release_year        | year                 | YES  |     | NULL    |
| language_id         | tinyint unsigned     | NO   | MUL | NULL    |
| original_language_id | tinyint unsigned    | YES  | MUL | NULL    |
```

```
| rental_duration      | tinyint unsigned      | NO  |     | 3          |
| rental_rate          | decimal(4,2)          | NO  |     | 4.99       |
| length               | smallint unsigned     | YES |     | NULL       |
| replacement_cost     | decimal(5,2)          | NO  |     | 19.99      |
| rating               | enum('G','PG','PG-13',|     |     |            |
|                      |    'R','NC-17')       | YES |     | G          |
| special_features     | set('Trailers',...,   |     |     |            |
|                      |    'Behind the Scenes')| YES |     | NULL       |
| last_update          | timestamp             | NO  |     | CURRENT_   |
|                      |                       |     |     | TIMESTAMP  |
| prequel_film_id      | smallint unsigned     | YES | MUL | NULL       |
+----------------------+-----------------------+-----+-----+------------+
```

自己結合(self-join)を利用すれば、前編を持つ映画と前編のタイトルをすべてリストアップするクエリを作成できます。

```
mysql> SELECT f.title, f_prnt.title prequel
    -> FROM film f
    ->   INNER JOIN film f_prnt
    ->   ON f_prnt.film_id = f.prequel_film_id
    -> WHERE f.prequel_film_id IS NOT NULL;
+-----------------+--------------+
| title           | prequel      |
+-----------------+--------------+
| FIDDLER LOST II | FIDDLER LOST |
+-----------------+--------------+
1 row in set (0.00 sec)
```

このクエリは prequel_film_id 外部キーを使って film テーブルを自己結合します。また、どちらのテーブルがどちらの目的に使われるのかを明確にするためにテーブルエイリアス f と f_prnt も割り当てています。

5.4 練習問題

次の練習問題では、内部結合をどれくらい理解できたかをテストします。解答は付録Bにあります。

5-1 次の結果が得られるようにクエリの空欄(<番号>部分)を埋めてみよう。

```
mysql> SELECT c.first_name, c.last_name, a.address, ct.city
    -> FROM customer c
    ->   INNER JOIN address <1>
    ->   ON c.address_id = a.address_id
    ->   INNER JOIN city ct
    ->   ON a.city_id = <2>
    -> WHERE a.district = 'California';
+------------+-----------+------------------------+----------------+
```

```
| first_name | last_name | address                 | city            |
+------------+-----------+-------------------------+-----------------+
| PATRICIA   | JOHNSON   | 1121 Loja Avenue        | San Bernardino  |
| BETTY      | WHITE     | 770 Bydgoszcz Avenue    | Citrus Heights  |
| ALICE      | STEWART   | 1135 Izumisano Parkway  | Fontana         |
| ROSA       | REYNOLDS  | 793 Cam Ranh Avenue     | Lancaster       |
| RENEE      | LANE      | 533 al-Ayn Boulevard    | Compton         |
| KRISTIN    | JOHNSTON  | 226 Brest Manor         | Sunnyvale       |
| CASSANDRA  | WALTERS   | 920 Kumbakonam Loop     | Salinas         |
| JACOB      | LANCE     | 1866 al-Qatif Avenue    | El Monte        |
| RENE       | MCALISTER | 1895 Zhezqazghan Drive  | Garden Grove    |
+------------+-----------+-------------------------+-----------------+
9 rows in set (0.01 sec)
```

5-2 ファーストネームが JOHN である俳優が出演している各映画のタイトルを返すクエリを記述してみよう。

5-3 同じ都市にある住所をすべて返すクエリを記述してみよう。address テーブルの自己結合が必要であり、各行に2種類の住所が含まれるはずだ。

6章
集合

データベースではデータを1行ずつ処理できますが、リレーショナルデータベースの特徴は何と言っても集合にあります。本章では、さまざまな集合演算子を使って複数の結果セットを組み合わせる方法を調べます。集合論をざっと確認した後は、集合演算子 union、intersect、except を使って複数のデータ集合を組み合わせる方法を具体的に見ていきます。

6.1　入門：集合論

多くの地域では、基本的な集合論が高校生の数学のカリキュラムに含まれています。図6-1のような図を見ると、きっと何かを思い出すはずです。

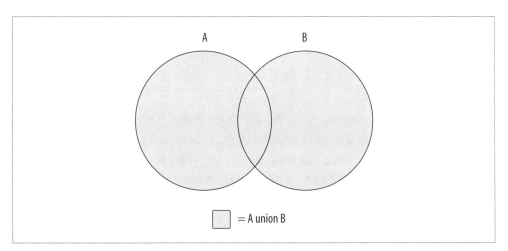

図6-1：和

図6-1の塗りつぶされている部分は、集合Aと集合Bの**和**（union）を表しています。つまり、2つの集合の組み合わせです（重なり合っている部分が含まれるのは一度だけです）。この図に見覚えは

あるでしょうか。もしそうなら、その知識を活かすときがついにやってきたのです。見覚えがなくても心配はいりません。いくつかの図を使って簡単に思い描くことができます。

　円で表された 2 つのデータ集合（A および B）があり、データの一部が共通しているとしましょう。この共通のデータは図 6-1 の重なり合っている部分として表されます。集合論はデータ集合の間に重なり合う部分がないと少しつまらないので、どの集合演算でも同じ図を使うことにします。集合論には、2 つのデータ集合の重なり合う部分だけを扱う演算があります。この演算は**交わり**、**交叉**、または**共通集合**（intersection）と呼ばれます（図 6-2）。

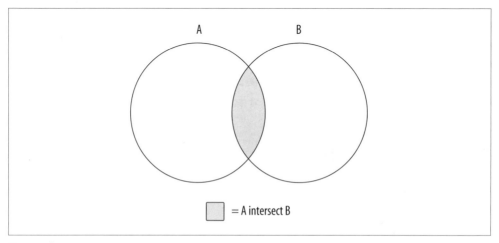

図 6-2：交わり

　集合 A と集合 B の交わりによって生成されるデータ集合は、ちょうど 2 つの集合が重なり合っている部分です。2 つの集合に重なり合う部分がない場合、交わりは空の集合を生成します。

　最後に紹介する集合演算は、図 6-3 に示す**差**（except）です。

　図 6-3 に示すように、A except B の結果は集合 A から集合 B と重なり合う部分を削除したものになります。2 つの集合に重なり合う部分がない場合、A except B の結果は集合 A 全体です。

　この 3 つの演算を使うか、異なる演算を組み合わせれば、必要な結果を何でも生成できます。たとえば、図 6-4 に示すような集合を生成したいとしましょう。

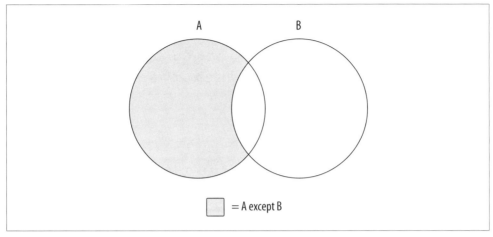

図 6-3：差

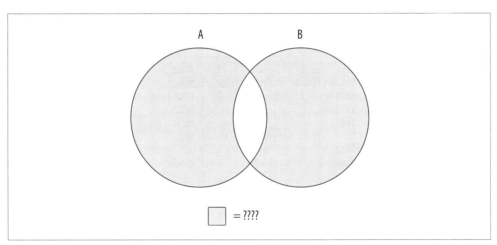

図 6-4：謎のデータ集合

　このデータ集合は、集合 A と集合 B 全体から重なり合っている部分を削除したものです。この集合は 3 種類の演算のどれか 1 つだけでは生成できません。まず、集合 A と集合 B 全体を囲んでいるデータ集合を生成し、次に、重なり合っている部分を削除する必要があります。最初の集合を A union B として表し、重なり合っている部分を A intersect B として表すとすれば、図 6-4 の集合を生成するために必要な演算は次のようになります。

```
(A union B) except (A intersect B)
```

　もちろん、多くの場合は同じ結果を得るための方法が何種類かあります。次の演算でも同じ結果が得られるはずです。

```
(A except B) union (B except A)
```

　これらの概念は、図を使えばかなり簡単に理解できます。しかし、同じ概念をリレーショナルデータベースに適用するにはどうすればよいのでしょう。ここからは、SQLの集合演算子を使ってこれらの概念をリレーショナルデータベースに適用する方法を探っていきます。

6.2　実践：集合論

　前節では円を使ってデータ集合を表しましたが、それらの円を見ても、データ集合が何で構成されているのかはまったくわかりません。ただし、実際のデータを扱うとしたら、わからないでは済みません。データ集合を組み合わせる場合は、その構成を説明する必要があります。例として、customerテーブルとcityテーブルの和を生成しようとしたらどうなるか考えてみましょう。これらのテーブルは次のように定義されています。

```
mysql> desc customer;
+-------------+------------------+------+-----+-------------------+
| Field       | Type             | Null | Key | Default           |
+-------------+------------------+------+-----+-------------------+
| customer_id | smallint unsigned | NO   | PRI | NULL              |
| store_id    | tinyint unsigned  | NO   | MUL | NULL              |
| first_name  | varchar(45)      | NO   |     | NULL              |
| last_name   | varchar(45)      | NO   | MUL | NULL              |
| email       | varchar(50)      | YES  |     | NULL              |
| address_id  | smallint unsigned | NO   | MUL | NULL              |
| active      | tinyint(1)       | NO   |     | 1                 |
| create_date | datetime         | NO   |     | NULL              |
| last_update | timestamp        | YES  |     | CURRENT_TIMESTAMP |
+-------------+------------------+------+-----+-------------------+
9 rows in set (0.00 sec)

mysql> desc city;
+-------------+------------------+------+-----+-------------------+
| Field       | Type             | Null | Key | Default           |
+-------------+------------------+------+-----+-------------------+
| city_id     | smallint unsigned | NO   | PRI | NULL              |
| city        | varchar(50)      | NO   |     | NULL              |
| country_id  | smallint unsigned | NO   | MUL | NULL              |
| last_update | timestamp        | NO   |     | CURRENT_TIMESTAMP |
+-------------+------------------+------+-----+-------------------+
4 rows in set (0.00 sec)
```

　これらのテーブルを組み合わせた場合、結果セットの1列目はcustomer.customer_id列とcity.city_id列を組み合わせたものになり、2列目はcustomer.store_id列とcity.city列を組み合わせたものになる、といった具合になります。列のペアによっては、（2つの数値の列のように）組み合わせるのが簡単なものや、（数値の列と文字列の列、文字列の列と日付の列のように）

どのように組み合わせればよいかが明白ではないものがあります。それに加えて、city テーブルには列が 4 つしかないため、最終的なテーブルの 5 〜 9 列目に含まれるのは customer テーブルの5 〜 9 列目だけです。言うまでもなく、2 つのデータ集合を組み合わせるとしたら、何らかの共通点が必要です。

したがって、2 つのデータ集合で集合演算を実行するときには、次のガイドラインに従わなければなりません。

- どちらのデータ集合でも列の個数が同じでなければならない。
- 2 つのデータ集合を組み合わせるときに対になる列のデータ型が同じでなければならない（あるいは、データベースサーバーが一方の型をもう一方の型に変換できなければならない）。

これらのルールに従えば、「重なり合っているデータ」が実際に何を意味するのかを簡単に思い描くことができます。2 つのデータ集合を組み合わせるときに対になる列ごとに、2 つのテーブルの行に「同じ」と見なされるデータ（文字列、数値、または日付）が含まれていなければなりません。

集合演算を実行するには、2 つの select 文の間に**集合演算子**（set operator）を配置します。

```
mysql> SELECT 1 num, 'abc' str
    -> UNION
    -> SELECT 9 num, 'xyz' str;
+-----+-----+
| num | str |
+-----+-----+
|   1 | abc |
|   9 | xyz |
+-----+-----+
2 rows in set (0.00 sec)
```

この 2 つのクエリはそれぞれ数値の列と文字列の列からなる 1 行のデータが含まれたデータ集合を生成します。ここで使っている集合演算子 union は、2 つのデータ集合に含まれている行をすべて組み合わせます。したがって、最終的なデータ集合には、2 列の行が 2 つ含まれています。このようなクエリは、本来なら独立している複数のクエリを組み合わせることから、**複合クエリ**（compound query）と呼ばれます。後ほど見ていくように、最終的な結果を得るために複数の集合演算が必要である場合は、複合クエリが 3 つ以上のクエリで構成されることがあります。

6.3 集合演算子

SQL言語には、前述のさまざまな集合演算を実行できる3種類の集合演算子が含まれています。これらの集合演算子はそれぞれ、重複を含むものと重複を取り除くものの2種類に分かれます（ただし、重複をすべて取り除くとは限りません）。ここでは、これらの集合演算子を定義し、実際にどのように使うのかを見てもらうことにします。

6.3.1 union演算子

union演算子とunion all演算子を利用すれば、複数のデータ集合を組み合わせることができます。これら2つの演算子には、次のような違いがあります。union演算子は組み合わせたデータ集合を並べ替えて重複を取り除きますが、union all演算子はそのようなことをしません。union all演算子の場合、最終的なデータ集合の行の数は常に組み合わせの対象となるデータ集合の行の総数と等しくなります。データベースサーバーが重複データをチェックする必要がないため、（データベースサーバーの観点からすれば）最も単純な集合演算です。たとえば、union all演算子を使って複数のテーブルからファーストネームとラストネームの集合を生成する方法は次のようになります。

```
mysql> SELECT 'CUST' typ, c.first_name, c.last_name
    -> FROM customer c
    -> UNION ALL
    -> SELECT 'ACTR' typ, a.first_name, a.last_name
    -> FROM actor a;
+------+------------+------------+
| typ  | first_name | last_name  |
+------+------------+------------+
| CUST | MARY       | SMITH      |
| CUST | PATRICIA   | JOHNSON    |
| CUST | LINDA      | WILLIAMS   |
| CUST | BARBARA    | JONES      |
| CUST | ELIZABETH  | BROWN      |
| CUST | JENNIFER   | DAVIS      |
| CUST | MARIA      | MILLER     |
| CUST | SUSAN      | WILSON     |
| CUST | MARGARET   | MOORE      |
| CUST | DOROTHY    | TAYLOR     |
| CUST | LISA       | ANDERSON   |
| CUST | NANCY      | THOMAS     |
| CUST | KAREN      | JACKSON    |
......
| ACTR | BURT       | TEMPLE     |
| ACTR | MERYL      | ALLEN      |
| ACTR | JAYNE      | SILVERSTONE|
| ACTR | BELA       | WALKEN     |
| ACTR | REESE      | WEST       |
| ACTR | MARY       | KEITEL     |
```

```
| ACTR | JULIA       | FAWCETT       |
| ACTR | THORA       | TEMPLE        |
+------+-------------+---------------+
799 rows in set (0.00 sec)
```

このクエリは799個の名前を返しています。そのうち599行はcustomerテーブルのもので、残りの200行はactorテーブルのものです。なお、typというエイリアスが割り当てられた1つ目の列は、このクエリから返された名前のソースを示すために追加したものです。

union all演算子が重複を取り除かないことを証明するために、actorテーブルに対してまったく同じクエリを2つ実行する例を見てみましょう。

```
mysql> SELECT 'ACTR' typ, a.first_name, a.last_name
    -> FROM actor a
    -> UNION ALL
    -> SELECT 'ACTR' typ, a.first_name, a.last_name
    -> FROM actor a;
+------+-------------+---------------+
| typ  | first_name  | last_name     |
+------+-------------+---------------+
| ACTR | PENELOPE    | GUINESS       |
| ACTR | NICK        | WAHLBERG      |
| ACTR | ED          | CHASE         |
| ACTR | JENNIFER    | DAVIS         |
| ACTR | JOHNNY      | LOLLOBRIGIDA  |
| ACTR | BETTE       | NICHOLSON     |
| ACTR | GRACE       | MOSTEL        |
......
| ACTR | BURT        | TEMPLE        |
| ACTR | MERYL       | ALLEN         |
| ACTR | JAYNE       | SILVERSTONE   |
| ACTR | BELA        | WALKEN        |
| ACTR | REESE       | WEST          |
| ACTR | MARY        | KEITEL        |
| ACTR | JULIA       | FAWCETT       |
| ACTR | THORA       | TEMPLE        |
+------+-------------+---------------+
400 rows in set (0.00 sec)
```

actorテーブルの200行が結果セットに2回追加され、合計400行が含まれていることがわかります。

複合クエリで同じクエリを2回使うというのはちょっと考えにくいので、重複データを返す別の複合クエリを見てみましょう。

```
mysql> SELECT c.first_name, c.last_name
    -> FROM customer c
    -> WHERE c.first_name LIKE 'J%' AND c.last_name LIKE 'D%'
    -> UNION ALL
    -> SELECT a.first_name, a.last_name
    -> FROM actor a
```

```
    -> WHERE a.first_name LIKE 'J%' AND a.last_name LIKE 'D%';
+-----------+-----------+
| first_name | last_name |
+-----------+-----------+
| JENNIFER  | DAVIS     |
| JENNIFER  | DAVIS     |
| JUDY      | DEAN      |
| JODIE     | DEGENERES |
| JULIANNE  | DENCH     |
+-----------+-----------+
5 rows in set (0.01 sec)
```

どちらのクエリも JD というイニシャルを持つ人の名前を返しています。結果セットの5行のうちの1つ（Jennifer Davis）は重複しています。最終的なテーブルから重複する行を「取り除きたい」場合は、union all 演算子ではなく union 演算子を使う必要があります。

```
mysql> SELECT c.first_name, c.last_name
    -> FROM customer c
    -> WHERE c.first_name LIKE 'J%' AND c.last_name LIKE 'D%'
    -> UNION
    -> SELECT a.first_name, a.last_name
    -> FROM actor a
    -> WHERE a.first_name LIKE 'J%' AND a.last_name LIKE 'D%';
+-----------+-----------+
| first_name | last_name |
+-----------+-----------+
| JENNIFER  | DAVIS     |
| JUDY      | DEAN      |
| JODIE     | DEGENERES |
| JULIANNE  | DENCH     |
+-----------+-----------+
4 rows in set (0.00 sec)
```

この複合クエリの結果セットには、union all 演算子を使ったときに返された5行のデータではなく、4行のデータ（4つの異なる名前）だけが含まれています。

6.3.2　intersect 演算子

ANSI SQL 仕様には、交わりを実行するための intersect 演算子が含まれています。残念ながら、MySQL 8.0 では、この演算子は実装されていません。Oracle または SQL Server 2008 以上を使っている場合は、intersect 演算子を使えるはずです。しかし、本書ではすべての例に MySQL を使っています。本項のサンプルクエリの結果セットは架空のものであり、本書の執筆時点では、MySQL 8.0 を含めどのバージョンでも実行できません。なお、これらの文を MySQL サーバーで実行できないことを示すために、MySQL プロンプト（mysql>）は省略しています。

複合クエリを構成している2つのクエリから重なり合っている部分がないデータ集合が返される場合、交わりは空の集合になります。次のクエリについて考えてみましょう。

```
SELECT c.first_name, c.last_name
FROM customer c
WHERE c.first_name LIKE 'D%' AND c.last_name LIKE 'T%'
INTERSECT
SELECT a.first_name, a.last_name
FROM actor a
WHERE a.first_name LIKE 'D%' AND a.last_name LIKE 'T%';
Empty set (0.04 sec)
```

　イニシャルが DT の人は俳優にも顧客にもいますが、これらのデータ集合はまったく重なり合っていないため、2 つのデータ集合の交わりは空の集合になります。ただし、イニシャルを JD に戻した場合は、交わり演算によって 1 行のデータ集合が生成されます。

```
SELECT c.first_name, c.last_name
FROM customer c
WHERE c.first_name LIKE 'J%' AND c.last_name LIKE 'D%'
INTERSECT
SELECT a.first_name, a.last_name
FROM actor a
WHERE a.first_name LIKE 'J%' AND a.last_name LIKE 'D%';
+------------+-----------+
| first_name | last_name |
+------------+-----------+
| JENNIFER   | DAVIS     |
+------------+-----------+
1 row in set (0.00 sec)
```

　これら 2 つのクエリの交わりは Jennifer Davis になります。両方のクエリの結果セットに含まれている名前はこれだけだからです。

　intersect 演算子は重なり合っている領域で見つかった重複する行をすべて取り除きますが、ANSI SQL 仕様には、重複を取り除かない intersect all 演算子も含まれています。本書の執筆時点では、この演算子を実装しているのは IBM の DB2 Universal Server だけです。

6.3.3　except 演算子

　ANSI SQL 仕様には、差演算を実行するための except 演算子が含まれています。この演算子も残念ながら MySQL 8.0 では実装されていないため、前項と同じルールが適用されます。

Oracle Database を使っている場合は、代わりに ANSI 準拠ではない minus 演算子を使う必要がある。

except 演算子は、1つ目の結果セットから2つ目の結果セットと重なり合っている部分を取り除いたものを返します。ここでも前項と同じ例を使いますが、intersect 演算子の代わりに except 演算子を使い、クエリの順序を逆にします。

```
SELECT a.first_name, a.last_name
FROM actor a
WHERE a.first_name LIKE 'J%' AND a.last_name LIKE 'D%'
EXCEPT
SELECT c.first_name, c.last_name
FROM customer c
WHERE c.first_name LIKE 'J%' AND c.last_name LIKE 'D%';
Set Operators | 109
+------------+-----------+
| first_name | last_name |
+------------+-----------+
| JUDY       | DEAN      |
| JODIE      | DEGENERES |
| JULIANNE   | DENCH     |
+------------+-----------+
3 rows in set (0.00 sec)
```

この複合クエリの結果セットは、両方のクエリの結果セットに含まれている Jennifer Davis の行を1つ目のクエリの結果セットから取り除いた3行のデータで構成されています。ANSI SQL 仕様には except all 演算子も含まれていますが、この演算子を実装しているのも IBM の DB2 Universal Server だけです。

except all 演算子は少しややこしいので、重複する行がどのように扱われるのかを示す例を見てみましょう。次に示す2つのデータ集合があるとします。

集合 A

```
+----------+
| actor_id |
+----------+
|       10 |
|       11 |
|       12 |
|       10 |
|       10 |
+----------+
```

集合 B

```
+----------+
| actor_id |
+----------+
|       10 |
|       10 |
+----------+
```

演算 A except Bの結果は次のようになります。

```
+----------+
| actor_id |
+----------+
|       11 |
|       12 |
+----------+
```

演算を A except all Bに変更した場合は次のようになります。

```
+----------+
| actor_id |
+----------+
|       10 |
|       11 |
|       12 |
+----------+
```

　したがって、2つの演算の違いは次のようになります。except演算子は集合Aから重複データをすべて取り除きますが、except　all演算子は集合Bに含まれている重複データごとに集合Aから重複データを1つだけ取り除きます。

6.4　集合演算のルール

　ここでは、複合クエリを扱うときに従わなければならないルールをざっと紹介します。

6.4.1　複合クエリの結果を並べ替える

　複合クエリの結果を並べ替えたい場合は、最後のクエリの後ろに order　by句を追加できます。order　by句に列の名前を指定する場合は、複合クエリの1つ目のクエリに含まれている列の名前から選択しなければなりません。複合クエリでは、どちらのクエリでも列の名前が同じであることがよくありますが、次に示すように、常にそうであるとは限りません。

```
mysql> SELECT a.first_name fname, a.last_name lname
    -> FROM actor a
    -> WHERE a.first_name LIKE 'J%' AND a.last_name LIKE 'D%'
    -> UNION ALL
    -> SELECT c.first_name, c.last_name
    -> FROM customer c
    -> WHERE c.first_name LIKE 'J%' AND c.last_name LIKE 'D%'
    -> ORDER BY lname, fname;
+----------+-----------+
| fname    | lname     |
+----------+-----------+
| JENNIFER | DAVIS     |
```

```
| JENNIFER | DAVIS     |
| JUDY     | DEAN      |
| JODIE    | DEGENERES |
| JULIANNE | DENCH     |
+----------+-----------+
5 rows in set (0.00 sec)
```

　この例では、2つのクエリに指定されている列の名前が異なっています。`order by`句に2つ目のクエリに含まれている列の名前を指定した場合は、次のようなエラーになります。

```
mysql> SELECT a.first_name fname, a.last_name lname
    -> FROM actor a
    -> WHERE a.first_name LIKE 'J%' AND a.last_name LIKE 'D%'
    -> UNION ALL
    -> SELECT c.first_name, c.last_name
    -> FROM customer c
    -> WHERE c.first_name LIKE 'J%' AND c.last_name LIKE 'D%'
    -> ORDER BY last_name, first_name;
ERROR 1054 (42S22): Unknown column 'last_name' in 'order clause'
```

　このような問題を避けるために、両方のクエリの列に同じ列エイリアスを割り当てることをお勧めします。

6.4.2　集合演算の優先順位

　複合クエリが3つ以上のクエリで構成されていて、それらのクエリが異なる集合演算子を使っている場合、正しい結果を得るには、それらのクエリを配置する順番について考える必要があります。次に示す3つのクエリで構成された複合クエリがあるとしましょう。

```
mysql> SELECT a.first_name, a.last_name
    -> FROM actor a
    -> WHERE a.first_name LIKE 'J%' AND a.last_name LIKE 'D%'
    -> UNION ALL
    -> SELECT a.first_name, a.last_name
    -> FROM actor a
    -> WHERE a.first_name LIKE 'M%' AND a.last_name LIKE 'T%'
    -> UNION
    -> SELECT c.first_name, c.last_name
    -> FROM customer c
    -> WHERE c.first_name LIKE 'J%' AND c.last_name LIKE 'D%';
+------------+-----------+
| first_name | last_name |
+------------+-----------+
| JENNIFER   | DAVIS     |
| JUDY       | DEAN      |
| JODIE      | DEGENERES |
| JULIANNE   | DENCH     |
| MARY       | TANDY     |
| MENA       | TEMPLE    |
+------------+-----------+
```

```
6 rows in set (0.00 sec)
```

　この複合クエリは、それぞれ一意ではない名前が含まれた結果セットを返す3つのクエリで構成されています。1つ目と2つ目のクエリは union all 演算子で区切られていますが、2つ目と3つ目のクエリは union 演算子で区切られています。union all 演算子と union 演算子がどこにあるかがそれほど大きな違いを生むようには思えないかもしれませんが、実際には大きな違いを生みます。試しに、この複合クエリの集合演算子を逆にしてみましょう。

```
mysql> SELECT a.first_name, a.last_name
    -> FROM actor a
    -> WHERE a.first_name LIKE 'J%' AND a.last_name LIKE 'D%'
    -> UNION
    -> SELECT a.first_name, a.last_name
    -> FROM actor a
    -> WHERE a.first_name LIKE 'M%' AND a.last_name LIKE 'T%'
    -> UNION ALL
    -> SELECT c.first_name, c.last_name
    -> FROM customer c
    -> WHERE c.first_name LIKE 'J%' AND c.last_name LIKE 'D%';
+------------+-----------+
| first_name | last_name |
+------------+-----------+
| JENNIFER   | DAVIS     |
| JUDY       | DEAN      |
| JODIE      | DEGENERES |
| JULIANNE   | DENCH     |
| MARY       | TANDY     |
| MENA       | TEMPLE    |
| JENNIFER   | DAVIS     |
+------------+-----------+
7 rows in set (0.00 sec)
```

　この結果を見れば、複合クエリに種類の異なる集合演算子をどのように配置するかによって違いが生じることは明らかです。一般に、3つ以上のクエリからなる複合クエリは上から順に評価されますが、次の2つの注意点があります。

- ANSI SQL 仕様は、intersect 演算子が他の集合演算子よりも優先されることを明記している。
- 複数のクエリを丸かっこで囲むと、クエリを組み合わせる順序を指定できることがある。

　MySQL では、複合クエリで丸かっこを使うことはできません。ただし、他のデータベースサーバーでは、隣り合ったクエリを丸かっこで囲むことで、複合クエリの「上から順に処理する」というデフォルト設定を上書きできます。

```
SELECT a.first_name, a.last_name
FROM actor a
WHERE a.first_name LIKE 'J%' AND a.last_name LIKE 'D%'
UNION
(SELECT a.first_name, a.last_name
 FROM actor a
 WHERE a.first_name LIKE 'M%' AND a.last_name LIKE 'T%'
 UNION ALL
 SELECT c.first_name, c.last_name
 FROM customer c
 WHERE c.first_name LIKE 'J%' AND c.last_name LIKE 'D%'
)
```

　この複合クエリは、2つ目と3つ目のクエリを union all 演算子で組み合わせ、その結果を union 演算子で1つ目のクエリと組み合わせます。

6.5　練習問題

　次の練習問題では、集合演算をどれくらい理解できたかをテストします。解答は付録Bにあります。

6-1　集合A = {L M N O P}、集合B = {P Q R S T} である場合、次の演算によってどのような集合が生成されるか。

- A union B

- A union all B

- A intersect B

- A except B

6-2　ラストネームがLで始まる俳優および顧客全員のファーストネームとラストネームを検索する複合クエリを記述してみよう。

6-3　練習問題6-2の結果を last_name 列で並べ替えてみよう。

7章
データの生成、操作、変換

「はじめに」で述べたように、本書の目的は、複数のデータベースサーバーで利用できる一般的な SQL テクニックを教えることにあります。本章では、文字列データ、数値データ、時間データの生成、変換、操作について説明しますが、この機能をカバーしているコマンドは SQL 言語には含まれていません。データの生成、変換、操作には、代わりに組み込み関数を使います。SQL 規格に含まれている関数もありますが、データベースベンダーが関数仕様に準拠していないというのはよくあることです。

そこで本章では、SQL 文を使ってデータを生成して操作するための一般的な方法を確認した後、SQL Server、Oracle Database、MySQL が実装している組み込み関数の一部を具体的に見ていきます。本章を読むのに併せて、手持ちのデータベースサーバーに実装されている関数のリファレンスガイドをぜひダウンロードしてください。使っているデータベースサーバーが 1 つではない場合は、Kevin Kline 他著『SQL in a Nutshell』や Jonathan Gennick 著『SQL Pocket Guide』（どちらも O'Reilly Media, Inc.）など、複数のデータベースサーバーをカバーしているリファレンスガイドが参考になるでしょう。

7.1　文字列データを操作する

文字列データを操作するときには、次の文字データ型のいずれかを使います。

char
末尾をスペースで埋めた固定長の文字列を保持する。MySQL では最大 255 文字、Oracle Database では最大 2,000 文字、SQL Server では最大 8,000 文字の長さの文字列を保持できる。

varchar
可変長の文字列を保持する。MySQL では最大 65,535 文字、Oracle Database では最大 4,000 文字（varchar2 型の場合）、SQL Server では最大 8,000 文字の長さの文字列を保持できる。

text

可変長のかなり長い文字列を保持する（SQLでは一般にドキュメントと呼んでいる）。MySQL
は4GBまでのドキュメントを対象とした複数のテキスト型（`tinytext`、`text`、`mediumtext`、
`longtext`）を定義している。SQL Serverは最大2GBのドキュメントを対象とした`text`型
を定義している。Oracle Databaseは最大で何と128TBのドキュメントを保持できる`clob`デー
タ型を定義している。SQL Server 2005以上には、`varchar(max)`データ型も含まれている。
`text`型は将来のリリースで削除される予定なので、代わりに`varchar(max)`型を使うことが
推奨される。

ここでは、次のテーブルを使ってこれらのデータ型の使い方を示すことにします。

```
CREATE TABLE string_tbl
 (char_fld CHAR(30),
  vchar_fld VARCHAR(30),
  text_fld TEXT
 );
```

まず、文字列データを生成して操作する方法から見ていきましょう。

7.1.1　文字列を生成する

文字型の列にデータを挿入する最も簡単な方法は、次に示すように、文字列を引用符で囲むこと
です。

```
mysql> INSERT INTO string_tbl (char_fld, vchar_fld, text_fld)
    -> VALUES ('This is char data',
    ->         'This is varchar data',
    ->         'This is text data');
Query OK, 1 row affected (0.00 sec)
```

文字列データをテーブルに挿入するときには、文字列の長さが文字型の列の最大サイズ（明示的
に指定した最大サイズ、またはそのデータ型の最大サイズ）を超えた場合にサーバーが例外を送出
することに注意してください。MySQL、Oracle、SQL Serverではこれがデフォルトの振る舞い
ですが、MySQLとSQL Serverでは、例外を送出する代わりに文字列を自動的に切り捨てること
もできます。MySQLがこの状況にどのように対処するのかを具体的に見ていきましょう。次の
update文は`vchar_fld`列を変更しようとしています。この列の最大サイズは30文字と定義され
ていますが、挿入しようとしている文字列の長さは46文字です。

```
mysql> UPDATE string_tbl
    -> SET vchar_fld = 'This is a piece of extremely long varchar data';
ERROR 1406 (22001): Data too long for column 'vchar_fld' at row 1
```

MySQL 6.0 以降のデフォルトの振る舞いは「strict」モードであり、問題が起きた場合は例外を送出します。これに対し、MySQL の古いバージョンでは、文字列を切り捨てて警告を生成します。例外を送出する代わりに文字列を切り捨てて警告を生成するようにしたい場合は、ANSI モードを選択できます。どちらのモードで動作しているのかをチェックし、set コマンドを使ってモードを変更する方法は次のようになります。

```
mysql> SELECT @@session.sql_mode;
+----------------------------------------------------------------+
| @@session.sql_mode                                             |
+----------------------------------------------------------------+
| ONLY_FULL_GROUP_BY,STRICT_TRANS_TABLES,...,NO_ENGINE_SUBSTITUTION |
+----------------------------------------------------------------+
1 row in set (0.00 sec)

mysql> SET sql_mode='ansi';
Query OK, 0 rows affected (0.00 sec)

mysql> SELECT @@session.sql_mode;
+-------------------------------------------------------------------------+
| @@session.sql_mode                                                      |
+-------------------------------------------------------------------------+
| REAL_AS_FLOAT,PIPES_AS_CONCAT,ANSI_QUOTES,IGNORE_SPACE,ONLY_FULL_GROUP_BY,ANSI |
+-------------------------------------------------------------------------+
1 row in set (0.00 sec)
```

先の update 文を再び実行すると、今回は vchar_fld 列が変更されますが、次のような警告が生成されるはずです。

```
mysql> UPDATE string_tbl
    -> SET vchar_fld = 'This is a piece of extremely long varchar data';
Query OK, 1 row affected, 1 warning (0.01 sec)
Rows matched: 1  Changed: 1  Warnings: 1

mysql> SHOW WARNINGS;
+---------+------+-------------------------------------------------+
| Level   | Code | Message                                         |
+---------+------+-------------------------------------------------+
| Warning | 1265 | Data truncated for column 'vchar_fld' at row 1  |
+---------+------+-------------------------------------------------+
1 row in set (0.00 sec)
```

vchar_fld 列を取得すると、文字列が確かに切り捨てられていることがわかります。

```
mysql> SELECT vchar_fld
    -> FROM string_tbl;
+-------------------------------+
| vchar_fld                     |
+-------------------------------+
| This is a piece of extremely l |
+-------------------------------+
1 row in set (0.00 sec)
```

46文字の文字列のうち最初の30文字だけがvchar_fld列に挿入されたことがわかります。varchar型の列を使うときに文字列の切り捨て（またはOracle DatabaseやMySQLのstrictモードでの例外）を回避する最もよい方法は、列の最大の長さを適切に設定することです。つまり、その列に格納されるであろう最も長い文字列に対処するのに十分な大きさにするのです（varchar型の列の最大サイズに設定したとしても領域が無駄になる心配はありません。データベースサーバーが確保するのは文字列を格納するのに十分な領域だけです）。

シングルクォートを含んでいる文字列

文字列はシングルクォート（単一引用符）で区切られるため、シングルクォートやアポストロフィーを含んでいる文字列に注意を払う必要があります。たとえば、次の文字列を列に挿入することはできません。なぜなら、「doesn't」に含まれているアポストロフィーが文字列の終わりとして解釈されてしまうからです。

```
UPDATE string_tbl
SET text_fld = 'This string doesn't work';
```

データベースサーバーに「doesn't」のアポストロフィーを無視させるには、アポストロフィーを**エスケープ**することで、文字列内の他の文字と同じように扱われるようにする必要があります。MySQL、Oracle、SQL Serverでは、シングルクォートの直前に新しいシングルクォートを追加すると、そのシングルクォートをエスケープできます。

```
mysql> UPDATE string_tbl
    -> SET text_fld = 'This string didn''t work, but it does now';
Query OK, 1 row affected (0.00 sec)
Rows matched: 1  Changed: 1  Warnings: 0
```

Oracle Database と MySQL では、シングルクォートの直前にバックスラッシュ（円記号）を追加するという方法でもシングルクォートをエスケープできる。

```
UPDATE string_tbl SET text_fld =
  'This string didn\'t work, but it does now';
```

画面やレポートフィールドで使う文字列を取得するのであれば、文字列に埋め込まれた引用符を特別に処理する必要はありません。

```
mysql> SELECT text_fld
    -> FROM string_tbl;
+------------------------------------------+
| text_fld                                 |
+------------------------------------------+
| This string didn't work, but it does now |
```

```
+-----------------------------------------+
1 row in set (0.00 sec)
```

ただし、取得した文字列を別のプログラムが読み取るファイルに追加する場合は、取得する文字列の一部としてエスケープが含まれていたほうがよいかもしれません。MySQL を使っている場合は、組み込み関数 quote を使うとよいでしょう。この関数は、文字列全体を引用符で囲むことに加えて、文字列内のシングルクォートやアポストロフィーにエスケープを追加します。quote 関数を使って取得した文字列は次のようになります。

```
mysql> SELECT quote(text_fld)
    -> FROM string_tbl;
+-------------------------------------------+
| quote(text_fld)                           |
+-------------------------------------------+
| 'This string didn\'t work, but it does now' |
+-------------------------------------------+
1 row in set (0.00 sec)
```

エクスポート用のデータを取得する場合、customer_notes 列といったユーザー定義の文字列が含まれる列には、quote 関数を使ったほうがよいでしょう。

特別な文字を含んでいる文字列

アプリケーションが国際化を視野に入れたものである場合は、キーボード上に存在しない文字を含んでいる文字列を扱うことになるかもしれません。たとえば、フランス語やドイツ語に対応する場合は、é や ö のようなアクセント記号に対処する必要があるでしょう。SQL Server と MySQL には、ASCII 文字セットの 255 文字から文字列を構築できる組み込み関数 char が含まれています（Oracle Database ユーザーは chr 関数を使うことができます）。例として、入力した文字列と同じものを個々の文字から組み立ててみましょう[1]。

```
mysql> SELECT 'abcdefg', CHAR(97,98,99,100,101,102,103);
+---------+------------------------------+
| abcdefg | CHAR(97,98,99,100,101,102,103) |
+---------+------------------------------+
| abcdefg | abcdefg                      |
+---------+------------------------------+
1 row in set (0.00 sec)
```

つまり、ASCII 文字セットの 97 番目の文字は a です。この例で使っている文字は特別な文字ではありませんが、次の例はアクセント付きの文字や通貨記号といった特別な文字の位置を示してい

---

[1] ［訳注］MySQL 8.0.22 などのバージョンでは、char 関数の出力が 0x61626364656667 になることがある。その場合は、mysql の実行時に --skip-binary-as-hex オプションを指定するとよいかもしれない。

```
mysql -u root -p --skip-binary-as-hex
```

ます[†2]。

```
mysql> SELECT CHAR(128,129,130,131,132,133,134,135,136,137);
+-----------------------------------------------+
| CHAR(128,129,130,131,132,133,134,135,136,137) |
+-----------------------------------------------+
| Çüéâäàåçêë                                     |
+-----------------------------------------------+
1 row in set (0.01 sec)

mysql> SELECT CHAR(138,139,140,141,142,143,144,145,146,147);
+-----------------------------------------------+
| CHAR(138,139,140,141,142,143,144,145,146,147) |
+-----------------------------------------------+
| èïìîÄÅÉæÆô                                     |
+-----------------------------------------------+
1 row in set (0.01 sec)

mysql> SELECT CHAR(148,149,150,151,152,153,154,155,156,157);
+-----------------------------------------------+
| CHAR(148,149,150,151,152,153,154,155,156,157) |
+-----------------------------------------------+
| öòûùÿÖÜø£Ø                                     |
+-----------------------------------------------+
1 row in set (0.00 sec)

mysql> SELECT CHAR(158,159,160,161,162,163,164,165);
+---------------------------------------+
| CHAR(158,159,160,161,162,163,164,165) |
+---------------------------------------+
| ×ƒáíóúñÑ                               |
+---------------------------------------+
1 row in set (0.01 sec)
```

本節の例では utf8mb4 文字セットを使っている。セッションが別の文字セットに設定されている場合、ここで示しているものとは異なる文字が表示される。特定の文字を探し当てるには、使っている文字セットのレイアウトを調べる必要があるが、考え方は同じである。

　文字をつないで文字列にしていくのは非常に手間のかかる作業であり、文字列に含まれているアクセント記号付きの文字がほんのわずかであるとしたらとても割に合いません。ありがたいことに、concat 関数を利用すれば、入力した文字列と char 関数が生成した文字列を連結できます。例

[†2]　［訳注］日本語の Windows 環境では、コマンドシェルのコードページがデフォルトで「932（日本語 Shift-JIS）」に設定されている。ここで示しているような特殊文字を表示するには、コードページの設定を「437（米国）」に変更する必要がある。［コマンドプロンプト］で次のコマンドを実行するのが最も手っ取り早い。

```
C:¥> chcp 437
```

として、concat 関数と char 関数を使って「danke schön」という慣用句を作成する方法を見てみましょう。

```
mysql> SELECT CONCAT('danke sch', CHAR(148), 'n');
+-------------------------------------+
| CONCAT('danke sch', CHAR(148), 'n') |
+-------------------------------------+
| danke schön                         |
+-------------------------------------+
1 row in set (0.00 sec)
```

Oracle Database ユーザーは concat 関数の代わりに連結演算子（||）を使うことができる。

```
SELECT 'danke sch' || CHR(148) || 'n'
FROM dual;
```

SQL Server には concat 関数が含まれていないため、連結演算子（+）を使う必要がある。

```
SELECT 'danke sch' + CHAR(148) + 'n'
```

ある文字が ASCII 文字セットのどの文字に相当するのかを突き止めたい場合は、ascii 関数を使うことができます。この関数は、文字列の 1 文字目を取り出し、その数値を返します。

```
mysql> SELECT ASCII('ö');
+------------+
| ASCII('ö') |
+------------+
|        148 |
+------------+
1 row in set (0.00 sec)
```

char、ascii、concat の 3 つの関数（または連結演算子）を利用すれば、キーボードにアクセント記号や特別な文字が含まれていなくても、ローマン言語に対応できるようになるはずです。

7.1.2 文字列を操作する

各データベースサーバーには、文字列を操作するための組み込み関数がいろいろ含まれています。ここでは、2 種類の文字列関数（数値を返すものと文字列を返すもの）を調べます。説明に入る前に、次の文を実行して string_tbl テーブルのデータをリセットしておきましょう。

```
mysql> DELETE FROM string_tbl;
Query OK, 1 row affected (0.01 sec)

mysql> INSERT INTO string_tbl (char_fld, vchar_fld, text_fld)
    -> VALUES ('This string is 28 characters',
    ->         'This string is 28 characters',
```

```
    ->                'This string is 28 characters');
Query OK, 1 row affected (0.00 sec)
```

数値を返す文字列関数

　数値を返す文字列関数のうち、最もよく使われる関数の1つは length です。この関数は文字列に含まれている文字の個数を返します（SQL Server ユーザーは len 関数を使う必要があります）。次のクエリは、string_tbl テーブルの各列に length 関数を適用します。

```
mysql> SELECT LENGTH(char_fld) char_length,
    ->        LENGTH(vchar_fld) varchar_length,
    ->        LENGTH(text_fld) text_length
    -> FROM string_tbl;
+-------------+----------------+-------------+
| char_length | varchar_length | text_length |
+-------------+----------------+-------------+
|          28 |             28 |          28 |
+-------------+----------------+-------------+
1 row in set (0.00 sec)
```

　varchar 型と text 型の列の長さは想定していたとおりですが、先ほど char 型の列の末尾はスペースで埋められると説明したので、この列の長さは30だと考えていたかもしれません。しかし、MySQL サーバーは char 型の列からデータを取り出すときに末尾のスペースを取り除くため、文字列が格納されている列の型に関係なく、すべての文字列関数が同じ結果を返すことがわかります。

　文字列の長さを調べることに加えて、文字列内のどこに部分文字列が含まれているのかを突き止めたいこともあります。たとえば、vchar_fld 列で 'characters' という文字列が出現する位置を突き止めたい場合は、position 関数を使うことができます。

```
mysql> SELECT POSITION('characters' IN vchar_fld)
    -> FROM string_tbl;
+-------------------------------------+
| POSITION('characters' IN vchar_fld) |
+-------------------------------------+
|                                  19 |
+-------------------------------------+
1 row in set (0.00 sec)
```

部分文字列が見つからない場合、position 関数は 0 を返します。

　C や C++ などの言語でプログラミングを行っている場合、配列の1つ目の要素の位置は0である。これに対し、データベースを使っている場合、文字列の1文字目の位置は1であることに注意しよう。position 関数の戻り値が0である場合は、部分文字列が文字列の先頭で見つかったのではなく、見つからなかったことを意味する。

　部分文字列の検索を文字列の先頭以外の場所から開始したい場合は、locate 関数を使う必要
があります。この関数は position 関数に似ていますが、検索の開始位置を指定できるオプショ
ンの 3 つ目のパラメータがあります。なお、position 関数は ANSI SQL:2003 規格の一部ですが、
locate 関数はベンダー固有の関数です。vchar_fld 列の 5 文字目を出発点として文字列 'is' の
位置を検索する方法は次のようになります。

```
mysql> SELECT LOCATE('is', vchar_fld, 5)
    -> FROM string_tbl;
+---------------------------+
| LOCATE('is', vchar_fld, 5) |
+---------------------------+
|                        13 |
+---------------------------+
1 row in set (0.00 sec)
```

Oracle には、position 関数や locate 関数は含まれていないが、instr 関数が含まれて
いる。この関数は、引数が 2 つ指定された場合は position 関数のように動作し、引数が 3
つ指定された場合は locate 関数のように動作する。SQL Server にも position 関数や
locate 関数は含まれていないが、charindx 関数が含まれている。Oracle の instr 関
数と同じように、やはり 2 つの引数か 3 つの引数を指定できる。

　引数として文字列を受け取り、数値を返すもう 1 つの関数は、文字列比較関数 strcmp です。こ
の関数を実装しているのは MySQL だけであり、Oracle や SQL Server には同様の関数はありませ
ん。strcmp 関数は、引数として 2 つの文字列を受け取り、次のいずれかを返します。

-1　ソート順において 1 つ目の文字列が 2 つ目の文字列よりも小さい

0　　2 つの文字列は等しい

1　　ソート順において 1 つ目の文字列が 2 つ目の文字列よりも大きい

　この関数の仕組みを理解するために、クエリを使って 5 つの文字列のソート順を表示した後、
strcmp 関数を使って文字列を比較する方法を見てみましょう。まず、string_tbl テーブルに文
字列を 5 つ挿入します。

```
mysql> DELETE FROM string_tbl;
Query OK, 1 row affected (0.00 sec)

mysql> INSERT INTO string_tbl(vchar_fld)
    -> VALUES ('abcd'),
    ->        ('xyz'),
    ->        ('QRSTUV'),
    ->        ('qrstuv'),
    ->        ('12345');
```

```
Query OK, 5 rows affected (0.05 sec)
Records: 5  Duplicates: 0  Warnings: 0
```

これら5つの文字列のソート順は次のようになります。

```
mysql> SELECT vchar_fld
    -> FROM string_tbl
    -> ORDER BY vchar_fld;
+-----------+
| vchar_fld |
+-----------+
| 12345     |
| abcd      |
| QRSTUV    |
| qrstuv    |
| xyz       |
+-----------+
5 rows in set (0.00 sec)
```

次のクエリは、これら5つの文字列を使って6つの比較を行います。

```
mysql> SELECT STRCMP('12345','12345') 12345_12345,
    ->        STRCMP('abcd','xyz') abcd_xyz,
    ->        STRCMP('abcd','QRSTUV') abcd_QRSTUV,
    ->        STRCMP('qrstuv','QRSTUV') qrstuv_QRSTUV,
    ->        STRCMP('12345','xyz') 12345_xyz,
    ->        STRCMP('xyz','qrstuv') xyz_qrstuv;
+-------------+----------+-------------+---------------+-----------+------------+
| 12345_12345 | abcd_xyz | abcd_QRSTUV | qrstuv_QRSTUV | 12345_xyz | xyz_qrstuv |
+-------------+----------+-------------+---------------+-----------+------------+
|           0 |       -1 |          -1 |             0 |        -1 |          1 |
+-------------+----------+-------------+---------------+-----------+------------+
1 row in set (0.00 sec)
```

　1つ目の比較の結果は0です。文字列を同じ文字列と比較しているので、これは当然の結果です。4つ目の比較の結果も0ですが、これは少し意外です。なぜなら、同じ文字で構成されているとはいえ、一方の文字列はすべて小文字、もう一方の文字列はすべて大文字だからです。このような結果になるのは、MySQLのstrcmp関数が大文字と小文字を区別しないためです。この関数を使うときには、このことを覚えておいてください。他の4つの比較では、ソート順において1つ目の文字列が2つ目の文字列よりも大きいかどうかに応じて、–1または1の結果が返されています。たとえばstrcmp('abcd','xyz')の結果は、'abcd'が'xyz'よりも小さいので–1になっています。

　strcmp関数に加えて、MySQLでは、like演算子とregexp演算子を使って、select句で文字列を比較することもできます。このような比較では、1(true)または0(false)の結果が返されます。したがって、これらの演算子を利用すれば、先に説明した関数と同じように、数値を返す式を組み立てることができます。like演算子を使った例を見てみましょう。

```
mysql> SELECT name, name LIKE '%y' ends_in_y
    -> FROM category;
+-------------+-----------+
| name        | ends_in_y |
+-------------+-----------+
| Action      |         0 |
| Animation   |         0 |
| Children    |         0 |
| Classics    |         0 |
| Comedy      |         1 |
| Documentary |         1 |
| Drama       |         0 |
| Family      |         1 |
| Foreign     |         0 |
| Games       |         0 |
| Horror      |         0 |
| Music       |         0 |
| New         |         0 |
| Sci-Fi      |         0 |
| Sports      |         0 |
| Travel      |         0 |
+-------------+-----------+
16 rows in set (0.00 sec)
```

　この例では、カテゴリの名前をすべて取得しているだけではなく、カテゴリの名前が y で終わっている場合は 1、それ以外の場合は 0 を返す式を使っています。もっと複雑なパターンマッチングを実行したい場合は、regexp 演算子を使うことができます。

```
mysql> SELECT name, name REGEXP 'y$' ends_in_y
    -> FROM category;
+-------------+-----------+
| name        | ends_in_y |
+-------------+-----------+
| Action      |         0 |
| Animation   |         0 |
| Children    |         0 |
| Classics    |         0 |
| Comedy      |         1 |
| Documentary |         1 |
| Drama       |         0 |
| Family      |         1 |
| Foreign     |         0 |
| Games       |         0 |
| Horror      |         0 |
| Music       |         0 |
| New         |         0 |
| Sci-Fi      |         0 |
| Sports      |         0 |
| Travel      |         0 |
+-------------+-----------+
16 rows in set (0.01 sec)
```

　このクエリの2列目は、name列に含まれている値が指定した正規表現とマッチした場合に1を返します。

　　　　　SQL ServerとOracle Databaseのユーザーは、case式を使って同じような結果を得ることができる。この点については、11章で詳しく説明する。

文字列を返す文字列関数

　場合によっては、文字列からテキストの一部を取り出すか、文字列にテキストを追加するという方法で、既存の文字列を変更しなければならないことがあります。各データベースサーバーには、これらのタスクに役立つ関数が含まれています。説明に入る前に、string_tbl テーブルのデータを再びリセットしておきましょう。

```
mysql> DELETE FROM string_tbl;
Query OK, 5 rows affected (0.00 sec)

mysql> INSERT INTO string_tbl (text_fld)
    -> VALUES ('This string was 29 characters');
Query OK, 1 row affected (0.01 sec)
```

　少し前に、アクセント記号付きの文字を使って単語を作成するのにconcat関数が役立つことを確認しました。この関数は、既存の文字列に文字を追加する場合を含め、他のさまざまな状況でも役立ちます。たとえば、text_fld列に格納されている文字列の末尾に語句を追加する方法は次のようになります。

```
mysql> UPDATE string_tbl
    -> SET text_fld = CONCAT(text_fld, ', but now it is longer');
Query OK, 1 row affected (0.03 sec)
Rows matched: 1  Changed: 1  Warnings: 0
```

　この結果、text_fld列の内容は次のようになります。

```
mysql> SELECT text_fld
    -> FROM string_tbl;
+-----------------------------------------------------+
| text_fld                                            |
+-----------------------------------------------------+
| This string was 29 characters, but now it is longer |
+-----------------------------------------------------+
1 row in set (0.00 sec)
```

　このようにして、文字列を返すすべての関数のときと同様に、concat関数を使って文字型の列に格納されたデータを置き換えることができます。

concat 関数は個々のデータから文字列を組み立てる作業にもよく使われます。たとえば、次の
クエリは顧客ごとに文章を生成します。

```
mysql> SELECT concat(first_name, ' ', last_name,
    ->  ' has been a customer since ', date(create_date)) cust_narrative
    -> FROM customer;
+-----------------------------------------------------------+
| cust_narrative                                            |
+-----------------------------------------------------------+
| MARY SMITH has been a customer since 2006-02-14           |
| PATRICIA JOHNSON has been a customer since 2006-02-14     |
| LINDA WILLIAMS has been a customer since 2006-02-14       |
| BARBARA JONES has been a customer since 2006-02-14        |
| ELIZABETH BROWN has been a customer since 2006-02-14      |
| JENNIFER DAVIS has been a customer since 2006-02-14       |
| MARIA MILLER has been a customer since 2006-02-14         |
| SUSAN WILSON has been a customer since 2006-02-14         |
| MARGARET MOORE has been a customer since 2006-02-14       |
| DOROTHY TAYLOR has been a customer since 2006-02-14       |
......
| RENE MCALISTER has been a customer since 2006-02-14       |
| EDUARDO HIATT has been a customer since 2006-02-14        |
| TERRENCE GUNDERSON has been a customer since 2006-02-14   |
| ENRIQUE FORSYTHE has been a customer since 2006-02-14     |
| FREDDIE DUGGAN has been a customer since 2006-02-14       |
| WADE DELVALLE has been a customer since 2006-02-14        |
| AUSTIN CINTRON has been a customer since 2006-02-14       |
+-----------------------------------------------------------+
599 rows in set (0.01 sec)
```

concat 関数は文字列を返す式ならどのようなものでも扱うことができます。それだけではなく、
引数として使われている日付型の列（create_date）からもわかるように、数値や日付を文字列に
変換します。Oracle Database にも concat 関数が含まれていますが、文字列型のパラメータが2
つあるだけなので、このようなクエリはうまくいきません。Oracle では、関数呼び出しを使う代わ
りに、連結演算子（||）を使う必要があります。

```
SELECT first_name || ' ' || last_name ||
  ' has been a customer since ' || date(create_date)) cust_narrative
FROM customer;
```

SQL Server には concat 関数が含まれていないため、このクエリと同じようなアプローチをと
る必要があります。ただし、SQL Server の連結演算子は || ではなく + です。

concat 関数は文字列の先頭や末尾に文字を追加するのに便利ですが、文字列の途中に文字を追
加したり、文字列の途中の文字を置き換えたりする必要がある場合はどうすればよいのでしょう。
MySQL、Oracle、SQL Server にはそのための関数が含まれていますが、それぞれ機能が異なりま
す。そこで、MySQL の関数を説明してから Oracle と SQL Server の関数を説明することにします。

MySQL には、insert という関数が含まれています。この関数には、元の文字列、置き換えを開

始する位置、置き換える文字の個数、新しい文字列という 4 つのパラメータがあります。3 つ目の
パラメータに対する引数の値に応じて、この関数を文字の挿入か文字の置き換えに使うことができ
ます。3 つ目のパラメータに対する引数として 0 を指定すると、「新しい文字列」が挿入され、「置き
換えを開始する位置」の後ろにある文字がすべて右にずれます。

```
mysql> SELECT INSERT('goodbye world', 9, 0, 'cruel ') string;
+---------------------+
| string              |
+---------------------+
| goodbye cruel world |
+---------------------+
1 row in set (0.00 sec)
```

　この例では、位置 9 の後ろにある文字がすべて右に押し出され、文字列 'cruel ' が挿入されて
います。3 つ目の引数の値が 0 よりも大きい場合は、指定された個数の文字が「新しい文字列」に置
き換えられます。

```
mysql> SELECT INSERT('goodbye world', 1, 7, 'hello') string;
+-------------+
| string      |
+-------------+
| hello world |
+-------------+
1 row in set (0.00 sec)
```

　この例では、最初の 7 文字が文字列 'hello' に置き換えられています。Oracle Database には、
MySQL の insert 関数ほど柔軟な関数はありませんが、部分文字列を別の部分文字列に置き換え
るのに役立つ replace という関数があります。この関数を使って先の例を書き換えると次のよう
になります。

```
SELECT REPLACE('goodbye world', 'goodbye', 'hello')
FROM dual;
```

　文字列 'goodbye' はすべて文字列 'hello' に置き換えられ、結果として文字列 'hello
world' になります。replace 関数は検索文字列と一致するものをすべて新しい文字列に置き換
えます。このため、想定外の文字列まで置き換えられてしまうことがあり、注意が必要です。

　SQL Server にも Oracle のものと同じ機能を持つ replace 関数がありますが、MySQL の
insert 関数と同様の機能を持つ stuff という関数もあります。

```
SELECT STUFF('hello world', 1, 5, 'goodbye cruel')
```

　この文を実行すると、1 を開始位置として 5 文字が削除され、開始位置に文字列 'goodbye
cruel' が挿入され、結果として 'goodbye cruel world' という文字列になります。

　文字列に文字を挿入することに加えて、文字列から部分文字列を取り出さなければならないこと
もあります。MySQL、Oracle、SQL Server には、そのための関数として substring が含まれて

います（Oracle の関数は substr という名前です）。この関数は、指定された位置から指定された個数の文字を取り出します。次の例は、文字列の位置 9 から 5 文字を取り出します。

```
mysql> SELECT SUBSTRING('goodbye cruel world', 9, 5);
+---------------------------------------+
| SUBSTRING('goodbye cruel world', 9, 5) |
+---------------------------------------+
| cruel                                 |
+---------------------------------------+
1 row in set (0.00 sec)
```

　MySQL、Oracle、SQL Server には、ここで取り上げた関数の他にも、文字列データを操作するための組み込み関数がいろいろ含まれています。それらの関数の多くは 8 進数や 16 進数からそれに相当する文字列を生成するといった特別な目的で設計されたものですが、文字列の末尾でスペースを追加または削除するといった汎用目的の関数もいろいろ定義されています。詳細については、データベースサーバーの SQL リファレンスガイドか、『SQL in a Nutshell』（O'Reilly Media, Inc.）などの一般的な SQL リファレンスガイドを参照してください。

7.2　数値データを操作する

　文字列データ（および後ほど説明する時間データ）とは異なり、数値データの生成はとても簡単です。数値を入力するか、他の列から取得するか、計算に基づいて生成すればよいからです。計算には通常の算術演算子（+、-、*、/）をどれでも使うことができ、丸かっこ（()）を使って優先順位を指定することもできます。

```
mysql> SELECT (37 * 59) / (78 - (8 * 6));
+---------------------------+
| (37 * 59) / (78 - (8 * 6)) |
+---------------------------+
|                   72.7667 |
+---------------------------+
1 row in set (0.00 sec)
```

　2 章で説明したように、数値データを格納するときに最も問題となるのは、数値データが数値型の列の最大サイズを超えた場合に数値が丸められる可能性があることです。たとえば、列が float(3,1) として定義されている場合、数値 9.96 を格納すると 10.0 に丸められます。

7.2.1　算術関数を実行する

　データベースサーバーに組み込まれている数値関数のほとんどは、数値の平方根を求めるといった特定の算術演算に使われます。最もよく使われる数値関数のうち、数値型の引数を 1 つ受け取り、数値型の戻り値を返すものを表 7-1 にまとめておきます。

表 7-1：引数 1 つの数値関数

関数名	説明
acos(x)	x の逆余弦を求める
asin(x)	x の逆正弦を求める
atan(x)	x の逆正接を求める
cos(x)	x の余弦を求める
cot(x)	x の余接を求める
exp(x)	e^x を求める
ln(x)	x の自然対数を求める
sin(x)	x の正弦を求める
sqrt(x)	x の平方根を求める
tan(x)	x の正接を求める

　これらの関数はかなり特殊な作業を実行するため、例を紹介するのはまたの機会にします（関数の名前や説明を見てもピンとこなければ、たぶん例は必要ないでしょう）。一方で、計算に使われる他の数値関数はもう少し柔軟で、説明しておく価値があります。

　たとえば、一方の数をもう一方の数で割ったときの余りを計算する modulo 演算子は、MySQL と Oracle では mod 関数として実装されています。10 を 4 で割ったときの余りを求める方法は次のようになります。

```
mysql> SELECT MOD(10,4);
+-----------+
| MOD(10,4) |
+-----------+
|         2 |
+-----------+
1 row in set (0.01 sec)
```

mod 関数ではたいてい整数型の引数を使いますが、MySQL では、実数を使うこともできます。

```
mysql> SELECT MOD(22.75, 5);
+---------------+
| MOD(22.75, 5) |
+---------------+
|          2.75 |
+---------------+
1 row in set (0.00 sec)
```

SQL Server には mod 関数が含まれておらず、余りの計算には代わりに % 演算子を使う。したがって、10 % 4 という式から値 2 が得られる。

　もう1つの数値関数は引数が2つのもので、一方の数をもう一方の数で累乗するpowという関数です（OracleまたはSQL Serverでは、power関数を使います）。

```
mysql> SELECT POW(2,8);
+----------+
| POW(2,8) |
+----------+
|      256 |
+----------+
1 row in set (0.01 sec)
```

　このように、pow(2,8)はMySQLで2^8を指定することに相当します。コンピュータのメモリは2^xバイト単位で確保されるため、特定のメモリの容量をバイト単位に換算するのにpow関数が役立つことがあります。

```
mysql> SELECT POW(2,10) kilobyte, POW(2,20) megabyte,
    ->   POW(2,30) gigabyte, POW(2,40) terabyte;
+----------+----------+------------+---------------+
| kilobyte | megabyte | gigabyte   | terabyte      |
+----------+----------+------------+---------------+
|     1024 |  1048576 | 1073741824 | 1099511627776 |
+----------+----------+------------+---------------+
1 row in set (0.00 sec)
```

　個人的には、1,073,741,824という数を覚えるよりも、ギガバイトは2^{30}バイトと覚えるほうが楽ですが、皆さんはどうでしょうか。

7.2.2　数値の精度を制御する

　浮動小数点数を使うときには、常に完全な精度のままで操作したり表示したりしたいとは限りません。たとえば、金融取引データを小数点以下6桁の精度で格納したいが、表示するときは小数点以下2桁に近似したいとしましょう。浮動小数点数の精度を制限するときには、ceil、floor、round、truncateの4つの関数が役立ちます。MySQL、Oracle、SQL Serverには、これらの関数がすべて含まれていますが、Oracleではtruncateの代わりにtruncを使い、SQL Serverではceilの代わりにceilingを使います。

　ceil関数とfloor関数はそれぞれ最も近い整数への切り上げまたは切り捨てに使います。

```
mysql> SELECT CEIL(72.445), FLOOR(72.445);
+--------------+---------------+
| CEIL(72.445) | FLOOR(72.445) |
+--------------+---------------+
|           73 |            72 |
+--------------+---------------+
1 row in set (0.00 sec)
```

したがって、72 から 73 の間の数値は、ceil 関数では 73、floor 関数では 72 と評価されます。次に示すように、小数点以下の数字が非常に小さくても ceil 関数が切り上げることと、小数点以下の数値が非常に大きくても floor 関数が切り捨てることを覚えておいてください。

```
mysql> SELECT CEIL(72.000000001), FLOOR(72.999999999);
+--------------------+---------------------+
| CEIL(72.000000001) | FLOOR(72.999999999) |
+--------------------+---------------------+
|                 73 |                  72 |
+--------------------+---------------------+
1 row in set (0.00 sec)
```

アプリケーションによってはちょっとやりすぎかもしれません。そのような場合は、どちらかの整数への切り上げと切り捨てを「中間点」で判断する round 関数を使うことができます。

```
mysql> SELECT ROUND(72.49999), ROUND(72.5), ROUND(72.50001);
+-----------------+-------------+-----------------+
| ROUND(72.49999) | ROUND(72.5) | ROUND(72.50001) |
+-----------------+-------------+-----------------+
|              72 |          73 |              73 |
+-----------------+-------------+-----------------+
1 row in set (0.00 sec)
```

round 関数を使うと、小数点以下の値が 2 つの整数の中間点を超えているか等しい場合は切り上げ、それ以外の場合は切り捨てになります。

ほとんどの場合は、最も近い整数に丸めるのではなく、小数点以下の部分を少し残しておきたいと考えます。round 関数には、丸めの対象となる小数点以下の桁数を指定するオプションの 2 つ目のパラメータがあります。このパラメータを使って 72.0909 という数値を小数点以下 1 桁、2 桁、3 桁に丸める方法は次のようになります。

```
mysql> SELECT ROUND(72.0909, 1), ROUND(72.0909, 2), ROUND(72.0909, 3);
+-------------------+-------------------+-------------------+
| ROUND(72.0909, 1) | ROUND(72.0909, 2) | ROUND(72.0909, 3) |
+-------------------+-------------------+-------------------+
|              72.1 |             72.09 |            72.091 |
+-------------------+-------------------+-------------------+
1 row in set (0.00 sec)
```

round 関数と同様に、truncate 関数にも小数点以下の桁数を指定するオプションの 2 つ目のパラメータがありますが、この関数の場合は、小数点以下を指定した桁数に丸めるのではなく、ばっさり切り捨てます。たとえば、72.0909 という数値を小数点以下 1 桁、2 桁、3 桁で切り捨てる方法は次のようになります。

```
mysql> SELECT TRUNCATE(72.0909, 1), TRUNCATE(72.0909, 2), TRUNCATE(72.0909, 3);
+----------------------+----------------------+----------------------+
| TRUNCATE(72.0909, 1) | TRUNCATE(72.0909, 2) | TRUNCATE(72.0909, 3) |
+----------------------+----------------------+----------------------+
```

```
|                     72.0 |                72.09 |             72.090 |
+--------------------------+----------------------+--------------------+
1 row in set (0.00 sec)
```

SQL Server には `truncate` 関数は含まれていないが、代わりに `round` 関数にオプションの 3 つ目のパラメータがある。このパラメータに引数として非ゼロ値を指定した場合は、指定された数値を丸めるのではなく切り捨てることを意味する。

`truncate` 関数と `round` 関数では、2 つ目のパラメータに引数として「負の値」も指定できます。負の値は整数部の切り捨てまたは丸めの桁数を意味します。最初はおかしなことに思えるかもしれませんが、有効な使い道があります。たとえば、10 個単位でのみ購入できる商品を販売しているとしましょう。顧客が商品を 17 個注文してきた場合は、顧客の注文数を調整するために次のどちらかの方法をとることが考えられます。

```
mysql> SELECT ROUND(17, -1), TRUNCATE(17, -1);
+---------------+------------------+
| ROUND(17, -1) | TRUNCATE(17, -1) |
+---------------+------------------+
|            20 |               10 |
+---------------+------------------+
1 row in set (0.00 sec)
```

問題の商品が画鋲だったとしたら、17 個の注文を 10 個として処理しても 20 個として処理しても売り上げに大差はないかもしれません。しかし、商品が Rolex の腕時計だったとしたら、丸めれば大もうけができそうです。

7.2.3　符号付きのデータを扱う

数値型の列で負の値を扱っている場合は、いくつかの数値関数が役立つかもしれません（2 章では、数値型の列を unsigned で修飾し、正の値だけを許可する方法を紹介しました）。たとえば、account テーブルの次のデータを使って、各銀行口座の現在のステータスを示すレポートを生成する必要があるとしましょう。

```
+------------+--------------+---------+
| account_id | acct_type    | balance |
+------------+--------------+---------+
|        123 | MONEY MARKET |  785.22 |
|        456 |      SAVINGS |    0.00 |
|        789 |     CHECKING | -324.22 |
+------------+--------------+---------+
```

次のクエリは、このレポートの生成に役立つ 3 つの列を返します。

```
mysql> SELECT account_id, SIGN(balance), ABS(balance)
    -> FROM account;
+------------+---------------+--------------+
| account_id | SIGN(balance) | ABS(balance) |
+------------+---------------+--------------+
|        123 |             1 |       785.22 |
|        456 |             0 |         0.00 |
|        789 |            -1 |       324.22 |
+------------+---------------+--------------+
3 rows in set (0.00 sec)
```

2 つ目の列では、sign 関数を使うことで、口座の残高が負の値である場合は -1、0 である場合は 0、正の値である場合は 1 を返しています。3 つ目の列では、abs 関数を使って口座の残高の絶対値を返しています。

7.3　時間データを操作する

本章で説明してきた 3 種類のデータ（文字、数値、時間）のうち、データの生成や操作が最も複雑なのは時間データです。時間データが複雑である理由の 1 つは、日付と時刻を 1 つ表すだけでも無数の方法があることです。たとえば、この段落を書いた日付を次のすべての方法で表すことができます。

- Wednesday, June 5, 2019

- 6/05/2019 2:14:56 P.M. EST

- 6/05/2019 19:14:56 GMT

- 1562019（ユリウス暦）

- Star date [-4] 97026.79 14:14:56（『スタートレック』の宇宙歴）

単にフォーマットが違うだけのものもありますが、複雑さのほとんどは基準系に関連しています。どういうことかさっそく調べてみましょう。

7.3.1　タイムゾーンに対処する

世界中のどの地域でも太陽が真南にあるときを大まかに正午であると定めています。このため、世界時計の導入が真剣に検討されたことは一度もありません。代わりに、世界全体が**タイムゾーン**（timezone）と呼ばれる 24 の架空のセクションに分割されています。1 つのタイムゾーン内では時

刻は統一されていますが、タイムゾーンが異なると時差が生じます。ここまでは単純に思えますが、地域によっては**サマータイム**（daylight savings time）を導入して1年に2回時刻を1時間ずらします。このため、1年の半分は4時間の時差が、もう半分は5時間の時差になります。同じタイムゾーンに属する地域であっても、サマータイムを導入している地域と導入していない地域では、1年の半分は時刻が同じであっても、もう半分は1時間の時差があることになります。

　コンピュータ時代の到来によってこの問題はますます悪化していますが、人々は大航海時代からタイムゾーンの違いに対処してきました。15世紀の航海者たちは、計時の基準点を統一するために、自分たちの時計をイギリスのグリニッジの時刻に合わせていました。この時刻はやがて**グリニッジ標準時**（Greenwich Mean Time：GMT）と呼ばれるようになりました。他のタイムゾーンはすべてGMTからの時差で表すことができます。たとえば、**アメリカ東部標準時**（Eastern Standard Time：EST）と呼ばれるアメリカ東部のタイムゾーンは、GMT −5:00（GMTよりも5時間早い）として表すことができます。

　現在私たちが使っているのは、原子時計に基づく**協定世界時**（Coordinated Universal Time：UTC）というGMTの一種です。原子時計とは、世界各地の50か所に設置された200個の原子時計の平均時間であり、**世界時**（universal time）と呼ばれます。SQL ServerとMySQLには、現在のUTCタイムスタンプを取得するための関数があります（SQL Serverはgetutcdate、MySQLはutc_timestamp）。

　ほとんどのデータベースサーバーはデフォルトで設置場所のタイムゾーンを使い、必要に応じてタイムゾーンを変更するための手段を提供します。たとえば、全世界の証券取引情報を格納するデータベースは一般にUTC時間を使うように設定されますが、小売店の取引情報を格納するデータベースはサーバーのタイムゾーンを使うかもしれません。

　MySQLには、グローバルタイムゾーンとセッションタイムゾーンの2種類のタイムゾーン設定があります。セッションタイムゾーンはデータベースにログインするユーザーごとに異なる可能性があります。これらのタイムゾーンを表示するには、次のクエリを使います。

```
mysql> SELECT @@global.time_zone, @@session.time_zone;
+--------------------+--------------------+
| @@global.time_zone | @@session.time_zone |
+--------------------+--------------------+
| SYSTEM             | SYSTEM             |
+--------------------+--------------------+
1 row in set (0.00 sec)
```

systemという値は、このデータベースがインストールされているサーバーのタイムゾーン設定を使うことを意味します。

　スイスのチューリッヒでコンピュータに向かっていて、ニューヨークに設置されているMySQLサーバーに対するセッションをネットワーク経由で開いたとしましょう。この場合、セッションの

タイムゾーン設定を変更するには、次のコマンドを使います[†3]。

```
mysql> SET time_zone = 'Europe/Zurich';
Query OK, 0 rows affected (0.18 sec)
```

ここでもう一度タイムゾーン設定を確認すると、次のような結果になります。

```
mysql> SELECT @@global.time_zone, @@session.time_zone;
+--------------------+---------------------+
| @@global.time_zone | @@session.time_zone |
+--------------------+---------------------+
| SYSTEM             | Europe/Zurich       |
+--------------------+---------------------+
1 row in set (0.00 sec)
```

これで、このセッションで表示される日付がすべてチューリッヒの時刻で表示されるようになりました。

> Oracle Database ユーザーはセッションのタイムゾーン設定を次のコマンドで変更できる。
> ```
> ALTER SESSION TIMEZONE = 'Europe/Zurich';
> ```

7.3.2　時間データを生成する

時間データを生成する方法として次の3つがあります。

- 既存の date、datetime、または time 型の列のデータをコピーする。
- date、datetime、または time 型の値を返す組み込み関数を実行する。
- サーバーによって評価される時刻データの文字列表現を作成する。

最後の方法を利用するには、日付のフォーマットに使われるさまざまな構成要素を理解しておく必要があります。

[†3]　［訳注］mysql データベースにタイムゾーン情報が読み込まれていない場合、タイムゾーン設定を変更しようとするとエラーになる。タイムゾーン情報は mysql.time_zone テーブルに読み込まれている。

```
mysql> SELECT * FROM mysql.time_zone;
Empty set (0.00 sec)
```

このテーブルが空の場合は、mysql_tzinfo_to_sql プログラムを使ってタイムゾーン情報を読み込む必要がある（Warning が出力されることがある）。

```
$ mysql_tzinfo_to_sql /usr/share/zoneinfo | mysql -u root -p mysql
```

時間データの文字列表現

表 2-5 では、よく使われる日付の構成要素を紹介しました。もう忘れてしまったかもしれないので、表 7-2 に同じ構成要素をまとめておきます。

表 7-2：日付フォーマットの構成要素

構成要素	定義	範囲
YYYY	年（世紀を含む）	1000 〜 9999
MM	月	01（1 月） 〜 12（12 月）
DD	日	01 〜 31
HH	時	01 〜 23
HHH	（経過）時間	–838 〜 838
MI	分	01 〜 59
SS	秒	01 〜 59

サーバーが date、datetime、time として解釈する文字列を組み立てるには、さまざまな構成要素を表 7-3 の順序で組み合わせる必要があります。

表 7-3：日付に必要な構成要素

型	デフォルトフォーマット
date	YYYY-MM-DD
datetime	YYYY-MM-DD HH:MI:SS
timestamp	YYYY-MM-DD HH:MI:SS
time	HHH:MI:SS

したがって、datetime 型の列を「2019 年 9 月 17 日午後 3 時 30 分」を表す値に設定するには、次の文字列を生成する必要があります。

```
'2019-09-17 15:30:00'
```

datetime 型の列を更新する、あるいは datetime 型の列を受け取る組み込み関数を呼び出すなど、datetime 型の値が渡されることをデータベースサーバーが想定している場合は、必要な日付要素を正しくフォーマットした文字列を渡すと、データベースサーバーが自動的に変換してくれます。例として、映画レンタルの返却日を変更する文を見てみましょう。

```
UPDATE rental
SET return_date = '2019-09-17 15:30:00'
WHERE rental_id = 99999;
```

　set 句に指定されている文字列は datetime 型の列に値を設定するためのものなので、データベースサーバーはその文字列が datetime 型の値でなければならないと判断します。そこで、文字列の自動変換を試み、デフォルトの datetime フォーマットに含まれる6つの要素（年、月、日、時、分、秒）としてパースします。

文字列から日付への変換

　datetime 型の値が渡されることをデータベースサーバーが想定していない、あるいはデフォルト以外のフォーマットを使って datetime を表したい場合は、文字列を datetime に変換する必要があります。例として、cast 関数を使って datetime 型の値を返す単純なクエリを見てみましょう。

```
mysql> SELECT CAST('2019-09-17 15:30:00' AS DATETIME);
+-----------------------------------------+
| CAST('2019-09-17 15:30:00' AS DATETIME) |
+-----------------------------------------+
| 2019-09-17 15:30:00                     |
+-----------------------------------------+
1 row in set (0.00 sec)
```

　cast 関数については、本章の最後のほうで取り上げます。この例は datetime 型の値を生成する方法を示していますが、date 型と time 型にも同じロジックが適用されます。次のクエリは、cast 関数を使って date 型と time 型の値を生成します。

```
mysql> SELECT CAST('2019-09-17' AS DATE) date_field,
    ->        CAST('108:17:57' AS TIME) time_field;
+------------+------------+
| date_field | time_field |
+------------+------------+
| 2019-09-17 | 108:17:57  |
+------------+------------+
1 row in set (0.00 sec)
```

　もちろん、date、datetime、または time 型の値が渡されることをデータベースサーバーが想定していたとしても、変換をサーバーに任せるのではなく、明示的に行ってもよいのです。

　文字列が（明示的または暗黙的に）時間データに変換される場合は、日付の構成要素をすべて規定どおりの順番で指定しなければなりません。日付フォーマットに関してきわめて厳格なデータベースサーバーもありますが、MySQL サーバーは構成要素の間に使われるセパレータに関してかなり寛大です。たとえば、「2019年9月17日午後3時30分」の有効な文字列表現として、次のいずれかを使うことができます。

```
'2019-09-17 15:30:00'
'2019/09/17 15:30:00'
'2019,09,17,15,30,00'
'20190917153000'
```

このため、少し柔軟と言えば柔軟なのですが、デフォルトの日付要素を使わずに時間データを生成しなければならないこともあります。次項では、cast 関数よりもはるかに柔軟な組み込み関数を紹介します。

日付を生成するための関数

時間データを文字列から生成する必要があるが、文字列が cast 関数で使えるようなちゃんとした形式になっていないという場合もあります。そのような場合は、日付文字列に加えてフォーマット文字列を指定できる組み込み関数を利用できます。MySQL には、そのための関数として str_to_date が含まれています。たとえば、ファイルから 'September 17, 2019' という文字列を取り出し、この文字列を使って date 型の列を更新する必要があるとしましょう。この文字列は YYYY-MM-DD 形式になっていないため、cast 関数を使うには、文字列のフォーマットを変更しなければなりません。そこで、代わりに str_to_date 関数を使うという手があります。

```
UPDATE rental
SET return_date = STR_TO_DATE('September 17, 2019', '%M %d, %Y')
WHERE rental_id = 99999;
```

str_to_date 関数の 2 つ目の引数は日付文字列のフォーマットを定義します。この場合は、月の名前 (%M)、数字の日付 (%d)、4 桁の年 (%Y) というフォーマットを指定しています。有効なフォーマット要素は 30 種類以上もあるので、表7-4 に最もよく使われるものをまとめておきます。

表 7-4：日付フォーマットの構成要素

フォーマット要素	説明
%M	月の名前 (January 〜 December)
%m	数字の月 (01 〜 12)
%d	数字の日 (01 〜 31)
%j	通年日 (00 〜 366)
%W	曜日の名前 (Sunday 〜 Saturday)
%Y	4 桁の年
%y	2 桁の年
%H	時 (00 〜 23)
%h	時 (01 〜 12)
%i	分 (00 〜 59)
%s	秒 (00 〜 59)
%f	マイクロ秒 (000000 〜 999999)
%p	午前 (A.M.) または午後 (P.M.)

str_to_date 関数は、フォーマット文字列の内容に応じて、datetime、date、または time 型の値を返します。たとえば、フォーマット文字列が %H、%i、%s だけで構成されている場合は、

time 型の値を返します。

 Oracle Database ユーザーは to_date 関数を MySQL の str_to_date 関数と同じように使うことができる。SQL Server にも convert 関数が含まれているが、MySQL や Oracle Database ほど柔軟ではない。このため、カスタムフォーマット文字列を指定するのではなく、あらかじめ定義されている 21 種類のフォーマットのいずれかに日付文字列を適合させる必要がある。

「現在」の日時を生成したい場合、文字列を組み立てる必要はありません。システムクロックにアクセスして現在の日時を文字列として返してくれる組み込み関数があるからです。

```
mysql> SELECT CURRENT_DATE(), CURRENT_TIME(), CURRENT_TIMESTAMP();
+----------------+----------------+---------------------+
| CURRENT_DATE() | CURRENT_TIME() | CURRENT_TIMESTAMP() |
+----------------+----------------+---------------------+
| 2021-01-01     | 17:35:24       | 2021-01-01 17:35:24 |
+----------------+----------------+---------------------+
1 row in set (0.00 sec)
```

これらの関数から返される値は、その関数が返すことになっている時間データ型のデフォルトフォーマットに従っています。Oracle Database には、current_date 関数と current_timestamp 関数がありますが、current_time 関数はありません。SQL Server には、current_timestamp 関数だけが含まれています。

7.3.3　時間データを操作する

ここでは、日付型の引数を受け取り、日付、文字列、または数値を返す組み込み関数を紹介します。

日付を返す時間関数

組み込みの時間関数の多くは、引数として日付を 1 つ受け取り、別の日付を返します。たとえば、MySQL の date_add 関数を使うと、指定した日付に期間（日数、月数、年数）を足して新しい日付を生成できます。たとえば、現在の日付に 5 日間を足す方法は次のようになります。

```
mysql> SELECT DATE_ADD(CURRENT_DATE(), INTERVAL 5 DAY);
+------------------------------------------+
| DATE_ADD(CURRENT_DATE(), INTERVAL 5 DAY) |
+------------------------------------------+
| 2021-01-05                               |
+------------------------------------------+
1 row in set (0.00 sec)
```

2 つ目の引数は、interval キーワード、目的の期間、期間の種類という 3 つの要素で構成されています。期間の種類としてよく使われるものを表 7-5 にまとめておきます。

表7-5：よく使われる期間

期間名	説明
second	秒数
minute	分数
hour	時間数
day	日数
month	月数
year	年数
minute_second	コロン（:）で区切られた分数と秒数
hour_second	コロンで区切られた時間数、分数、秒数
year_month	ハイフン（-）で区切られた年数と月数

表7-5の最初の6種類の期間については説明するまでもないでしょう。最後の3つは複数の要素で構成されるため、少し説明が必要です。たとえば、レンタルの返却日が実際には3時間27分11秒後だったという報告があった場合は、次の方法で修正できます。

```
UPDATE rental
SET return_date = DATE_ADD(return_date, INTERVAL '3:27:11' HOUR_SECOND)
WHERE rental_id = 99999;
```

この場合、date_add関数は、return_date列の値を取り出し、その値に3時間27分11秒を足します。あとは、その結果を使ってreturn_date列を更新できます。

あるいは、人事部に勤務していて、ID 4789の社員の年齢が実際よりも若く登録されていることに気付いたとしましょう。この場合は、この社員の生年月日に9年11か月を足すことができます。

```
UPDATE employee
SET birth_date = DATE_ADD(birth_date, INTERVAL '9-11' YEAR_MONTH)
WHERE emp_id = 4789;
```

SQL Serverユーザーはdateadd関数を使って同じ目的を達成できる。

```
UPDATE employee
SET birth_date = DATEADD(MONTH, 119, birth_date)
WHERE emp_id = 4789
```

SQL Serverには期間を組み合わせる機能（year_monthなど）がないため、ここでは9年11か月を119か月に変換している。

Oracle Databaseユーザーはadd_months関数を使うことができる。

```
UPDATE employee
SET birth_date = ADD_MONTHS(birth_date, 119)
WHERE emp_id = 4789;
```

　場合によっては、日付に期間を足したいと考えていて、目的の日付はわかっているものの、そのために必要な日数がわからないかもしれません。たとえば、銀行の顧客がオンラインバンキングシステムにログインし、月末の振替を予約するとしましょう。このような場合は、現在の月を調べて日数を割り出すコードを書く代わりに、last_day 関数を呼び出すだけで済みます（この関数はMySQL と Oracle に含まれています。SQL Sever には、同等の関数はありません）。顧客が 2019 年9 月 17 日に振替を予約する場合は、9 月の最終日を次の方法で割り出すことができます。

```
mysql> SELECT LAST_DAY('2019-09-17');
+------------------------+
| LAST_DAY('2019-09-17') |
+------------------------+
| 2019-09-30             |
+------------------------+
1 row in set (0.00 sec)
```

　last_day 関数は、date または datetime 型の値を指定すると、常に date 型の値を返します。それほど時間の節約になるようには思えないかもしれませんが、内部のロジックはなかなか複雑です。たとえば、2 月の最終日を突き止めたい場合は、その年がうるう年かどうかを調べる必要があります。

文字列を返す時間関数

　文字列値を返す時間関数のほとんどは、日付や時刻の一部を取り出すために使われます。たとえば MySQL には、指定された日付の曜日を割り出すための dayname 関数があります。

```
mysql> SELECT DAYNAME('2019-09-18');
+-----------------------+
| DAYNAME('2019-09-18') |
+-----------------------+
| Wednesday             |
+-----------------------+
1 row in set (0.00 sec)
```

　MySQL には、日付値から情報を取り出すための関数がいろいろ含まれていますが、代わりにextract 関数を使うことをお勧めします。なぜなら、何種類もの関数を覚えるよりも、1 つの関数の使い方を何通りか覚えるほうが楽だからです。それに加えて、extract 関数は ANSI SQL:2003規格の一部であり、MySQL だけではなく Oracle Database でも実装されています。

　extract 関数は、date_add 関数と同じ種類の期間を使って（表 7-5 を参照）、指定された日付の要素を定義します。たとえば、datetime 型の値から年の部分だけを取り出す方法は次のようになります。

```
mysql> SELECT EXTRACT(YEAR FROM '2019-09-18 22:19:05');
+------------------------------------------+
| EXTRACT(YEAR FROM '2019-09-18 22:19:05') |
+------------------------------------------+
|                                     2019 |
+------------------------------------------+
1 row in set (0.00 sec)
```

SQL Server は extract 関数を実装していないが、datepart という関数がある。この関数を使って datetime 型の値から年の部分を取り出す方法は次のようになる。

```
SELECT DATEPART(YEAR, GETDATE())
```

数値を返す時間関数

　本章では、日付値に期間を足して新しい日付を生成する関数を紹介しました。日付を扱うときには、2つの日付値から期間（日数、週数、年数）を割り出すこともよくあります。MySQL には、そのための関数として datediff が含まれています。この関数は、2つの日付の期間を完全な日数として返します。たとえば、子供の夏休みの日数を知りたい場合は、次のクエリを実行できます。

```
mysql> SELECT DATEDIFF('2019-09-03', '2019-06-21');
+--------------------------------------+
| DATEDIFF('2019-09-03', '2019-06-21') |
+--------------------------------------+
|                                   74 |
+--------------------------------------+
1 row in set (0.00 sec)
```

　というわけで、学校が始まって平和な日々を取り戻すまでに、うるしにかぶれ、蚊にさされ、ひざをすりむく日々が74日間も続くというわけです。datediff 関数は引数に時刻が指定されても無視します。時刻を追加して1つ目の日付を午前0時の1秒前、2つ目の日付を午前0時の1秒後に設定したとしても、計算結果にはまったく影響を与えません。

```
mysql> SELECT DATEDIFF('2019-09-03 23:59:59', '2019-06-21 00:00:01');
+--------------------------------------------------------+
| DATEDIFF('2019-09-03 23:59:59', '2019-06-21 00:00:01') |
+--------------------------------------------------------+
|                                                     74 |
+--------------------------------------------------------+
1 row in set (0.00 sec)
```

　引数を入れ替えて、古いほうの日付を先にした場合、datediff 関数は負の値を返します。

```
mysql> SELECT DATEDIFF('2019-06-21', '2019-09-03');
+--------------------------------------+
| DATEDIFF('2019-06-21', '2019-09-03') |
+--------------------------------------+
|                                  -74 |
+--------------------------------------+
1 row in set (0.00 sec)
```

datediff 関数は SQL Server にも含まれているが、MySQL の実装よりも柔軟で、2 つの日付の日数を数えるだけではなく、期間の種類（年、月、日、時）も指定できる。先の例を SQL Server で実行すると、次のようになる。

```
SELECT DATEDIFF(DAY, '2019-06-21', '2019-09-03')
```

Oracle Database で 2 つの日付から日数を割り出すには、単に一方の日付からもう一方の日付を引けばよい。

7.4　変換関数

本章では、cast 関数を使って文字列を datetime 型の値に変換する方法を紹介しました。データベースサーバーにはそれぞれデータの型変換を行うための独自仕様の関数が含まれていますが、本書では cast 関数を使うことをお勧めします。この関数は ANSI SQL:2003 規格の一部であり、MySQL、Oracle、SQL Server によって実装されているからです。

cast 関数を使うには、値または式、as キーワード、変換先の型を順番に指定します。文字列を整数に変換する方法は次のようになります。

```
mysql> SELECT CAST('1456328' AS SIGNED INTEGER);
+-----------------------------------+
| CAST('1456328' AS SIGNED INTEGER) |
+-----------------------------------+
|                           1456328 |
+-----------------------------------+
1 row in set (0.00 sec)
```

文字列を数値に変換する際、cast 関数は文字列全体を左から右へ変換しようとします。文字列から数字ではない文字が検出された場合、変換はそこで終了しますが、エラーにはなりません。

```
mysql> SELECT CAST('999ABC111' AS UNSIGNED INTEGER);
+---------------------------------------+
| CAST('999ABC111' AS UNSIGNED INTEGER) |
+---------------------------------------+
|                                   999 |
+---------------------------------------+
```

```
1 row in set, 1 warning (0.00 sec)

mysql> show warnings;
+---------+------+-------------------------------------------------+
| Level   | Code | Message                                         |
+---------+------+-------------------------------------------------+
| Warning | 1292 | Truncated incorrect INTEGER value: '999ABC111'  |
+---------+------+-------------------------------------------------+
1 row in set (0.00 sec)
```

　この場合、文字列内の最初の3つの数字は変換されますが、残りの部分は変換されず、結果として999という値が生成されます。ただし、文字列が完全に変換されなかったことを知らせる警告がデータベースサーバーによって生成されます。

　cast 関数にはフォーマット文字列を指定できないため、文字列を date、datetime、または time 型の値に変換する場合は、それぞれの型のデフォルトフォーマットを使う必要があります。日付を表す文字列がデフォルトフォーマット（datetime 型の場合は YYYY-MM-DD HH:MI:SS）ではない場合は、前述の MySQL の str_to_date 関数など、別の関数を使う必要があります。

7.5　練習問題

　次の練習問題では、本章で取り上げた組み込み関数をどれくらい理解できたかをテストします。解答は付録 B にあります。

7-1　文字列 'Please find the substring in this string' の17文字目から25文字目までの文字列を返すクエリを作成してみよう。

7-2　–25.76823 の絶対値と符号（–1、0、または1）を返すクエリを作成してみよう。また、小数点以下2桁で丸めた値も返すようにしてみよう。

7-3　現在の日付から月の部分だけを取り出すクエリを作成してみよう。

8章
グループ化と集計

データベースのユーザーが必要とするデータの単位はさまざまなので、データを格納するときにはそのうち最も小さな単位を使うというのが一般的です。たとえば、アカウントを管理しているChuck が個々の顧客の取引を調べる必要があるとしたら、取引を個別に記録するテーブルがデータベースに存在しなければなりません。とはいえ、すべてのユーザーがデータベースに保存されているデータをそのままの形で扱わなければならないというわけではありません。本章では、データをグループ化したり集計したりすることで、データベースに格納するときよりも大きな単位でデータを操作できるようにする方法を重点的に見ていきます。

8.1　グループ化

データにどのような傾向があるか調べたいので、結果セットを生成する前にデータベースサーバー側でデータを少し加工したいことがあります。たとえば、得意客に無料クーポンを送付するとしましょう。データベースサーバーに保存されている素のデータを調べるのは簡単です。

```
mysql> SELECT customer_id FROM rental;
+-------------+
| customer_id |
+-------------+
|           1 |
|           1 |
|           1 |
|           1 |
|           1 |
|           1 |
......
|         599 |
|         599 |
|         599 |
|         599 |
|         599 |
+-------------+
16044 rows in set (0.05 sec)
```

　のべ599人の顧客が16,000件のレンタル記録に散らばっており、素のデータを調べてレンタル
回数が最も多い顧客を調べるというのは現実的ではありません。そこで代わりに、group by句を
使ってデータベースサーバーにデータをグループ化させることができます。同じクエリにgroup
by句を追加して、顧客IDに基づいてレンタルデータをグループ化してみましょう。

```
mysql> SELECT customer_id
    -> FROM rental
    -> GROUP BY customer_id;
+-------------+
| customer_id |
+-------------+
|           1 |
|           2 |
|           3 |
|           4 |
|           5 |
|           6 |
......
|         594 |
|         595 |
|         596 |
|         597 |
|         598 |
|         599 |
+-------------+
599 rows in set (0.00 sec)
```

　この結果セットはcustomer_id列の一意な値ごとに行を1つ含んでおり、行の個数が16,044行
から599行に減っています。結果セットが小さくなったわけは、複数回にわたってレンタルしてい
る顧客がいるためです。各顧客のレンタル回数を確認するには、各グループの行の個数を数える**集
計関数**（aggregate function）をselect句に追加します。

```
mysql> SELECT customer_id, count(*)
    -> FROM rental
    -> GROUP BY customer_id;
+-------------+----------+
| customer_id | count(*) |
+-------------+----------+
|           1 |       32 |
|           2 |       27 |
|           3 |       26 |
|           4 |       22 |
|           5 |       38 |
|           6 |       28 |
......
|         594 |       27 |
|         595 |       30 |
|         596 |       28 |
|         597 |       25 |
|         598 |       22 |
```

```
|          599 |        19 |
+-------------+----------+
599 rows in set (0.00 sec)
```

　集計関数 count は各グループの行の個数をカウントします。アスタリスク (*) を指定すると、データベースサーバーがグループ内のメンバーの総数を数えます。group by 句と count 関数を組み合わせれば、データベースのデータをじかに調べることなく、ビジネス上の質問に答えるのに必要なデータを正確に生成できます。

　この結果セットを調べてみると、顧客 ID が 1 の顧客のレンタル回数が 32 で、顧客 ID が 597 の顧客のレンタル回数が 25 であることがわかります。レンタル回数が最も多い顧客を突き止めるのに必要なのは、order by 句を追加することだけです。

```
mysql> SELECT customer_id, count(*)
    -> FROM rental
    -> GROUP BY customer_id
    -> ORDER BY 2 DESC;
+-------------+----------+
| customer_id | count(*) |
+-------------+----------+
|         148 |       46 |
|         526 |       45 |
|         144 |       42 |
|         236 |       42 |
|          75 |       41 |
......
|         136 |       15 |
|         248 |       15 |
|          61 |       14 |
|         110 |       14 |
|         281 |       14 |
|         318 |       12 |
+-------------+----------+
599 rows in set (0.00 sec)
```

　結果を並べ替えてみると、顧客 ID 148 の顧客のレンタル回数 (46) が最も多く、顧客 ID 318 の顧客のレンタル回数 (12) が最も少ないことがすぐにわかります。

　データをグループ化するときには、データベース上の素のデータではなく、グループ化したデータに基づいて、結果セットから不要なデータを取り除く必要があるかもしれません。group by 句が実行されるのは where 句が評価された後なので、そのためのフィルタ条件を where 句に追加するというわけにはいきません。たとえば、レンタル回数が 40 未満の顧客を除外するために次のクエリを実行したとしましょう。

```
mysql> SELECT customer_id, count(*)
    -> FROM rental
    -> WHERE count(*) >= 40
    -> GROUP BY customer_id;
ERROR 1111 (HY000): Invalid use of group function
```

集計関数 count(*) を where 句で参照できないのは、where 句が評価される時点では、まだグループが生成されていないからです。グループのフィルタ条件は代わりに having 句に追加しなければなりません。having 句を使ったクエリは次のようになります。

```
mysql> SELECT customer_id, count(*)
    -> FROM rental
    -> GROUP BY customer_id
    -> HAVING count(*) >= 40;
+-------------+----------+
| customer_id | count(*) |
+-------------+----------+
|          75 |       41 |
|         144 |       42 |
|         148 |       46 |
|         197 |       40 |
|         236 |       42 |
|         469 |       40 |
|         526 |       45 |
+-------------+----------+
7 rows in set (0.00 sec)
```

メンバーの個数が 40 未満のグループは having 句によって取り除かれるため、結果セットにはレンタル回数が 40 以上の顧客だけが含まれています。

8.2　集計関数

集計関数はグループ内のすべての行に対して特定の演算を実行します。各データベースサーバーにはそのサーバーならではの集計関数がありますが、主要なデータベースサーバーが実装している集計関数のうち、よく使われているのは次の5つです。

max()
　　集合内の最大値を返す。
min()
　　集合内の最小値を返す。
avg()
　　集合内の平均値を返す。

sum()

集合内の値の合計を返す。

count()

集合内の値の個数を返す。

これらの集計関数をすべて使ってレンタル料金に関するデータを分析してみましょう。

```
mysql> SELECT MAX(amount) max_amt,
    ->            MIN(amount) min_amt,
    ->            AVG(amount) avg_amt,
    ->            SUM(amount) tot_amt,
    ->            COUNT(*) num_payments
    -> FROM payment;
+---------+---------+----------+----------+--------------+
| max_amt | min_amt | avg_amt  | tot_amt  | num_payments |
+---------+---------+----------+----------+--------------+
|   11.99 |    0.00 | 4.200667 | 67416.51 |        16049 |
+---------+---------+----------+----------+--------------+
1 row in set (0.02 sec)
```

このクエリの結果から、payment テーブルの 16,049 行のデータを分析したところ、レンタル料金の最高額が 11.99 ドル、最低額が 0 ドル、平均額が 4.2 ドル、総額が 67,416.61 ドルだったことがわかります。これらの集計関数の役割がどのようなものか理解できたでしょうか。ここでは、これらの関数の使い方をさらに詳しく見ていきます。

8.2.1 暗黙的なグループと明示的なグループ

先の例では、クエリから返される値はどれも集計関数によって生成されたものです。group by 句は含まれていないため、**暗黙的な**グループ（payment テーブルのすべての行からなるグループ）が 1 つだけ存在することになります。

しかし、ほとんどの場合は、集計関数が生成した列に加えて、他の列も取得したいと考えます。たとえば、先のクエリを拡張し、5 つの集計関数をすべての顧客にまたがって実行するのではなく、顧客ごとに実行したい場合はどうなるでしょうか。5 つの集計関数が生成する列に加えて customer_id 列を取得したい場合は、次のようになります。

```
SELECT customer_id,
  MAX(amount) max_amt,
  MIN(amount) min_amt,
  AVG(amount) avg_amt,
  SUM(amount) tot_amt,
  COUNT(*) num_payments
FROM payment;
```

しかし、このクエリを実行すると次のようなエラーになってしまいます。

```
ERROR 1140 (42000): In aggregated query without GROUP BY, expression #1 of
SELECT list contains nonaggregated column ...
```

　このクエリが失敗するのは、payment テーブルに存在する顧客ごとに集計関数を適用したがっ
ていることがあなたにとっては明白であっても、データベースサーバーにとってはそうではないた
めです。というのも、データをグループ化する方法を**明示的**に指定していないからです。そこで、
group by 句を追加して集計関数を適用するグループを指定する必要があります。

```
mysql> SELECT customer_id,
    ->     MAX(amount) max_amt,
    ->     MIN(amount) min_amt,
    ->     AVG(amount) avg_amt,
    ->     SUM(amount) tot_amt,
    ->     COUNT(*) num_payments
    -> FROM payment
    -> GROUP BY customer_id;
+-------------+---------+---------+----------+---------+--------------+
| customer_id | max_amt | min_amt | avg_amt  | tot_amt | num_payments |
+-------------+---------+---------+----------+---------+--------------+
|           1 |    9.99 |    0.99 | 3.708750 |  118.68 |           32 |
|           2 |   10.99 |    0.99 | 4.767778 |  128.73 |           27 |
|           3 |   10.99 |    0.99 | 5.220769 |  135.74 |           26 |
|           4 |    8.99 |    0.99 | 3.717273 |   81.78 |           22 |
|           5 |    9.99 |    0.99 | 3.805789 |  144.62 |           38 |
|           6 |    7.99 |    0.99 | 3.347143 |   93.72 |           28 |
......
|         594 |    8.99 |    0.99 | 4.841852 |  130.73 |           27 |
|         595 |   10.99 |    0.99 | 3.923333 |  117.70 |           30 |
|         596 |    6.99 |    0.99 | 3.454286 |   96.72 |           28 |
|         597 |    8.99 |    0.99 | 3.990000 |   99.75 |           25 |
|         598 |    7.99 |    0.99 | 3.808182 |   83.78 |           22 |
|         599 |    9.99 |    0.99 | 4.411053 |   83.81 |           19 |
+-------------+---------+---------+----------+---------+--------------+
599 rows in set (0.02 sec)
```

　group by 句を追加したので、customer_id 列の値が同じである行がグループ化され、続いて
599 個のグループごとに 5 つの集計関数が適用されています。

8.2.2　異なる値を数える

　count 関数を使って各グループのメンバーの個数を割り出すときには、次の 2 つの方法がありま
す。

- グループ内のメンバーの総数を数える。
- グループ内のすべてのメンバーのうち列の値が異なるものだけを数える。

　例として、この2つの方法でcount関数とcustomer_id列を使うクエリを見てみましょう。

```
mysql> SELECT COUNT(customer_id) num_rows,
    ->         COUNT(DISTINCT customer_id) num_customers
    -> FROM payment;
+----------+---------------+
| num_rows | num_customers |
+----------+---------------+
|    16049 |           599 |
+----------+---------------+
1 row in set (0.01 sec)
```

　このクエリの1列目はpaymentテーブルの行の個数を数えるだけですが、2列目はcustomer_id列の値を調べて、値が異なるもの（一意な値）だけを数えます。つまり、distinctを指定すると、count関数は単にグループ内のメンバーの総数を割り出すのではなく、グループ内のメンバーごとに列の値を調べて重複を取り除くようになります。

8.2.3　式を使う

　集計関数の引数として列を使うことに加えて、式を使うこともできます。たとえば、映画が貸し出されてから返却されるまでにかかった日数の最大値を調べたいとしましょう。そのためのクエリは次のようになります。

```
mysql> SELECT MAX(datediff(return_date,rental_date))
    -> FROM rental;
+----------------------------------------+
| MAX(datediff(return_date,rental_date)) |
+----------------------------------------+
|                                     10 |
+----------------------------------------+
1 row in set (0.01 sec)
```

　各レンタルの貸出日から返却日までの日数の計算にはdatediff関数、最大値の計算にはmax関数を使っています。最長貸出期間が10日間であることがわかります。

　この例ではごく単純な式を使いましたが、集計関数の引数として使う式はどれくらい複雑なものでもかまいません。ただし、その式が数値、文字列、または日付を返すことが前提となります。11章では、case式と集計関数を組み合わせて特定の行を集計に含めるべきかどうかを判断する方法を紹介します。

8.2.4　nullをどのように扱うか

　集計、あるいは何らかの数値計算を実行するときには、計算の結果にnull値がどのような影響をおよぼすかについて常に考慮すべきです。具体的な例として、数値データを保持する単純なテーブルを作成し、{1, 3, 5}という値を追加するとしましょう。

```
mysql> CREATE TABLE number_tbl
    -> (val SMALLINT);
Query OK, 0 rows affected (0.01 sec)

mysql> INSERT INTO number_tbl VALUES (1);
Query OK, 1 row affected (0.00 sec)

mysql> INSERT INTO number_tbl VALUES (3);
Query OK, 1 row affected (0.00 sec)

mysql> INSERT INTO number_tbl VALUES (5);
Query OK, 1 row affected (0.00 sec)
```

次のクエリは number_tbl テーブルの値に対して5つの集計関数を実行します。

```
mysql> SELECT COUNT(*) num_rows,
    ->        COUNT(val) num_vals,
    ->        SUM(val) total,
    ->        MAX(val) max_val,
    ->        AVG(val) avg_val
    -> FROM number_tbl;
+----------+----------+-------+---------+---------+
| num_rows | num_vals | total | max_val | avg_val |
+----------+----------+-------+---------+---------+
|        3 |        3 |     9 |       5 |  3.0000 |
+----------+----------+-------+---------+---------+
1 row in set (0.00 sec)
```

結果は予想どおりで、count(*) と count(val) は3、sum(val) は9、max(val) は5、avg(val) は 3.0000 の値を返しています。次に、number_tbl テーブルに null の値を追加した後、このクエリを再び実行します。

```
mysql> INSERT INTO number_tbl VALUES (NULL);
Query OK, 1 row affected (0.00 sec)

mysql> SELECT COUNT(*) num_rows,
    ->        COUNT(val) num_vals,
    ->        SUM(val) total,
    ->        MAX(val) max_val,
    ->        AVG(val) avg_val
    -> FROM number_tbl;
+----------+----------+-------+---------+---------+
| num_rows | num_vals | total | max_val | avg_val |
+----------+----------+-------+---------+---------+
|        4 |        3 |     9 |       5 |  3.0000 |
+----------+----------+-------+---------+---------+
1 row in set (0.00 sec)
```

このテーブルに null 値を追加した後も、sum、max、avg の3つの関数から返される値は同じで、null 値を見つけても無視することがわかります。count(*) は4の値を返しています。number_tbl テーブルのデータは4行に増えたのでこれは当然ですが、count(val) は依然として3の値を

返しています。結果が食い違ってしまったのは、count(*) が数えるのは行の個数であるのに対し、count(val) が数えるのは val 列に含まれている値の個数であり、null 値を見つけても無視するためです。

8.3　グループを生成する

ユーザーがデータベースのデータをじかに調べたいと思うことはまれで、データ分析を担当しているエンジニアがユーザーのニーズに合わせてデータベースのデータを処理します。一般的なデータ処理の例をいくつか挙げておきます。

- ヨーロッパ全体での売り上げなど、地域の合計を求める。
- 2020 年の営業成績が最もよかった営業マンなど、特異値を求める。
- 各月にレンタルされた映画の本数など、頻度を求める。

このようなクエリを可能にするには、1 つ以上の列または式に基づいて行をグループ化する必要があります。ここまで見てきた例では、クエリ内でデータをグループ化するメカニズムは group by 句でした。ここでは、1 つ以上の列に基づいてデータをグループ化する方法、式を使ってデータをグループ化する方法、そしてグループ内で小計値を求める方法について説明します。

8.3.1　1 つの列によるグループ化

1 つの列に基づくグループ化は、最も単純で最もよく使われるグループ化です。たとえば、各俳優が出演している映画の本数が知りたい場合は、次に示すように、film_actor.actor_id 列でグループ化するだけで済みます。

```
mysql> SELECT actor_id, count(*)
    -> FROM film_actor
    -> GROUP BY actor_id;
+----------+----------+
| actor_id | count(*) |
+----------+----------+
|        1 |       19 |
|        2 |       25 |
|        3 |       22 |
|        4 |       22 |
|        5 |       29 |
......
|      196 |       30 |
|      197 |       33 |
|      198 |       40 |
```

```
|       199 |       15 |
|       200 |       20 |
+---------+---------+
200 rows in set (0.01 sec)
```

　このクエリは、俳優ごとに1つ、合計200個のグループを生成した後、各グループの映画の本数を合計します。

8.3.2　複数の列によるグループ化

　場合によっては、複数の列にまたがるグループを生成したいこともあります。前項の例を拡張し、各俳優が出演している映画の本数をレーティング（G、PGなど）ごとに集計したいとしましょう。このタスクを実行する方法は次のようになります。

```
mysql> SELECT fa.actor_id, f.rating, count(*)
    -> FROM film_actor fa
    ->   INNER JOIN film f
    ->   ON fa.film_id = f.film_id
    -> GROUP BY fa.actor_id, f.rating
    -> ORDER BY 1,2;
+----------+--------+----------+
| actor_id | rating | count(*) |
+----------+--------+----------+
|        1 | G      |        4 |
|        1 | PG     |        6 |
|        1 | PG-13  |        1 |
|        1 | R      |        3 |
|        1 | NC-17  |        5 |
|        2 | G      |        7 |
|        2 | PG     |        6 |
|        2 | PG-13  |        2 |
|        2 | R      |        2 |
|        2 | NC-17  |        8 |
......
|      199 | G      |        3 |
|      199 | PG     |        4 |
|      199 | PG-13  |        4 |
|      199 | R      |        2 |
|      199 | NC-17  |        2 |
|      200 | G      |        5 |
|      200 | PG     |        3 |
|      200 | PG-13  |        2 |
|      200 | R      |        6 |
|      200 | NC-17  |        4 |
+----------+--------+----------+
996 rows in set (0.01 sec)
```

　このクエリは、film_actorテーブルとfilmテーブルの結合によって得られた俳優と映画のレーティングの組み合わせごとに1つ、合計966個のグループを生成しています。rating列

が select 句だけではなく group by 句にも追加されていることがわかります。というのも、rating 列は max や count といった集計関数によって生成されるのではなく、テーブルから取得されるからです。

8.3.3 式によるグループ化

列を使ってグループを生成することに加えて、式によって生成された値に基づいてグループを生成することもできます。例として、レンタルを年ごとにグループ化するクエリを見てみましょう。

```
mysql> SELECT extract(YEAR FROM rental_date) year,
    ->    COUNT(*) how_many
    -> FROM rental
    -> GROUP BY extract(YEAR FROM rental_date);
+------+----------+
| year | how_many |
+------+----------+
| 2005 |    15862 |
| 2006 |      182 |
+------+----------+
2 rows in set (0.01 sec)
```

このクエリが使っている式はかなり単純です。rental テーブルの行をグループ化するために、extract 関数を使って日付から年の部分だけを取り出しています。

8.3.4 小計と総計を生成する

8.3.2 項では、俳優と映画のレーティングの組み合わせごとに映画の本数を数える例を紹介しました。ここで、俳優とレーティングの組み合わせごとの映画の本数だけではなく、各俳優が出演している映画の本数も知りたいとしましょう。そこで考えられるのは、別のクエリを実行して結果をマージする、クエリの結果をスプレッドシートに読み込む、あるいは Python スクリプトや Java プログラムなど、そのデータを使ってさらに計算を行うプログラムを作成するという方法です。ですが、もっとよい方法があります。with rollup オプションを使ってこの作業をデータベースサーバーに実行させるのです。8.3.2 項のクエリの group by 句に with rollup オプションを追加すると、次のようになります。

```
mysql> SELECT fa.actor_id, f.rating, count(*)
    -> FROM film_actor fa
    ->    INNER JOIN film f
    ->    ON fa.film_id = f.film_id
    -> GROUP BY fa.actor_id, f.rating WITH ROLLUP
    -> ORDER BY 1,2;
+----------+--------+----------+
| actor_id | rating | count(*) |
+----------+--------+----------+
|     NULL | NULL   |     5462 |
```

```
|         1 | NULL   |        19 |
|         1 | G      |         4 |
|         1 | NC-17  |         5 |
|         1 | PG     |         6 |
|         1 | PG-13  |         1 |
|         1 | R      |         3 |
|         2 | NULL   |        25 |
|         2 | G      |         7 |
|         2 | NC-17  |         8 |
|         2 | PG     |         6 |
|         2 | PG-13  |         2 |
|         2 | R      |         2 |
......
|       199 | NULL   |        15 |
|       199 | G      |         3 |
|       199 | NC-17  |         2 |
|       199 | PG     |         4 |
|       199 | PG-13  |         4 |
|       199 | R      |         2 |
|       200 | NULL   |        20 |
|       200 | G      |         5 |
|       200 | NC-17  |         4 |
|       200 | PG     |         3 |
|       200 | PG-13  |         2 |
|       200 | R      |         6 |
+----------+--------+----------+
1197 rows in set (0.01 sec)
```

　結果セットの内容が 201 行増えたことがわかります。内訳は、200 人の俳優ごとに 1 行、(俳優全員の) 総合計に 1 行です。200 人の俳優の総合計 (ロールアップ) を見ると、rating 列の値が null であることがわかります。これはロールアップがすべてのレーティングにまたがって実行されるためです。たとえば、actor_id 200 の 1 行目を見ると、この俳優が出演している映画の総数が 20 本で、各レーティングの個数 (NC-17 が 4 本、R が 6 本、PG-13 が 2 本、PG が 3 本、G が 5 本) の合計に等しいことがわかります。出力の 1 行目は総合計を表す行であり、actor_id 列と rating 列の両方に null 値が出力されています。1 行目の合計は 5,462 で、film_actor テーブルの行の個数と同じです。

Oracle Database を使っている場合、小計や総計を計算する構文は少し異なる。Oracle を使っているときは、先のクエリの group by 句を次のように記述する。

```
GROUP BY ROLLUP(fa.actor_id, f.rating)
```

この構文には、group by 句の列の一部を使って小計を計算できるという利点がある。たとえば、列 a、b、c に基づいてグループ化を行う場合は、列 b と c だけで小計を求めることができる。

```
GROUP BY a, ROLLUP(b, c)
```

　俳優ごとの小計に加えて、レーティングごとの小計も計算したい場合は、with cube オプションを使うことができます。このオプションはグループ化の対象となる列の「すべて」の組み合わせに対して小計値を生成します。残念ながら、MySQL 8.0 は with cube オプションを実装していませんが、SQL Server と Oracle Database では実装されています。

8.4　グループ化のフィルタ条件

　4章では、さまざまな種類のフィルタ条件を紹介し、それらの条件を where 句でどのように使うのかについて説明しました。フィルタ条件はデータをグループ化するときにも適用できます。ただし、フィルタ条件を適用するのはグループが生成された後です。この種のフィルタ条件は having 句に追加します。次のクエリを見てください。

```
mysql> SELECT fa.actor_id, f.rating, count(*)
    -> FROM film_actor fa
    ->   INNER JOIN film f
    ->   ON fa.film_id = f.film_id
    -> WHERE f.rating IN ('G','PG')
    -> GROUP BY fa.actor_id, f.rating
    -> HAVING count(*) > 9;
+----------+--------+----------+
| actor_id | rating | count(*) |
+----------+--------+----------+
|      137 | PG     |       10 |
|       37 | PG     |       12 |
|      180 | PG     |       12 |
|        7 | G      |       10 |
|       83 | G      |       14 |
|      129 | G      |       12 |
|      111 | PG     |       15 |
|       44 | PG     |       12 |
|       26 | PG     |       11 |
|       92 | PG     |       12 |
|       17 | G      |       12 |
|      158 | PG     |       10 |
|      147 | PG     |       10 |
|       14 | G      |       10 |
|      102 | PG     |       11 |
|      133 | PG     |       10 |
+----------+--------+----------+
16 rows in set (0.00 sec)
```

　where 句と having 句にフィルタ条件が1つずつ指定されていることがわかります。where 句のフィルタ条件はレーティングが G または PG ではない映画をすべて取り除きます。having 句のフィルタ条件は出演した映画が10本未満の俳優をすべて取り除きます。つまり、一方のフィルタはグループ化される「前」のデータに適用され、もう一方のフィルタはグループ化された「後」のデー

タに適用されます。誤って両方のフィルタを where 句に追加した場合は、次のようなエラーになります。

```
mysql> SELECT fa.actor_id, f.rating, count(*)
    -> FROM film_actor fa
    ->   INNER JOIN film f
    ->   ON fa.film_id = f.film_id
    -> WHERE f.rating IN ('G','PG')
    ->   AND count(*) > 9
    -> GROUP BY fa.actor_id, f.rating;
ERROR 1111 (HY000): Invalid use of group function
```

　このクエリがエラーになるのは、クエリの where 句には集計関数を追加できないためです。というのも、where 句のフィルタはグループ化が実行される「前」に評価されるため、グループに対して関数を実行したくてもできない状態だからです。

group by 句を含んでいるクエリにフィルタを追加するときには、そのフィルタが素のデータ（データベースのテーブルに格納されているデータ）に適用されるかどうかについてよく考える必要がある。データベース内のデータに適用するフィルタは where 句に指定し、グループ化されたデータに適用するフィルタは having 句に指定する。

8.5　練習問題

　次の練習問題では、本章で取り上げた SQL のグループ化機能と集計機能をどれくらい理解できたかをテストします。解答は付録 B にあります。

8-1　payment テーブルの行の個数を数えるクエリを作成してみよう。

8-2　練習問題 8-1 のクエリを変更して各顧客の支払い回数を数えるように書き換え、顧客ごとに顧客 ID と支払い金額の合計を表示してみよう。

8-3　練習問題 8-2 のクエリを変更し、支払い回数が 40 回以上の顧客だけを出力するように書き換えてみよう。

9章
サブクエリ

　サブクエリは SQL の4種類のデータ文のすべてで利用できる強力なツールです。サブクエリを利用すれば、データのフィルタリング、値の生成、そして一時的なデータセットの生成が可能です。本章では、その方法を詳しく見ていきます。少し試してみれば、サブクエリが SQL 言語の最も強力な機能の1つであることに納得がいくでしょう。

9.1　サブクエリとは何か

　サブクエリ（subquery）とは、別の SQL 文に含まれているクエリのことです（ここでは、この SQL 文を「外側の文」と呼ぶことにします）。サブクエリは常に丸かっこ（()）で囲まれ、通常は外側の文よりも先に実行されます。通常のクエリと同様に、サブクエリは次のいずれかで構成された結果セットを返します。

- 列が1つだけ含まれた1行のデータ
- 列が1つだけ含まれた複数行のデータ
- 複数の列が含まれた複数行のデータ

　サブクエリから返される結果セットの種類により、サブクエリの使い方と、外側の文がその結果セットにアクセスするために使える演算子が決まります。外側の文の実行が終了すると、サブクエリから返されたデータはすべて削除されます。このため、サブクエリは**文スコープ**（statement scope）の一時テーブルのような働きをします。文スコープは、SQL 文の実行が終了した後、サブクエリの結果セットのために確保されたメモリがすべて解放されることを意味します。

　ここまでの章でもサブクエリの例を見てきましたが、単純な例から始めることにしましょう。

```
mysql> SELECT customer_id, first_name, last_name
    -> FROM customer
    -> WHERE customer_id = (SELECT MAX(customer_id) FROM customer);
```

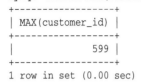

```
+-------------+------------+-----------+
| customer_id | first_name | last_name |
+-------------+------------+-----------+
|         599 | AUSTIN     | CINTRON   |
+-------------+------------+-----------+
1 row in set (0.01 sec)
```

このサブクエリは、customer テーブルの customer_id 列で見つかった値のうち最も大きいものを返しています。そして、外側の文がその顧客に関するデータを返しています。サブクエリが何をするのかがまだよくわからない場合は、サブクエリを単体で（丸かっこなしで）実行し、何が返されるか見てください。先の例には、次のサブクエリが含まれています。

```
mysql> SELECT MAX(customer_id) FROM customer;
+------------------+
| MAX(customer_id) |
+------------------+
|              599 |
+------------------+
1 row in set (0.00 sec)
```

このサブクエリの結果セットは1行1列なので、等号条件の式の1つとして使うことができます（サブクエリが2行以上のデータを返す場合、何かと**比較**することは可能ですが、何かと**等しくなる**ことはあり得ません。この点については、後ほど改めて説明します）。この場合は、サブクエリから返された値を、外側のクエリにあるフィルタ条件の右オペランドの式と置き換えることができます。

```
mysql> SELECT customer_id, first_name, last_name
    -> FROM customer
    -> WHERE customer_id = 599;
+-------------+------------+-----------+
| customer_id | first_name | last_name |
+-------------+------------+-----------+
|         599 | AUSTIN     | CINTRON   |
+-------------+------------+-----------+
1 row in set (0.00 sec)
```

このケースでは、サブクエリは有用です。というのも、1つのクエリで customer_id 列の最大値を取得し、もう1つのクエリで customer テーブルから適切なデータを取得する代わりに、顧客IDの最も大きな値に関する情報をたった1つのクエリで取得できるからです。このようにさまざまな状況で役立つサブクエリは、最も強力な SQL ツールの1つに数えられるかもしれません。

9.2　サブクエリの種類

前節では、サブクエリから返される結果セットの種類の違い（1行1列、1行複数列、複数行複数列）に言及しましたが、サブクエリを区別するための目安となるものがもう1つあります。サブクエリ

には、完全に自己完結型のサブクエリと、外側の文を参照するサブクエリがあります。前者は**非相関サブクエリ**（noncorrelated subquery）と呼ばれ、後者は**相関サブクエリ**（correlated subquery）と呼ばれます。以降の節では、この2種類のサブクエリと、それらを操作するために利用できるさまざまな演算子を調べることにします。

9.3 非相関サブクエリ

9.1節で見てもらったのは非相関サブクエリの例です。このサブクエリは単体でも実行できるもので、外側の文の何かを参照しません。update文やdelete文を作成する場合を除いて、あなたが出くわすほとんどのサブクエリは非相関サブクエリになるでしょう。相関サブクエリは（後述するように）update文やdelete文でよく使われます。9.1節の例は、非相関サブクエリであることに加えて、1行1列の結果セットを返します。このようなサブクエリは**スカラーサブクエリ**（scalar subquery）と呼ばれ、通常の演算子（=、<>、<、>、<=、>=）を使う条件のどちらかのオペランドで使うことができます。不等号条件にスカラーサブクエリを使う例を見てみましょう。

```
mysql> SELECT city_id, city
    -> FROM city
    -> WHERE country_id <>
    ->   (SELECT country_id FROM country WHERE country = 'India');
+---------+----------------------------+
| city_id | city                       |
+---------+----------------------------+
|       1 | A Corua (La Corua)         |
|       2 | Abha                       |
|       3 | Abu Dhabi                  |
|       4 | Acua                       |
|       5 | Adana                      |
|       6 | Addis Abeba                |
......
|     595 | Zapopan                    |
|     596 | Zaria                      |
|     597 | Zeleznogorsk               |
|     598 | Zhezqazghan                |
|     599 | Zhoushan                   |
|     600 | Ziguinchor                 |
+---------+----------------------------+
540 rows in set (0.00 sec)
```

このクエリはインド以外の国の都市をすべて返しています。文の最後の行にあるサブクエリは、インドの国IDを返します。そして外側のクエリは、この国IDを持たない都市をすべて返します。この例のサブクエリは非常に単純ですが、必要であればもっと複雑なサブクエリも作成できますし、利用可能な句（select、from、where、group by、having、order by）をどれでも利用できます。

　等号条件でサブクエリを使う場合は、そのサブクエリが複数行のデータを返すとエラーになります。たとえば先のクエリを書き換えて、サブクエリが「インドを除くすべての国」のID を返すようにした場合は、次のようなエラーになります。

```
mysql> SELECT city_id, city
    -> FROM city
    -> WHERE country_id <>
    ->   (SELECT country_id FROM country WHERE country <> 'India');
ERROR 1242 (21000): Subquery returns more than 1 row
```

　このサブクエリを単体で実行したときの結果を見てみましょう。

```
mysql> SELECT country_id FROM country WHERE country <> 'India';
+------------+
| country_id |
+------------+
|          1 |
|          2 |
|          3 |
|          4 |
......
|        106 |
|        107 |
|        108 |
|        109 |
+------------+
108 rows in set (0.00 sec)
```

　外側のクエリがエラーになるのは、1つの式((country_id))が式の集合(country_id = 1, 2, 3,..., 109)と等しいかどうかを比較することはできないからです。つまり、1つの何かが複数の何かと等しくなることはあり得ません。この問題は別の演算子を使って修正できます。さっそくその方法を見てみましょう。

9.3.1　複数行／単一列のサブクエリ

　先の例で示したように、サブクエリが複数の行を返す場合、そのサブクエリを等号条件のどちらかのオペランドとして使うことはできません。ただし、このようなサブクエリを使って条件を組み立てるときに利用できる演算子が4つあります。

in 演算子と not 演算子

　「1つの値」が「値の集合」と等しいかどうかを比較することはできませんが、「1つの値」が「値の集合」の中に含まれているかどうかを調べることは可能です。次の例では、in演算子を使って値の集合の中からある値を見つけ出すための条件を組み立てています（サブクエリは使っていません）。

```
mysql> SELECT country_id
    -> FROM country
    -> WHERE country IN ('Canada','Mexico');
+------------+
| country_id |
+------------+
|         20 |
|         60 |
+------------+
2 rows in set (0.00 sec)
```

条件の左オペランドの式はcountry列であり、右オペランドの式は文字列の集合です。in演算子はどちらかの文字列がcountry列で見つかるかどうかをチェックします。文字列が見つかった場合は、条件が満たされたので、その行を結果セットに追加します。しかし、次の2つの等号条件を使って同じ結果を得ようと思えばできないことはありません。

```
mysql> SELECT country_id
    -> FROM country
    -> WHERE country = 'Canada' OR country = 'Mexico';
+------------+
| country_id |
+------------+
|         20 |
|         60 |
+------------+
2 rows in set (0.00 sec)
```

この方法は、集合に含まれている値が2つだけならうまくいくのですが、集合に数百あるいは数千もの値が含まれている場合はどうなるでしょう。in演算子を使った1つの条件のほうが好ましい理由はすぐにわかるはずです。

条件の一方のオペランドで使うための文字列、日付、または数値の集合をわざわざ作成することもたまにありますが、多くの場合は1つ以上の行を返すサブクエリを使って集合を生成することになるでしょう。次のクエリは、フィルタ条件の右オペランドでin演算子とサブクエリを使ってカナダまたはメキシコのすべての都市を取得します。

```
mysql> SELECT city_id, city
    -> FROM city
    -> WHERE country_id IN
    ->   (SELECT country_id
    ->    FROM country
    ->    WHERE country IN ('Canada','Mexico'));
+---------+--------------------------+
| city_id | city                     |
+---------+--------------------------+
|     179 | Gatineau                 |
|     196 | Halifax                  |
|     300 | Lethbridge               |
|     313 | London                   |
```

```
|     383 | Oshawa                   |
|     430 | Richmond Hill            |
|     565 | Vancouver               |
......
|     452 | San Juan Bautista Tuxtepec |
|     541 | Torren                  |
|     556 | Uruapan                 |
|     563 | Valle de Santiago       |
|     595 | Zapopan                 |
+---------+--------------------------+
37 rows in set (0.00 sec)
```

　値の集合に特定の値が含まれているかどうかを確認できることに加えて、not in演算子を使ってその逆のことも確認できます。先のクエリのin演算子をnot in演算子に置き換えてみましょう。

```
mysql> SELECT city_id, city
    -> FROM city
    -> WHERE country_id NOT IN
    ->   (SELECT country_id
    ->    FROM country
    ->    WHERE country IN ('Canada','Mexico'));
+---------+--------------------------+
| city_id | city                    |
+---------+--------------------------+
|       1 | A Corua (La Corua)      |
|       2 | Abha                    |
|       3 | Abu Dhabi               |
|       5 | Adana                   |
|       6 | Addis Abeba             |
......
|     596 | Zaria                   |
|     597 | Zeleznogorsk            |
|     598 | Zhezqazghan             |
|     599 | Zhoushan                |
|     600 | Ziguinchor              |
+---------+--------------------------+
563 rows in set (0.00 sec)
```

　このクエリはカナダまたはメキシコではない国の都市をすべて返します。

all 演算子

　in演算子を利用すれば、ある式が式の集合の中から見つかるかどうかをチェックできますが、all演算子を利用すれば、ある値を集合内のすべての値と比較できます。このような条件を作成するには、比較演算子（=、<>、<、>など）の1つをall演算子と組み合わせる必要があります。たとえば、レンタル料がタダになったことがない顧客全員を見つけ出すクエリは次のようになります。

```
mysql> SELECT first_name, last_name
    -> FROM customer
    -> WHERE customer_id <> ALL
    ->   (SELECT customer_id
    ->    FROM payment
    ->    WHERE amount = 0);
+------------+------------+
| first_name | last_name  |
+------------+------------+
| MARY       | SMITH      |
| PATRICIA   | JOHNSON    |
| LINDA      | WILLIAMS   |
| BARBARA    | JONES      |
......
| EDUARDO    | HIATT      |
| TERRENCE   | GUNDERSON  |
| ENRIQUE    | FORSYTHE   |
| FREDDIE    | DUGGAN     |
| WADE       | DELVALLE   |
| AUSTIN     | CINTRON    |
+------------+------------+
576 rows in set (0.02 sec)
```

サブクエリはレンタル料金が 0 ドルだった顧客の ID を返します。そして外側のクエリは、サブ
クエリから返された結果セットに ID が含まれていない顧客全員の名前を返します。少しぎこちな
く感じたとしたら、それはあなただけではありません。ほとんどの人は、クエリを別の方法で記述
するほうを好み、all 演算子を使いません。たとえば、次の not in 演算子を使ったクエリでも同
じ結果が得られます。

```
SELECT first_name, last_name
FROM customer
WHERE customer_id NOT IN
  (SELECT customer_id
   FROM payment
   WHERE amount = 0);
```

要は好みの問題ですが、ほとんどの人は not in 演算子を使ったクエリのほうがわかりやすいと
感じるでしょう。

 not in または <> all を使って特定の値を値の集合と比較するときには、その集合に
null 値が含まれないように注意しなければならない。なぜなら、式の左オペランドの値は
集合内のすべてのメンバーと比較されるからだ。値が null と等しいかどうかを比較しよう
とすれば unknown になる。したがって、次のクエリは空の結果セットを返す。

```
mysql> SELECT first_name, last_name
    -> FROM customer
    -> WHERE customer_id NOT IN (122, 452, NULL);
Empty set (0.01 sec)
```

all演算子を使った例をもう1つ見てみましょう。ただし、今回はサブクエリがhaving句に含まれています。

```
mysql> SELECT customer_id, count(*)
    -> FROM rental
    -> GROUP BY customer_id
    -> HAVING count(*) > ALL
    ->   (SELECT count(*)
    ->    FROM rental r
    ->      INNER JOIN customer c
    ->      ON r.customer_id = c.customer_id
    ->      INNER JOIN address a
    ->      ON c.address_id = a.address_id
    ->      INNER JOIN city ct
    ->      ON a.city_id = ct.city_id
    ->      INNER JOIN country co
    ->      ON ct.country_id = co.country_id
    ->    WHERE co.country IN ('United States','Mexico','Canada')
    ->    GROUP BY r.customer_id
    ->   );
+-------------+----------+
| customer_id | count(*) |
+-------------+----------+
|         148 |       46 |
+-------------+----------+
1 row in set (0.01 sec)
```

サブクエリは北米の顧客全員のレンタル回数を返します。外側のクエリはレンタル回数が北米のどの顧客よりも多い顧客全員を返します。

any 演算子

all演算子と同様に、any演算子でも、ある値を値の集合と比較できます。ただし、all演算子を使った条件がtrueと評価とされるのは集合内のすべてのメンバーに対して比較が成立した場合だけですが、any演算子を使った条件は比較が1つでも成立した時点でtrueと評価されます。たとえば、レンタル料金の支払い総額がボリビアの顧客全員、パラグアイの顧客全員、またはチリの顧客全員の支払い総額よりも多い顧客を見つけ出したいとしましょう。

```
mysql> SELECT customer_id, sum(amount)
    -> FROM payment
    -> GROUP BY customer_id
    -> HAVING sum(amount) > ANY
    ->   (SELECT sum(p.amount)
    ->    FROM payment p
    ->      INNER JOIN customer c
    ->      ON p.customer_id = c.customer_id
    ->      INNER JOIN address a
    ->      ON c.address_id = a.address_id
    ->      INNER JOIN city ct
    ->      ON a.city_id = ct.city_id
```

```
    ->      INNER JOIN country co
    ->      ON ct.country_id = co.country_id
    ->    WHERE co.country IN ('Bolivia','Paraguay','Chile')
    ->    GROUP BY co.country
    ->  );
+-------------+-------------+
| customer_id | sum(amount) |
+-------------+-------------+
|         137 |      194.61 |
|         144 |      195.58 |
|         148 |      216.54 |
|         178 |      194.61 |
|         459 |      186.62 |
|         526 |      221.55 |
+-------------+-------------+
6 rows in set (0.02 sec)
```

　サブクエリはボリビアの顧客全員、パラグアイの顧客全員、チリの顧客全員の支払い総額を返します。外側のクエリは支払い総額が少なくとも1つの国の支払い総額よりも多い顧客を返します(このような顧客の1人だったとしたら、Netflixをキャンセルしてボリビアか、パラグアイか、チリを旅行したほうが楽しいかも)。

　　　　ほとんどの人はinを使うほうを好むが、= any はin演算子を使うのと同じである。

9.3.2　複数列のサブクエリ

　本章で見てきたサブクエリの例は、列が1つだけの行をいくつか返すものでした。しかし、状況によっては、列を2つ以上返すサブクエリを使うこともできます。このような複数列のサブクエリの用途を理解するために、まず単一列のサブクエリを複数使う例を見てみましょう。

```
mysql> SELECT fa.actor_id, fa.film_id
    -> FROM film_actor fa
    -> WHERE fa.actor_id IN
    ->   (SELECT actor_id FROM actor WHERE last_name = 'MONROE')
    ->   AND fa.film_id IN
    ->   (SELECT film_id FROM film WHERE rating = 'PG');
+----------+---------+
| actor_id | film_id |
+----------+---------+
|      120 |      63 |
|      120 |     144 |
|      120 |     414 |
|      120 |     590 |
|      120 |     715 |
```

```
|      120 |     894 |
|      178 |     164 |
|      178 |     194 |
|      178 |     273 |
|      178 |     311 |
|      178 |     983 |
+----------+---------+
11 rows in set (0.00 sec)
```

　このクエリはサブクエリを2つ使っています。1つ目のサブクエリはラストネームがMonroeである俳優をすべて特定し、2つ目のサブクエリはレーティングがPGである映画をすべて特定します。外側のクエリは、この情報をもとに、Monroeという俳優が出演した映画のレーティングがPGだったケースをすべて洗い出します。しかし、2つの単一列のサブクエリを1つの複数列のサブクエリにまとめ、結果をfilm_actorテーブルの2つの列と比較することも可能です。そのためには、film_actorテーブルの両方の列を、サブクエリから返されるときと同じ順序で、丸かっこで囲んでフィルタ条件に指定する必要があります。

```
mysql> SELECT actor_id, film_id
    -> FROM film_actor
    -> WHERE (actor_id, film_id) IN
    ->   (SELECT a.actor_id, f.film_id
    ->    FROM actor a
    ->      CROSS JOIN film f
    ->    WHERE a.last_name = 'MONROE' AND f.rating = 'PG'
    ->   );
+----------+---------+
| actor_id | film_id |
+----------+---------+
|      120 |      63 |
|      120 |     144 |
|      120 |     414 |
|      120 |     590 |
|      120 |     715 |
|      120 |     894 |
|      178 |     164 |
|      178 |     194 |
|      178 |     273 |
|      178 |     311 |
|      178 |     983 |
+----------+---------+
11 rows in set (0.00 sec)
```

　機能的には先のクエリと同じですが、それぞれ1つの列を返す2つのサブクエリの代わりに、2つの列を返すサブクエリを1つだけ使っています。このサブクエリは**クロス結合**（cross join）と呼ばれる種類の結合を使っています。クロス結合については次章で詳しく見ていきます。基本的には、Monroeという名前の俳優（2人）とレーティングがPGの映画（194本）のすべての組み合わせ（合計388行）のうち、film_actorテーブルで見つかる11行を返します。

9.4　相関サブクエリ

　ここまで見てきたサブクエリはどれも外側の文には依存していません。つまり、それらのサブクエリを単体で実行し、結果を調べることができます。これに対し、**相関サブクエリ**（correlated subquery）は、外側の文の列を1つ以上参照するという点で、外側の文に依存しています。非相関サブクエリとは異なり、相関サブクエリは外側の文よりも先に実行されるのではなく、候補行（最終的な結果に含まれる可能性がある行）ごとに実行されます。たとえば、次のクエリは相関サブクエリを使って顧客ごとにレンタルの回数を数えた後、外側のクエリでレンタル回数がちょうど20回の顧客を取得します。

```
mysql> SELECT c.first_name, c.last_name
    -> FROM customer c
    -> WHERE 20 =
    ->   (SELECT count(*)
    ->    FROM rental r
    ->    WHERE r.customer_id = c.customer_id);
+------------+-------------+
| first_name | last_name   |
+------------+-------------+
| LAUREN     | HUDSON      |
| JEANETTE   | GREENE      |
| TARA       | RYAN        |
| WILMA      | RICHARDS    |
| JO         | FOWLER      |
| KAY        | CALDWELL    |
| DANIEL     | CABRAL      |
| ANTHONY    | SCHWAB      |
| TERRY      | GRISSOM     |
| LUIS       | YANEZ       |
| HERBERT    | KRUGER      |
| OSCAR      | AQUINO      |
| RAUL       | FORTIER     |
| NELSON     | CHRISTENSON |
| ALFREDO    | MCADAMS     |
+------------+-------------+
15 rows in set (0.01 sec)
```

　サブクエリの最後のほうで参照している c.customer_id が、このサブクエリが相関サブクエリであることを示しています。このサブクエリを実行するには、外側のクエリが c.customer_id の値を提供しなければならないからです。この場合、外側のクエリは customer テーブルからすべての行（599行）を取得し、顧客ごとにサブクエリを実行しますが、サブクエリを実行するたびに適切な顧客IDを渡します。サブクエリが20の値を返した場合はフィルタ条件を満たしているため、その行を結果セットに追加します。

1つ注意しておくと、相関サブクエリは外側のクエリの行ごとに実行されるため、外側のクエリが大量の行を返す場合はパフォーマンスが問題になることがある。

　相関サブクエリを使えるのは等号条件だけではありません。次に示す範囲条件など、他の条件でも使えます。

```
mysql> SELECT c.first_name, c.last_name
    -> FROM customer c
    -> WHERE
    ->   (SELECT sum(p.amount) FROM payment p WHERE p.customer_id = c.customer_id)
    ->   BETWEEN 180 AND 240;
+------------+-----------+
| first_name | last_name |
+------------+-----------+
| RHONDA     | KENNEDY   |
| CLARA      | SHAW      |
| ELEANOR    | HUNT      |
| MARION     | SNYDER    |
| TOMMY      | COLLAZO   |
| KARL       | SEAL      |
+------------+-----------+
6 rows in set (0.03 sec)
```

　このクエリは、レンタル料金の支払い総額が180ドルから240ドルの顧客全員を返します。この場合も、相関サブクエリが599回（顧客行につき1回）実行され、サブクエリを実行するたびにその顧客の支払い総額が返されます。

このクエリには、小さな違いがもう1つあります。サブクエリが条件の左オペランドにあることです。少し変に感じるかもしれませんが、完全に有効です。

9.4.1　exists 演算子

　相関サブクエリは等号条件や範囲条件でよく使われますが、相関サブクエリを活用した条件を組み立てるときに最もよく使われる演算子は exists です。この演算子は、分量に関係なくある関係が存在するかどうかを突き止めたいときに使います。たとえば次のクエリは、レンタルした映画の本数に関係なく、2005年5月25日よりも前に映画を少なくとも1本レンタルした顧客をすべて返します。

```
mysql> SELECT c.first_name, c.last_name
    -> FROM customer c
    -> WHERE EXISTS
    ->   (SELECT 1 FROM rental r
    ->    WHERE r.customer_id = c.customer_id
    ->      AND date(r.rental_date) < '2005-05-25');
+------------+-------------+
| first_name | last_name   |
+------------+-------------+
| CHARLOTTE  | HUNTER      |
| DELORES    | HANSEN      |
| MINNIE     | ROMERO      |
| CASSANDRA  | WALTERS     |
| ANDREW     | PURDY       |
| MANUEL     | MURRELL     |
| TOMMY      | COLLAZO     |
| NELSON     | CHRISTENSON |
+------------+-------------+
8 rows in set (0.01 sec)
```

exists演算子を使う場合、サブクエリから返される行の個数は0、1、または複数になる可能性があります。その条件がチェックするのは、サブクエリが1つ以上の行を返すかどうかだけです。サブクエリのselect句を見てみると、リテラルの1があるだけです。というのも、外側のクエリの条件が知りたいのは返された行の個数だけであり、サブクエリから返される実際のデータには関心がないからです。たとえば、サブクエリから何でも好きなデータを返すことだってできます。

```
mysql> SELECT c.first_name, c.last_name
    -> FROM customer c
    -> WHERE EXISTS
    ->   (SELECT r.rental_date, r.customer_id, 'ABCD' str, 2 * 3 / 7 nmbr
    ->    FROM rental r
    ->    WHERE r.customer_id = c.customer_id
    ->      AND date(r.rental_date) < '2005-05-25');
+------------+-------------+
| first_name | last_name   |
+------------+-------------+
| CHARLOTTE  | HUNTER      |
| DELORES    | HANSEN      |
| MINNIE     | ROMERO      |
| CASSANDRA  | WALTERS     |
| ANDREW     | PURDY       |
| MANUEL     | MURRELL     |
| TOMMY      | COLLAZO     |
| NELSON     | CHRISTENSON |
+------------+-------------+
8 rows in set (0.01 sec)
```

それはさておき、exists演算子を使うときには、select 1またはselect * を指定するのが慣例になっています。

また、not exists演算子を使ってサブクエリの結果セットが空かどうかをチェックすることも

できます。

```
mysql> SELECT a.first_name, a.last_name
    -> FROM actor a
    -> WHERE NOT EXISTS
    ->  (SELECT 1
    ->   FROM film_actor fa
    ->     INNER JOIN film f ON f.film_id = fa.film_id
    ->   WHERE fa.actor_id = a.actor_id AND f.rating = 'R');
+------------+-----------+
| first_name | last_name |
+------------+-----------+
| JANE       | JACKMAN   |
+------------+-----------+
1 row in set (0.00 sec)
```

このクエリはレーティングが R の映画に出演したことがない俳優全員を検索します。

9.4.2　相関サブクエリを使ってデータを操作する

本章のここまでの例はすべて select 文でしたが、他の SQL 文ではサブクエリが役に立たないというわけではありません。サブクエリは update 文、delete 文、insert 文でもよく使われており、update 文と delete 文では相関サブクエリが非常によく使われます。相関サブクエリを使って customer テーブルの last_update 列を変更する例を見てみましょう。

```
UPDATE customer c
SET c.last_update =
  (SELECT max(r.rental_date) FROM rental r
   WHERE r.customer_id = c.customer_id);
```

この update 文は、rental テーブルで各顧客が最後にレンタルした日を調べることで、customer テーブルの（where 句がないので）すべて行を変更します。顧客全員が少なくとも 1 回は映画をレンタルしていると考えるのは妥当に思えますが、last_update 列を更新する前にチェックしておくに越したことはありません。そうしないと、サブクエリから行が返されなかった場合に last_update 列に null が設定されてしまいます。この update 文を書き換え、今回は where 句と 2 つ目の相関サブクエリを追加してみましょう。

```
UPDATE customer c
SET c.last_update =
  (SELECT max(r.rental_date) FROM rental r
   WHERE r.customer_id = c.customer_id)
WHERE EXISTS
  (SELECT 1 FROM rental r
   WHERE r.customer_id = c.customer_id);
```

2 つの相関サブクエリは、select 句を除けば、まったく同じです。ただし、set 句のサブクエリが実行されるのは、update 文の where 句の条件が true と評価された場合だけです（つまり、

その顧客のレンタルが少なくとも1つ見つかった場合にのみ実行されます)。このため、last_update 列のデータが null で上書きされることはありません。

　相関サブクエリは delete 文でもよく使われます。たとえば、毎月最後の日にデータメンテナンススクリプトを実行し、不要なデータを削除するとしましょう。このスクリプトには次の文が含まれているかもしれません。この文は customer テーブルから過去1年間レンタル記録がない行を削除します。

```
DELETE FROM customer
WHERE 365 < ALL
  (SELECT datediff(now(), r.rental_date) days_since_last_rental
   FROM rental r
   WHERE r.customer_id = customer.customer_id);
```

　MySQL の delete 文で相関サブクエリを使うときには、どのような理由があろうと、テーブルエイリアスは使えないことを覚えておいてください。サブクエリで完全なテーブル名を使わなければならなかったのはそのためです。なお、他のほとんどのデータベースサーバーでは、customer テーブルにエイリアスを割り当てることができます。

```
DELETE FROM customer c
WHERE 365 < ALL
  (SELECT datediff(now(), r.rental_date) days_since_last_rental
   FROM rental r
   WHERE r.customer_id = c.customer_id);
```

9.5　サブクエリを使う状況

　さまざまな種類のサブクエリと、サブクエリから返されるデータにアクセスするために利用できるさまざまな演算子を理解したところで、サブクエリを使って強力な SQL 文を組み立てる方法を調べてみましょう。次の2つの項では、カスタムテーブルの作成、条件の組み立て、列の値の生成にサブクエリをどのように利用できるのかを具体的に見ていきます。

9.5.1　データソースとしてのサブクエリ

　3章では、クエリで使う**テーブル**が select 文の from 句に含まれることを説明しました。サブクエリは行と列からなる結果セットを生成するため、テーブルと同じように from 句に指定してもまったく問題ありません。ぱっと見た限りでは、「それは興味深いが、実用的なメリットはあまりないのでは?」と思うかもしれません。しかし、サブクエリとテーブルの併用は、クエリを記述するときに強力な武器の1つになります。簡単な例を見てみましょう。

```
mysql> SELECT c.first_name, c.last_name, pymnt.num_rentals, pymnt.tot_payments
    -> FROM customer c
    ->   INNER JOIN
    ->    (SELECT customer_id, count(*) num_rentals, sum(amount) tot_payments
    ->     FROM payment
    ->     GROUP BY customer_id
    ->    ) pymnt
    ->   ON c.customer_id = pymnt.customer_id;
+------------+------------+-------------+--------------+
| first_name | last_name  | num_rentals | tot_payments |
+------------+------------+-------------+--------------+
| MARY       | SMITH      |          32 |       118.68 |
| PATRICIA   | JOHNSON    |          27 |       128.73 |
| LINDA      | WILLIAMS   |          26 |       135.74 |
| BARBARA    | JONES      |          22 |        81.78 |
| ELIZABETH  | BROWN      |          38 |       144.62 |
| ......     |            |             |              |
| TERRENCE   | GUNDERSON  |          30 |       117.70 |
| ENRIQUE    | FORSYTHE   |          28 |        96.72 |
| FREDDIE    | DUGGAN     |          25 |        99.75 |
| WADE       | DELVALLE   |          22 |        83.78 |
| AUSTIN     | CINTRON    |          19 |        83.81 |
+------------+------------+-------------+--------------+
599 rows in set (0.01 sec)
```

このサブクエリは、顧客 ID とその顧客のレンタル回数、支払い総額からなるリストを生成します。このサブクエリが生成する結果セットを見てみましょう。

```
mysql> SELECT customer_id, count(*) num_rentals, sum(amount) tot_payments
    -> FROM payment
    -> GROUP BY customer_id;
+-------------+-------------+--------------+
| customer_id | num_rentals | tot_payments |
+-------------+-------------+--------------+
|           1 |          32 |       118.68 |
|           2 |          27 |       128.73 |
|           3 |          26 |       135.74 |
|           4 |          22 |        81.78 |
| ......      |             |              |
|         596 |          28 |        96.72 |
|         597 |          25 |        99.75 |
|         598 |          22 |        83.78 |
|         599 |          19 |        83.81 |
+-------------+-------------+--------------+
599 rows in set (0.01 sec)
```

このサブクエリは pymnt という名前を与えられ、customer_id 列に基づいて customer テーブルと結合されます。外側のクエリは、customer テーブルから顧客の名前を取得し、pymnt サブクエリから集計列を取得します。

from句のサブクエリは非相関サブクエリでなければなりません[†1]。これらのサブクエリは最初に実行され、サブクエリが生成したデータは外側のクエリの実行が終了するまでメモリ上で保持されます。クエリを記述するときには、サブクエリがもたらす柔軟性に計り知れない価値があります。実際に利用できるテーブルに縛られることなく、必要に応じてほどのようなデータビューでも作成できるからです。そして、その結果を他のテーブルやサブクエリに結合できます。レポートや外部システムに対するデータフィードを作成している場合は、本来なら複数のクエリや手続き型言語で行うような作業を、たった1つのクエリで実行できるかもしれません。

データを人工的に生成する

サブクエリを使って既存のデータを集計することに加えて、データベースにいかなる形でも存在しないデータを生成することもできます。たとえば、レンタルに使った金額に基づいて顧客をグループ化したいが、データベースに格納されていないグループ定義を使いたい、ということがあります。例として、顧客を表9-1のグループに分類するとしましょう。

表9-1：支払い金額による顧客のグループ化

グループ名	下限	上限
Small Fry	$0	$74.99
Average Joes	$75	$149.99
Heavy Hitters	$150	$9,999,999.99

これら3つのグループを1つのクエリで生成するには、これらのグループを定義する方法が必要です。最初の作業は、この定義を生成するクエリを記述することです。

```
mysql> SELECT 'Small Fry' name, 0 low_limit, 74.99 high_limit
    -> UNION ALL
    -> SELECT 'Average Joes' name, 75 low_limit, 149.99 high_limit
    -> UNION ALL
    -> SELECT 'Heavy Hitters' name, 150 low_limit, 9999999.99 high_limit;
+---------------+-----------+------------+
| name          | low_limit | high_limit |
+---------------+-----------+------------+
| Small Fry     |         0 |      74.99 |
| Average Joes  |        75 |     149.99 |
| Heavy Hitters |       150 | 9999999.99 |
+---------------+-----------+------------+
3 rows in set (0.00 sec)
```

union allという演算子を使って3つのクエリの結果を1つの結果セットにまとめています。これらのクエリはそれぞれ3つのリテラルを取得するので、それらの結果をまとめて3行3列の

[†1]　どのデータベースサーバーを使っているかによっては、実際にはcross applyかouter applyを使ってfrom句に相関サブクエリを追加できることがある。なお、本書ではこれらの機能を取り上げていない。

結果セットを生成しています。必要なグループを生成するためのクエリができたところで、顧客グループを生成する別のクエリの from 句に追加してみましょう。

```
mysql> SELECT pymnt_grps.name, count(*) num_customers
    -> FROM
    ->  (SELECT customer_id, count(*) num_rentals, sum(amount) tot_payments
    ->   FROM payment
    ->   GROUP BY customer_id
    ->  ) pymnt
    ->  INNER JOIN
    ->  (SELECT 'Small Fry' name, 0 low_limit, 74.99 high_limit
    ->   UNION ALL
    ->   SELECT 'Average Joes' name, 75 low_limit, 149.99 high_limit
    ->   UNION ALL
    ->   SELECT 'Heavy Hitters' name, 150 low_limit, 9999999.99 high_limit
    ->  ) pymnt_grps
    ->  ON pymnt.tot_payments
    ->    BETWEEN pymnt_grps.low_limit AND pymnt_grps.high_limit
    -> GROUP BY pymnt_grps.name;
+---------------+---------------+
| name          | num_customers |
+---------------+---------------+
| Average Joes  |           515 |
| Heavy Hitters |            46 |
| Small Fry     |            38 |
+---------------+---------------+
3 rows in set (0.01 sec)
```

　from 句には、サブクエリが2つ含まれています。1つ目の pymnt という名前のサブクエリは、各顧客のレンタルの回数と支払い総額を返します。2つ目の pymnt_grps という名前のサブクエリは、3つの顧客グループを生成します。これら2つのサブクエリを各顧客が3つのグループのどれに属しているのかに基づいて結合し、各グループの顧客の人数を数えるために行をグループの名前に基づいてグループ化します。

　もちろん、サブクエリを使うのではなく、グループの定義を永続的（または一時的）なテーブルに格納したければそうすることもできます。こちらの方法を使うことにした場合、データベースはやがて特別な目的を持つ小さなテーブルだらけになり、ほとんどのテーブルが何のために作成したものかわからなくなるでしょう。これに対し、サブクエリを使うことにした場合は、「新しいデータを格納する明確なビジネスニーズがある場合にのみテーブルをデータベースに追加する」というポリシーを適用できるようになるでしょう。

タスク指向のサブクエリ

　各顧客の名前、住所（都市名）、支払い総額、レンタル回数を示すレポートを生成したいとしましょう。まず、payment、customer、address、city の4つのテーブルを結合し、顧客のファーストネームとラストネームに基づいてグループ化するという方法が考えられます。

```
mysql> SELECT c.first_name, c.last_name, ct.city,
    ->     sum(p.amount) tot_payments, count(*) tot_rentals
    -> FROM payment p
    ->     INNER JOIN customer c
    ->     ON p.customer_id = c.customer_id
    ->     INNER JOIN address a
    ->     ON c.address_id = a.address_id
    ->     INNER JOIN city ct
    ->     ON a.city_id = ct.city_id
    -> GROUP BY c.first_name, c.last_name, ct.city;
+-------------+-------------+---------------------+--------------+-------------+
| first_name  | last_name   | city                | tot_payments | tot_rentals |
+-------------+-------------+---------------------+--------------+-------------+
| JULIE       | SANCHEZ     | A Corua (La Corua)  |       107.71 |          29 |
| PEGGY       | MYERS       | Abha                |        96.76 |          24 |
| TOM         | MILNER      | Abu Dhabi           |       107.68 |          32 |
| GLEN        | TALBERT     | Acua                |       113.74 |          26 |
| ......      |             |                     |              |             |
| CONSTANCE   | REID        | Zaria               |        95.75 |          25 |
| JACK        | FOUST       | Zeleznogorsk        |        89.76 |          24 |
| BYRON       | BOX         | Zhezqazghan         |       120.71 |          29 |
| GUY         | BROWNLEE    | Zhoushan            |       159.68 |          32 |
| RONNIE      | RICKETTS    | Ziguinchor          |       100.75 |          25 |
+-------------+-------------+---------------------+--------------+-------------+
599 rows in set (0.04 sec)
```

　このクエリは目的のデータを返していますが、よく見てみると、customer、address、city
の3つのテーブルは表示目的で必要なだけで、グループの作成に必要なデータ（customer_id、
amount）はすべてpaymentテーブルに含まれていることがわかります。そこで、グループを生成
するタスクをサブクエリとして独立させ、サブクエリが生成した結果セットに他の3つのテーブル
を結合すれば、同じ結果が得られるはずです。グループを生成するサブクエリは次のようになりま
す。

```
mysql> SELECT customer_id, count(*) tot_rentals, sum(amount) tot_payments
    -> FROM payment
    -> GROUP BY customer_id;
+-------------+-------------+--------------+
| customer_id | tot_rentals | tot_payments |
+-------------+-------------+--------------+
|           1 |          32 |       118.68 |
|           2 |          27 |       128.73 |
|           3 |          26 |       135.74 |
|           4 |          22 |        81.78 |
| ......      |             |              |
|         595 |          30 |       117.70 |
|         596 |          28 |        96.72 |
|         597 |          25 |        99.75 |
|         598 |          22 |        83.78 |
|         599 |          19 |        83.81 |
+-------------+-------------+--------------+
599 rows in set (0.01 sec)
```

　このサブクエリが、このクエリの核心部分です。他のテーブルは customer_id 列の値を意味のある文字列に置き換えるために必要なだけです。この結果セットを他の3つのテーブルに結合するクエリは次のようになります。

```
mysql> SELECT c.first_name, c.last_name, ct.city,
    ->           pymnt.tot_payments, pymnt.tot_rentals
    -> FROM
    ->   (SELECT customer_id, count(*) tot_rentals, sum(amount) tot_payments
    ->    FROM payment
    ->    GROUP BY customer_id
    ->   ) pymnt
    ->   INNER JOIN customer c
    ->   ON pymnt.customer_id = c.customer_id
    ->   INNER JOIN address a
    ->   ON c.address_id = a.address_id
    ->   INNER JOIN city ct
    ->   ON a.city_id = ct.city_id;
+------------+-----------+---------------------+--------------+--------------+
| first_name | last_name | city                | tot_payments | tot_rentals  |
+------------+-----------+---------------------+--------------+--------------+
| JULIE      | SANCHEZ   | A Corua (La Corua)  |       107.71 |           29 |
| PEGGY      | MYERS     | Abha                |        96.76 |           24 |
| TOM        | MILNER    | Abu Dhabi           |       107.68 |           32 |
| GLEN       | TALBERT   | Acua                |       113.74 |           26 |
......
| CONSTANCE  | REID      | Zaria               |        95.75 |           25 |
| JACK       | FOUST     | Zeleznogorsk        |        89.76 |           24 |
| BYRON      | BOX       | Zhezqazghan         |       120.71 |           29 |
| GUY        | BROWNLEE  | Zhoushan            |       159.68 |           32 |
| RONNIE     | RICKETTS  | Ziguinchor          |       100.75 |           25 |
+------------+-----------+---------------------+--------------+--------------+
599 rows in set (0.01 sec)
```

　美の基準は見る人によって異なるものですが、あの大きくてのっぺりしたクエリからすれば、こちらのクエリのほうがずっと満足がいくものです。しかも、このクエリのほうがすばやく実行される可能性もあります。というのも、長い文字列が含まれているかもしれない列（customer.first_name、customer.last_name、city.city）ではなく、1つの数値の列（customer_id）に基づいてグループ化を行うからです。

共通テーブル式

　MySQL 8.0で新たに追加された**共通テーブル式**（common table expression：CTE）は、他のデータベースサーバーでは少し前からサポートされていた機能です。CTE は名前付きのサブクエリであり、with 句を使ってクエリの前に配置します。with 句には、複数の CTE をコンマ（,）区切りで指定できます。CTE には、クエリが理解しやすくなるという効果があります。また、同じ with 句において先に定義されている他の CTE を参照することもできます。次のクエリには、CTE が3つ含まれています。2つ目の CTE は1つ目の CTE を参照しており、3つ目の CTE は2つ目の

CTE を参照しています。

```
mysql> WITH actors_s AS
    ->    (SELECT actor_id, first_name, last_name
    ->     FROM actor
    ->     WHERE last_name LIKE 'S%'
    ->    ),
    ->    actors_s_pg AS
    ->    (SELECT s.actor_id, s.first_name, s.last_name, f.film_id, f.title
    ->     FROM actors_s s
    ->       INNER JOIN film_actor fa
    ->       ON s.actor_id = fa.actor_id
    ->       INNER JOIN film f
    ->       ON f.film_id = fa.film_id
    ->     WHERE f.rating = 'PG'
    ->    ),
    ->    actors_s_pg_revenue AS
    ->    (SELECT spg.first_name, spg.last_name, p.amount
    ->     FROM actors_s_pg spg
    ->       INNER JOIN inventory i
    ->       ON i.film_id = spg.film_id
    ->       INNER JOIN rental r
    ->       ON i.inventory_id = r.inventory_id
    ->       INNER JOIN payment p
    ->       ON r.rental_id = p.rental_id
    ->    ) -- with 句の終わり
    -> SELECT spg_rev.first_name, spg_rev.last_name,
    ->        sum(spg_rev.amount) tot_revenue
    -> FROM actors_s_pg_revenue spg_rev
    -> GROUP BY spg_rev.first_name, spg_rev.last_name
    -> ORDER BY 3 desc;
+------------+-------------+-------------+
| first_name | last_name   | tot_revenue |
+------------+-------------+-------------+
| NICK       | STALLONE    |      692.21 |
| JEFF       | SILVERSTONE |      652.35 |
| DAN        | STREEP      |      509.02 |
| GROUCHO    | SINATRA     |      457.97 |
| SISSY      | SOBIESKI    |      379.03 |
| JAYNE      | SILVERSTONE |      372.18 |
| CAMERON    | STREEP      |      361.00 |
| JOHN       | SUVARI      |      296.36 |
| JOE        | SWANK       |      177.52 |
+------------+-------------+-------------+
9 rows in set (0.02 sec)
```

　このクエリは、レーティングがPGの映画のうち、ラストネームがSで始まる俳優が出演している映画のレンタル収益の総額を計算します。1つ目のサブクエリ（actors_s）は、ラストネームがSで始まる俳優をすべて返します。2つ目のサブクエリ（actors_s_pg）は、この結果セットをfilm テーブルと結合し、映画のレーティングがPGかどうかでフィルタリングします。3つ目のサブクエリ（actors_s_pg_revenue）は、この結果セットを payment テーブルと結合し、それらの

映画のレンタル時に支払われた金額を取得します。最後のクエリは、actors_s_pg_revenue の
データをファーストネームとラストネームでグループ化し、収益の総額を計算します。

> クエリの結果を一時テーブルに格納してそれ以降のクエリで使えるようにしておくことが
> よくあるとしたら、CTE は魅力的な代替手段になるかもしれない。

9.5.2　式ジェネレータとしてのサブクエリ

　この最後の項は、本章の最初のテーマである 1 行 1 列のスカラーサブクエリで締めくくること
にします。スカラーサブクエリはフィルタ条件で使われるだけではなく、クエリの select 句と
order by 句や insert 文の values 句など、式を指定できる場所ならどこでも使うことができま
す。

　前項の「タスク指向のサブクエリ」では、サブクエリを使ってグループ化のメカニズムをクエリか
ら独立させる方法を紹介しました。このようなクエリをもう 1 つ見てみましょう。このクエリは同
じ目的を果たすサブクエリを異なる方法で使います。

```
mysql> SELECT
    ->   (SELECT c.first_name FROM customer c
    ->    WHERE c.customer_id = p.customer_id
    ->   ) first_name,
    ->   (SELECT c.last_name FROM customer c
    ->    WHERE c.customer_id = p.customer_id
    ->   ) last_name,
    ->   (SELECT ct.city
    ->    FROM customer c
    ->      INNER JOIN address a
    ->      ON c.address_id = a.address_id
    ->      INNER JOIN city ct
    ->      ON a.city_id = ct.city_id
    ->    WHERE c.customer_id = p.customer_id
    ->   ) city,
    ->   sum(p.amount) tot_payments, count(*) tot_rentals
    -> FROM payment p
    -> GROUP BY p.customer_id;
+------------+-----------+----------------+--------------+-------------+
| first_name | last_name | city           | tot_payments | tot_rentals |
+------------+-----------+----------------+--------------+-------------+
| MARY       | SMITH     | Sasebo         |       118.68 |          32 |
| PATRICIA   | JOHNSON   | San Bernardino |       128.73 |          27 |
| LINDA      | WILLIAMS  | Athenai        |       135.74 |          26 |
| BARBARA    | JONES     | Myingyan       |        81.78 |          22 |
......
```

```
| TERRENCE    | GUNDERSON   | Jinzhou             |        117.70 |          30 |
| ENRIQUE     | FORSYTHE    | Patras              |         96.72 |          28 |
| FREDDIE     | DUGGAN      | Sullana             |         99.75 |          25 |
| WADE        | DELVALLE    | Lausanne            |         83.78 |          22 |
| AUSTIN      | CINTRON     | Tieli               |         83.81 |          19 |
+-------------+-------------+---------------------+---------------+-------------+
599 rows in set (0.02 sec)
```

このクエリと先の from 句でサブクエリを使っていたクエリの間には、主な違いが2つあります。

- customer、address、city の3つのテーブルを payment テーブルのデータに結合するのではなく、顧客のファーストネーム、ラストネーム、住所（都市名）を検索する相関スカラーサブクエリを select 句で使っている。
- customer テーブルに1回ではなく3回（3つのサブクエリごとに1回）アクセスしている。

　customer テーブルに3回アクセスしているのは、スカラーサブクエリが1行1列のデータしか返せないためです。顧客に関連する列が3つ必要な場合は、3種類のサブクエリを使う必要があります。

　先に述べたように、スカラーサブクエリは order by 句でも使うことができます。次のクエリは、俳優のファーストネームとラストネームを取得し、出演している映画の本数で並べ替えます。

```
mysql> SELECT a.actor_id, a.first_name, a.last_name
    -> FROM actor a
    -> ORDER BY
    ->    (SELECT count(*) FROM film_actor fa
    ->     WHERE fa.actor_id = a.actor_id) DESC;
+----------+------------+--------------+
| actor_id | first_name | last_name    |
+----------+------------+--------------+
|      107 | GINA       | DEGENERES    |
|      102 | WALTER     | TORN         |
|      198 | MARY       | KEITEL       |
|      181 | MATTHEW    | CARREY       |
......
|       71 | ADAM       | GRANT        |
|      186 | JULIA      | ZELLWEGER    |
|       35 | JUDY       | DEAN         |
|      199 | JULIA      | FAWCETT      |
|      148 | EMILY      | DEE          |
+----------+------------+--------------+
200 rows in set (0.01 sec)
```

　このクエリは出演している映画の本数を取得するためだけに order by 句で相関スカラーサブクエリを使っています。取得した値は並べ替えの目的でのみ使われます。

　select 文で相関スカラーサブクエリを使うことに加えて、insert 文の値を生成するために非

相関スカラーサブクエリを使うこともできます。たとえば、film_actor テーブルに新しい行を追加しようとしていて、手元に次のデータがあるとしましょう。

- 俳優のファーストネームとラストネーム
- 映画の名前

新しい行を追加する方法として、次の2つの選択肢があります。

- film テーブルと actor テーブルから主キーの値を取得するために2つのクエリを実行し、それらの値を insert 文に配置する。
- サブクエリを使って2つの主キーの値を insert 文の中で取得する。

2つ目の方法は次のようになります。

```
INSERT INTO film_actor (actor_id, film_id, last_update)
VALUES (
  (SELECT actor_id FROM actor
   WHERE first_name = 'JENNIFER' AND last_name = 'DAVIS'),
  (SELECT film_id FROM film
   WHERE title = 'ACE GOLDFINGER'),
  now()
);
```

たった1つの SQL 文で、film_actor テーブルでの新しい行の作成と2つの外部キー列の値の取得を同時に行うことができます。

9.6　サブクエリのまとめ

本章ではさまざまな話題を取り上げてきたので、ここでざっと復習しておいたほうがよさそうです。本章の例は、次のようなサブクエリを具体的に示すものでした。

- 1行／1列、複数行／1列、複数行／複数列の結果セットを返すサブクエリ
- 外側の文に依存しないサブクエリ（非相関サブクエリ）
- 外側の文の列を1つ以上参照するサブクエリ（相関サブクエリ）
- 比較演算子や特別な演算子（in、not in、exists、not exists）を活用した条件で使われるサブクエリ

- select 文、update 文、delete 文、insert 文で使われるサブクエリ

- クエリ内の他のテーブル（またはサブクエリ）に結合できる結果セットを返すサブクエリ

- テーブルに挿入する値、またはクエリの結果セットの列に挿入する値を生成できるサブクエリ

- クエリの select 句、from 句、where 句、having 句、order by 句で使われるサブクエリ

　言うまでもなく、サブクエリは非常に用途の広いツールなので、本章を最初に読んだときにこれらすべての概念を呑み込めなかったとしても心配はいりません。サブクエリのさまざまな使い方を試しているうちに、複雑な SQL 文を記述するたびに「サブクエリをどのように活用できるだろう」と考えるようになるはずです。

9.7　練習問題

　次の練習問題では、サブクエリをどれくらい理解できたかをテストします。解答は付録 B にあります。

9-1　film テーブルに対するクエリを作成してみよう。このクエリは、フィルタ条件と非相関サブクエリを使って category テーブルからすべてのアクション映画（category.name = 'Action'）を取得する。

9-2　練習問題 9-1 のクエリを変更し、category テーブルと film_category テーブルに対する相関サブクエリを使って同じ結果を得るように書き換えてみよう。

9-3　各俳優のレベルを示すために、次のクエリを film_actor テーブルに対するサブクエリに結合してみよう。

```
SELECT 'Hollywood Star' level, 30 min_roles, 99999 max_roles
UNION ALL
SELECT 'Prolific Actor' level, 20 min_roles, 29 max_roles
UNION ALL
SELECT 'Newcomer' level, 1 min_roles, 19 max_roles
```

film_actor テーブルに対するサブクエリは、group by actor_id を使って各俳優の行の個数をカウントし、その個数を min_roles/max_roles 列と比較することで、各俳優のレベルを判断する。

10章
結合

　ここまでの内容で、5章で紹介した内部結合がどのようなものであるかがしっかり理解できたと思います。本章では、外部結合やクロス結合を含め、テーブルを結合する他の方法に焦点を合わせます。

10.1　外部結合

　ここまでの例はすべて複数のテーブルを扱うものであり、結合条件がテーブルの行から一致するものを見つけられないケースについては考慮してきませんでした。たとえば、inventory テーブルにはレンタル可能な映画ごとに行が1つ含まれていますが、film テーブルの1,000本の映画のうち、inventory テーブルに1つ以上の行が含まれているのは958本だけです。残りの42本の映画はレンタルできないため（おそらく数日以内に入荷する新作でしょう）、inventory テーブルでは、それらの ID は見つかりません。これら2つのテーブルを結合し、各映画の在庫（コピー）の数を数えてみましょう。

```
mysql> SELECT f.film_id, f.title, count(*) num_copies
    -> FROM film f
    ->   INNER JOIN inventory i
    ->   ON f.film_id = i.film_id
    -> GROUP BY f.film_id, f.title;
+---------+----------------------------+------------+
| film_id | title                      | num_copies |
+---------+----------------------------+------------+
|       1 | ACADEMY DINOSAUR           |          8 |
|       2 | ACE GOLDFINGER             |          3 |
|       3 | ADAPTATION HOLES           |          4 |
|       4 | AFFAIR PREJUDICE           |          7 |
......
|      13 | ALI FOREVER                |          4 |
|      15 | ALIEN CENTER               |          6 |
......
|     997 | YOUTH KICK                 |          2 |
|     998 | ZHIVAGO CORE               |          2 |
```

```
|     999 | ZOOLANDER FICTION           |          5 |
|    1000 | ZORRO ARK                   |          8 |
+---------+-----------------------------+------------+
```
958 rows in set (0.01 sec)

　1,000 行（映画ごとに 1 行）のデータが返されると考えていたかもしれませんが、このクエリが返すのは 958 行だけです。このクエリは内部結合を使っており、結合条件を満たしている行だけが返されるからです。たとえば、『Alice Fantasia』(film_id = 14) という映画が見当たらないのは、この映画の行が inventory テーブルに含まれていないためです。

　inventory テーブルに行が含まれているかどうかに関係なく全種類の映画を返すようにしたい場合は、outer join（外部結合）を使うことができます。外部結合では、結合条件が実質的にオプションになります。

```
mysql> SELECT f.film_id, f.title, count(i.inventory_id) num_copies
    -> FROM film f
    ->   LEFT OUTER JOIN inventory i
    ->   ON f.film_id = i.film_id
    -> GROUP BY f.film_id, f.title;
+---------+-----------------------------+------------+
| film_id | title                       | num_copies |
+---------+-----------------------------+------------+
|       1 | ACADEMY DINOSAUR            |          8 |
|       2 | ACE GOLDFINGER              |          3 |
|       3 | ADAPTATION HOLES            |          4 |
|       4 | AFFAIR PREJUDICE            |          7 |
......
|      13 | ALI FOREVER                 |          4 |
|      14 | ALICE FANTASIA              |          0 |
|      15 | ALIEN CENTER                |          6 |
......
|     997 | YOUTH KICK                  |          2 |
|     998 | ZHIVAGO CORE                |          2 |
|     999 | ZOOLANDER FICTION           |          5 |
|    1000 | ZORRO ARK                   |          8 |
+---------+-----------------------------+------------+
```
1000 rows in set (0.00 sec)

　このクエリは film テーブルの 1,000 行のデータをすべて返しており、そのうち 42 行で num_copies 列の値が 0 であることがわかります（そのうちの 1 つは『Alice Fantasia』です）。num_copies 列の 0 の値は在庫がないことを表します。

　最初のクエリからの変更点は次のとおりです。

- 結合の定義が inner join から left outer join に変更されている。左外部結合では、結合の左側のテーブル（film）の行がすべて追加され、続いて、結合条件が満たされた場合は、結合の右側のテーブル（inventory）の列が追加される。

- num_copies 列の定義が count(*) から count(i.inventory_id) に変更されており、inventory.inventory_id 列の null ではない値の個数がカウントされる。

　次に、inner join と outer join の違いを浮き彫りにするために、group by 句を削除し、大部分の行を取り除いてみましょう。次のクエリは inner join とフィルタ条件を使ってほんのいくつかの映画の行だけを返します。

```
mysql> SELECT f.film_id, f.title, i.inventory_id
    -> FROM film f
    ->   INNER JOIN inventory i
    ->   ON f.film_id = i.film_id
    -> WHERE f.film_id BETWEEN 13 AND 15;
+---------+--------------+--------------+
| film_id | title        | inventory_id |
+---------+--------------+--------------+
|      13 | ALI FOREVER  |           67 |
|      13 | ALI FOREVER  |           68 |
|      13 | ALI FOREVER  |           69 |
|      13 | ALI FOREVER  |           70 |
|      15 | ALIEN CENTER |           71 |
|      15 | ALIEN CENTER |           72 |
|      15 | ALIEN CENTER |           73 |
|      15 | ALIEN CENTER |           74 |
|      15 | ALIEN CENTER |           75 |
|      15 | ALIEN CENTER |           76 |
+---------+--------------+--------------+
10 rows in set (0.00 sec)
```

　この結果から、『Ali Forever』の在庫が 4 つ、『Alien Center』の在庫が 6 つあることがわかります。次に、同じクエリで outer join を使ってみましょう。

```
mysql> SELECT f.film_id, f.title, i.inventory_id
    -> FROM film f
    ->   LEFT OUTER JOIN inventory i
    ->   ON f.film_id = i.film_id
    -> WHERE f.film_id BETWEEN 13 AND 15;
+---------+----------------+--------------+
| film_id | title          | inventory_id |
+---------+----------------+--------------+
|      13 | ALI FOREVER    |           67 |
|      13 | ALI FOREVER    |           68 |
|      13 | ALI FOREVER    |           69 |
|      13 | ALI FOREVER    |           70 |
|      14 | ALICE FANTASIA |         NULL |
|      15 | ALIEN CENTER   |           71 |
|      15 | ALIEN CENTER   |           72 |
|      15 | ALIEN CENTER   |           73 |
|      15 | ALIEN CENTER   |           74 |
|      15 | ALIEN CENTER   |           75 |
|      15 | ALIEN CENTER   |           76 |
```

```
+---------+---------------+--------------+
11 rows in set (0.00 sec)
```

『Ali Forever』と『Alien Center』のの結果は同じですが、新たに『Alice Fantasia』の行が1つ返されています。この行の inventory.inventory_id 列の値は null です。この例から、outer join が結果セットの行の個数を減らすことなく列の値を追加することがわかります。(『Alice Fantasia』のケースのように) 結合条件が満たされなかった場合、外部結合で取得された列の値は null になります。

10.1.1　左外部結合と右外部結合

先の外部結合の例では、left outer join を指定しました。left キーワードは、結合の左側のテーブルによって結果セットの行の個数が決まることを意味します。結合の右側のテーブルは一致するものが見つかったときに列の値を提供するために使われます。これに対し、right outer join を指定した場合は、結合の右側のテーブルによって結果セットの行の個数が決まり、結合の左側のテーブルは列の値を提供するために使われます。

最後のクエリを変更し、left outer join の代わりに right outer join を使ってみましょう。

```
mysql> SELECT f.film_id, f.title, i.inventory_id
    -> FROM inventory i
    ->   RIGHT OUTER JOIN film f
    ->   ON f.film_id = i.film_id
    -> WHERE f.film_id BETWEEN 13 AND 15;
+---------+---------------+--------------+
| film_id | title         | inventory_id |
+---------+---------------+--------------+
|      13 | ALI FOREVER   |           67 |
|      13 | ALI FOREVER   |           68 |
|      13 | ALI FOREVER   |           69 |
|      13 | ALI FOREVER   |           70 |
|      14 | ALICE FANTASIA|         NULL |
|      15 | ALIEN CENTER  |           71 |
|      15 | ALIEN CENTER  |           72 |
|      15 | ALIEN CENTER  |           73 |
|      15 | ALIEN CENTER  |           74 |
|      15 | ALIEN CENTER  |           75 |
|      15 | ALIEN CENTER  |           76 |
+---------+---------------+--------------+
11 rows in set (0.00 sec)
```

肝心なのは、どちらのクエリも外部結合を実行していることです。キーワード left と right は、データに抜けている部分があってもよいテーブルがどちらであるかをデータベースサーバーに教えるだけです。テーブルAとテーブルBの外部結合を実行し、テーブルAからすべての行を取得し、テーブルBで結合条件が一致した行ごとに列を追加したい場合は、A left outer join Bまた

は B right outer join A のどちらかを指定できます。

 右外部結合に出くわすことは（あったとしても）まれであり、すべてのデータベースサーバー
が右外部結合をサポートしているわけではないため、常に左外部結合を使うことをお勧めす
る。outer キーワードはオプションであるため、代わりに A left join B を使うこと
もできるが、明確さを保つために outer は省略しないことをお勧めする。

10.1.2　3つのテーブルによる外部結合

　状況によっては、1つのテーブルと他の2つのテーブルによる外部結合が必要になることがあり
ます。たとえば、前項のクエリを拡張し、rental テーブルのデータも追加するとしましょう。

```
mysql> SELECT f.film_id, f.title, i.inventory_id, r.rental_date
    -> FROM film f
    ->   LEFT OUTER JOIN inventory i
    ->   ON f.film_id = i.film_id
    ->   LEFT OUTER JOIN rental r
    ->   ON i.inventory_id = r.inventory_id
    -> WHERE f.film_id BETWEEN 13 AND 15;
+---------+---------------+--------------+---------------------+
| film_id | title         | inventory_id | rental_date         |
+---------+---------------+--------------+---------------------+
|      13 | ALI FOREVER   |           67 | 2005-07-31 18:11:17 |
|      13 | ALI FOREVER   |           67 | 2005-08-22 21:59:29 |
|      13 | ALI FOREVER   |           68 | 2005-07-28 15:26:20 |
|      13 | ALI FOREVER   |           68 | 2005-08-23 05:02:31 |
|      13 | ALI FOREVER   |           69 | 2005-08-01 23:36:10 |
|      13 | ALI FOREVER   |           69 | 2005-08-22 02:12:44 |
|      13 | ALI FOREVER   |           70 | 2005-07-12 10:51:09 |
|      13 | ALI FOREVER   |           70 | 2005-07-29 01:29:51 |
|      13 | ALI FOREVER   |           70 | 2006-02-14 15:16:03 |
|      14 | ALICE FANTASIA |         NULL | NULL                |
|      15 | ALIEN CENTER  |           71 | 2005-05-28 02:06:37 |
|      15 | ALIEN CENTER  |           71 | 2005-06-17 16:40:03 |
|      15 | ALIEN CENTER  |           71 | 2005-07-11 05:47:08 |
|      15 | ALIEN CENTER  |           71 | 2005-08-02 13:58:55 |
|      15 | ALIEN CENTER  |           71 | 2005-08-23 05:13:09 |
|      15 | ALIEN CENTER  |           72 | 2005-05-27 22:49:27 |
|      15 | ALIEN CENTER  |           72 | 2005-06-19 13:29:28 |
|      15 | ALIEN CENTER  |           72 | 2005-07-07 23:05:53 |
|      15 | ALIEN CENTER  |           72 | 2005-08-01 05:55:13 |
|      15 | ALIEN CENTER  |           72 | 2005-08-20 15:11:48 |
|      15 | ALIEN CENTER  |           73 | 2005-07-06 15:51:58 |
|      15 | ALIEN CENTER  |           73 | 2005-07-30 14:48:24 |
|      15 | ALIEN CENTER  |           73 | 2005-08-20 22:32:11 |
|      15 | ALIEN CENTER  |           74 | 2005-07-27 00:15:18 |
|      15 | ALIEN CENTER  |           74 | 2005-08-23 19:21:22 |
|      15 | ALIEN CENTER  |           75 | 2005-07-09 02:58:41 |
```

```
|      15 | ALIEN CENTER   |          75 | 2005-07-29 23:52:01 |
|      15 | ALIEN CENTER   |          75 | 2005-08-18 21:55:01 |
|      15 | ALIEN CENTER   |          76 | 2005-06-15 08:01:29 |
|      15 | ALIEN CENTER   |          76 | 2005-07-07 18:31:50 |
|      15 | ALIEN CENTER   |          76 | 2005-08-01 01:49:36 |
|      15 | ALIEN CENTER   |          76 | 2005-08-17 07:26:47 |
+---------+---------------+-------------+---------------------+
32 rows in set (0.01 sec)
```

　この結果セットには、inventory テーブルに含まれている film_id が 13 から 15 の映画のレンタル記録がすべて含まれていますが、『Alice Fantasia』(film_id = 14)に関しては、どちらの外部結合でも列の値が null であることがわかります。

10.2　クロス結合

　5章では、デカルト積の概念を紹介しました。事実上、デカルト積は結合条件をいっさい指定せずに複数のテーブルを結合した結果です。デカルト積が誤って使われるのはよくあることであり（from 句に結合条件を追加し忘れるなど）、それ以外ではあまり使われません。しかし、2つのテーブルのデカルト積をどうしても生成したいこともあります。そのような場合は、**クロス結合**（cross join）を指定する必要があります。

```
mysql> SELECT c.name category_name, l.name language_name
    -> FROM category c
    ->     CROSS JOIN language l;
+---------------+---------------+
| category_name | language_name |
+---------------+---------------+
| Action        | English       |
| Action        | Italian       |
| Action        | Japanese      |
| Action        | Mandarin      |
| Action        | French        |
| Action        | German        |
| Animation     | English       |
| Animation     | Italian       |
| Animation     | Japanese      |
| Animation     | Mandarin      |
| Animation     | French        |
| Animation     | German        |
......
| Sports        | English       |
| Sports        | Italian       |
| Sports        | Japanese      |
| Sports        | Mandarin      |
| Sports        | French        |
| Sports        | German        |
| Travel        | English       |
```

```
| Travel        | Italian       |
| Travel        | Japanese      |
| Travel        | Mandarin      |
| Travel        | French        |
| Travel        | German        |
+---------------+---------------+
96 rows in set (0.01 sec)
```

　このクエリは category テーブルと language テーブルのデカルト積として 96 行（category テーブルの 16 行 × language テーブルの 6 行）の結果を生成しています。クロス結合がどのようなもので、どのように指定するのかはわかりましたが、いったい何に使うのでしょうか。ほとんどの SQL 本は、クロス結合とはこれこれこういうものだが滅多に使われない、で終わりです。しかし、クロス結合が非常に役立つ状況を見つけたので、ここで紹介したいと思います。

　9 章では、サブクエリを使ってテーブルを人工的に作成する方法を紹介しました。そのときに使った例は、他のテーブルに結合できる 3 行のテーブルの作り方を示すものでした。このテーブルをもう一度見てみましょう。

```
mysql> SELECT 'Small Fry' name, 0 low_limit, 74.99 high_limit
    -> UNION ALL
    -> SELECT 'Average Joes' name, 75 low_limit, 149.99 high_limit
    -> UNION ALL
    -> SELECT 'Heavy Hitters' name, 150 low_limit, 9999999.99 high_limit;
+---------------+-----------+------------+
| name          | low_limit | high_limit |
+---------------+-----------+------------+
| Small Fry     |         0 |      74.99 |
| Average Joes  |        75 |     149.99 |
| Heavy Hitters |       150 | 9999999.99 |
+---------------+-----------+------------+
3 rows in set (0.00 sec)
```

　このテーブルは顧客をその支払い総額に基づいて 3 つのグループに分類するためにまさに必要なものでしたが、この「集合演算子 union all を使って 1 行のテーブルをマージする」という戦略は、大規模なテーブルを人工的に作りたい場合はそれほどうまくいきません。

　たとえば、2020 年の 366 日分の行を生成するクエリを作成したいが、それらの行が含まれたテーブルはデータベースに保存したくない、としましょう。9 章の戦略でいくと、このクエリは次のようなものになるかもしれません。

```
SELECT '2020-01-01' dt
UNION ALL
SELECT '2020-01-02' dt
UNION ALL
SELECT '2020-01-03' dt
UNION ALL
......
SELECT '2020-12-29' dt
UNION ALL
```

```
SELECT '2020-12-30' dt
UNION ALL
SELECT '2020-12-31' dt
```

　366 個のクエリの結果をまとめるクエリを作成するというのはちょっと面倒なので、どうやら別の戦略が必要です。1 つの列に 0 から 366 までの数字が含まれた 366 行のテーブルを生成し（2020年はうるう年）、その数字を 2020 年 1 月 1 日に足すというのはどうでしょう。このようなテーブルを生成する方法の 1 つとして考えられるのは、次のようなクエリです[†1]。

```
mysql> SELECT ones.num + tens.num + hundreds.num
    -> FROM
    ->   (SELECT 0 num UNION ALL
    ->    SELECT 1 num UNION ALL
    ->    SELECT 2 num UNION ALL
    ->    SELECT 3 num UNION ALL
    ->    SELECT 4 num UNION ALL
    ->    SELECT 5 num UNION ALL
    ->    SELECT 6 num UNION ALL
    ->    SELECT 7 num UNION ALL
    ->    SELECT 8 num UNION ALL
    ->    SELECT 9 num) ones
    ->   CROSS JOIN
    ->   (SELECT 0 num UNION ALL
    ->    SELECT 10 num UNION ALL
    ->    SELECT 20 num UNION ALL
    ->    SELECT 30 num UNION ALL
    ->    SELECT 40 num UNION ALL
    ->    SELECT 50 num UNION ALL
    ->    SELECT 60 num UNION ALL
    ->    SELECT 70 num UNION ALL
    ->    SELECT 80 num UNION ALL
    ->    SELECT 90 num) tens
    ->   CROSS JOIN
    ->   (SELECT 0 num UNION ALL
    ->    SELECT 100 num UNION ALL
    ->    SELECT 200 num UNION ALL
    ->    SELECT 300 num) hundreds;
+----------------------------------+
| ones.num + tens.num + hundreds.num |
+----------------------------------+
|                                0 |
|                                1 |
|                                2 |
|                                3 |
|                                4 |
|                                5 |
|                                6 |
|                                7 |
|                                8 |
```

---

†1　［訳注］MySQL 8.0.22/23 などのバージョンでは、このように数字を昇順で出力するには、クエリに ORDER BY 1 を追加する必要がある。

```
|                                     9 |
|                                    10 |
|                                    11 |
|                                    12 |
......
|                                   391 |
|                                   392 |
|                                   393 |
|                                   394 |
|                                   395 |
|                                   396 |
|                                   397 |
|                                   398 |
|                                   399 |
+-----------------------------------+
400 rows in set (0.00 sec)
```

3つの集合{0, 1, 2, 3, 4, 5, 6, 7, 8, 9}、{0, 10, 20, 30, 40, 50, 60, 70, 80, 90}、{0, 100, 200, 300}のデカルト積を求め、3つの列の値をすべて足すと、0～399の数字がすべて含まれた400行の結果セットが得られます。2020年の通年日を生成するのに必要なのは366行ですが、後ほど示すように、余分な行を取り除くのは簡単です。

次のステップは、数字の集合を日付の集合に変換することです。まず、date_add関数を使って結果セットの各数字を2020年1月1日に足していきます。続いて、2021年にはみ出した日付を取り除くためにフィルタ条件を追加します。

```
mysql> SELECT DATE_ADD('2020-01-01',
    ->           INTERVAL (ones.num + tens.num + hundreds.num) DAY) dt
    -> FROM
    ->   (SELECT 0 num UNION ALL
    ->    SELECT 1 num UNION ALL
    ->    SELECT 2 num UNION ALL
    ->    SELECT 3 num UNION ALL
    ->    SELECT 4 num UNION ALL
    ->    SELECT 5 num UNION ALL
    ->    SELECT 6 num UNION ALL
    ->    SELECT 7 num UNION ALL
    ->    SELECT 8 num UNION ALL
    ->    SELECT 9 num) ones
    ->   CROSS JOIN
    ->   (SELECT 0 num UNION ALL
    ->    SELECT 10 num UNION ALL
    ->    SELECT 20 num UNION ALL
    ->    SELECT 30 num UNION ALL
    ->    SELECT 40 num UNION ALL
    ->    SELECT 50 num UNION ALL
    ->    SELECT 60 num UNION ALL
    ->    SELECT 70 num UNION ALL
    ->    SELECT 80 num UNION ALL
    ->    SELECT 90 num) tens
    ->   CROSS JOIN
```

```
    ->     (SELECT 0 num UNION ALL
    ->      SELECT 100 num UNION ALL
    ->      SELECT 200 num UNION ALL
    ->      SELECT 300 num) hundreds
    -> WHERE DATE_ADD('2020-01-01',
    ->        INTERVAL (ones.num + tens.num + hundreds.num) DAY) < '2021-01-01'
    -> ORDER BY 1;
+------------+
| dt         |
+------------+
| 2020-01-01 |
| 2020-01-02 |
| 2020-01-03 |
| 2020-01-04 |
| 2020-01-05 |
| 2020-01-06 |
| 2020-01-07 |
| 2020-01-08 |
......
| 2020-02-26 |
| 2020-02-27 |
| 2020-02-28 |
| 2020-02-29 |
| 2020-03-01 |
| 2020-03-02 |
| 2020-03-03 |
......
| 2020-12-24 |
| 2020-12-25 |
| 2020-12-26 |
| 2020-12-27 |
| 2020-12-28 |
| 2020-12-29 |
| 2020-12-30 |
| 2020-12-31 |
+------------+
366 rows in set (0.00 sec)
```

　この方法の利点は、2020年1月1日に59日を足したときにそれがうるう日（2月29日）であることをデータベースサーバーが判断してくれるため、プログラマが何もしなくても結果セットにうるう日が自動的に含まれることです。

　2020年のすべての日付を生成するメカニズムはこれで完成ですが、どのように使ったらよいでしょうか。たとえば、2020年のすべての日付とその日のレンタル件数を報告するレポートの作成を依頼されたとしましょう。このレポートを作成するクエリは次のようになるかもしれません（なお、rentalテーブルのデータに合わせて2005年にしています）。

```
mysql> SELECT days.dt, COUNT(r.rental_id) num_rentals
    -> FROM rental r
    ->   RIGHT OUTER JOIN
    ->     (SELECT DATE_ADD('2005-01-01',
```

```
    ->                INTERVAL (ones.num + tens.num + hundreds.num) DAY) dt
    ->      FROM
    >         (SELECT 0 num UNION ALL
    ->          SELECT 1 num UNION ALL
    ->          SELECT 2 num UNION ALL
    ->          SELECT 3 num UNION ALL
    ->          SELECT 4 num UNION ALL
    ->          SELECT 5 num UNION ALL
    ->          SELECT 6 num UNION ALL
    ->          SELECT 7 num UNION ALL
    ->          SELECT 8 num UNION ALL
    ->          SELECT 9 num) ones
    ->        CROSS JOIN
    ->         (SELECT 0 num UNION ALL
    ->          SELECT 10 num UNION ALL
    ->          SELECT 20 num UNION ALL
    ->          SELECT 30 num UNION ALL
    ->          SELECT 40 num UNION ALL
    ->          SELECT 50 num UNION ALL
    ->          SELECT 60 num UNION ALL
    ->          SELECT 70 num UNION ALL
    ->          SELECT 80 num UNION ALL
    ->          SELECT 90 num) tens
    ->        CROSS JOIN
    ->         (SELECT 0 num UNION ALL
    ->          SELECT 100 num UNION ALL
    ->          SELECT 200 num UNION ALL
    ->          SELECT 300 num) hundreds
    ->      WHERE DATE_ADD('2005-01-01',
    ->        INTERVAL (ones.num + tens.num + hundreds.num) DAY) < '2006-01-01'
    ->      ) days
    ->    ON days.dt = date(r.rental_date)
    -> GROUP BY days.dt
    -> ORDER BY 1;
+------------+-------------+
| dt         | num_rentals |
+------------+-------------+
| 2005-01-01 |           0 |
| 2005-01-02 |           0 |
| 2005-01-03 |           0 |
| 2005-01-04 |           0 |
......
| 2005-05-23 |           0 |
| 2005-05-24 |           8 |
| 2005-05-25 |         137 |
| 2005-05-26 |         174 |
| 2005-05-27 |         166 |
| 2005-05-28 |         196 |
| 2005-05-29 |         154 |
| 2005-05-30 |         158 |
| 2005-05-31 |         163 |
| 2005-06-01 |           0 |
......
| 2005-06-13 |           0 |
```

```
| 2005-06-14 |          16 |
| 2005-06-15 |         348 |
| 2005-06-16 |         324 |
| 2005-06-17 |         325 |
| 2005-06-18 |         344 |
| 2005-06-19 |         348 |
| 2005-06-20 |         331 |
| 2005-06-21 |         275 |
| 2005-06-22 |           0 |
......
| 2005-12-27 |           0 |
| 2005-12-28 |           0 |
| 2005-12-29 |           0 |
| 2005-12-30 |           0 |
| 2005-12-31 |           0 |
+------------+-------------+
365 rows in set (1.31 sec)
```

　クロス結合、外部結合、日付関数、グループ化、集合演算（union all）、集計関数（count）が含まれている点で、ここまで見てきたものよりもかなり複雑なクエリです。また、この問題を最もうまく解決するクエリでもありませんが、この言語をしっかり理解した上で少し創造力を働かせれば、クロス結合のような滅多に使うことのない機能でも SQL の強力な武器の 1 つになることがわかります。

10.3　自然結合

　面倒なことが苦手な場合は、結合するテーブルを指定すると、どのような結合条件が必要であるかをデータベースサーバーが判断してくれる、という結合を選択するのはどうでしょうか。この**自然結合**（natural join）と呼ばれる種類の結合では、複数のデータに存在する同じ名前の列に基づいて、適切な結合条件が推測されます。たとえば、rental テーブルには customer_id という列が含まれていますが、この列は customer テーブルの外部キーです。そして customer テーブルの主キーはやはり customer_id 列です。試しに、natural join を使って 2 つのテーブルを結合するクエリを作成してみましょう。

```
mysql> SELECT c.first_name, c.last_name, date(r.rental_date)
    -> FROM customer c
    ->   NATURAL JOIN rental r;
Empty set (0.07 sec)
```

　自然結合を指定したため、データベースサーバーはテーブルの定義を調べて、2 つのテーブルを結合するための条件として r.customer_id = c.customer_id を追加します。この方法はうまくいくはずですが、Sakila スキーマでは、各行が最後に変更されたのはいつであるかを示す last_update 列がすべてのテーブルに含まれています。このため、データベースサーバーは r.last_ update = c.last_update という結合条件も追加します。このクエリの結果セットが空なのはそのためです。

この問題に対処する唯一の方法は、少なくともテーブルの1つで列を制限するサブクエリを使うことです。

```
mysql> SELECT cust.first_name, cust.last_name, date(r.rental_date)
    -> FROM (SELECT customer_id, first_name, last_name FROM customer) cust
    ->   NATURAL JOIN rental r;
+------------+-----------+---------------------+
| first_name | last_name | date(r.rental_date) |
+------------+-----------+---------------------+
| MARY       | SMITH     | 2005-05-25          |
| MARY       | SMITH     | 2005-05-28          |
| MARY       | SMITH     | 2005-06-15          |
| MARY       | SMITH     | 2005-06-15          |
| MARY       | SMITH     | 2005-06-15          |
| MARY       | SMITH     | 2005-06-16          |
| MARY       | SMITH     | 2005-06-18          |
| MARY       | SMITH     | 2005-06-18          |
......
| AUSTIN     | CINTRON   | 2005-08-21          |
| AUSTIN     | CINTRON   | 2005-08-21          |
| AUSTIN     | CINTRON   | 2005-08-21          |
| AUSTIN     | CINTRON   | 2005-08-23          |
| AUSTIN     | CINTRON   | 2005-08-23          |
| AUSTIN     | CINTRON   | 2005-08-23          |
+------------+-----------+---------------------+
16044 rows in set (0.02 sec)
```

結合条件を入力する手間を省いたかいがはたしてあったでしょうか。どう考えてもなさそうです。自然結合を使うのではなく、結合条件が明確に指定された内部結合を使ってください。

10.4　練習問題

　この練習問題では、外部結合とクロス結合をどれくらい理解できたかをテストします。解答は付録Bにあります。

10-1 次のテーブル定義とデータを使って、各顧客の名前とその支払い総額を返すクエリを作成してみよう。

customer テーブル：

```
customer_id  name
-----------  ---------------
1            John Smith
2            Kathy Jones
3            Greg Oliver
```

payment テーブル：

```
payment_id  customer_id  amount
----------  -----------  --------
101         1            8.99
102         3            4.99
103         1            7.99
```

このクエリは、支払い記録がない顧客を含め、すべての顧客を返す。

10-2 練習問題 10-1 のクエリを書き換え、別の種類の外部結合を使って（たとえば、練習問題 10-1 で左外部結合を使った場合は右外部結合を使うなどして）同じ結果が得られるようにしてみよう。

10-3 (応用問題) 集合 {1, 2, 3, ..., 99, 100} を生成するクエリを作成してみよう（ヒント：クロス結合に加えて from 句でサブクエリを少なくとも 2 つ使う）。

11章
条件付きロジック

　状況によっては、特定の列または式の値に応じて SQL ロジックを分岐させたいことがあります。SQL 文の中には、実行時に検出されたデータに応じて動作を変更できるものがあります。本章では、そのような SQL 文を作成する方法に焦点を合わせます。SQL 文の条件付きロジックの仕掛けは case 式にあります。case 式は select、insert、update、delete の 4 つの文で使うことができます。

11.1　条件付きロジックとは何か

　条件付きロジックとは、プログラムの実行中に複数のパスの 1 つを選択できる能力のことです。たとえば、顧客の情報を取得するときに customer.active 列の値を追加したいとしましょう。この列には、顧客が休眠状態の場合は 0、そうではない場合は 1 の値が含まれています。このクエリの結果をレポートの生成に使う場合、この値のままでは何のことかわからないので、もっと理解しやすい情報に変換したほうがよいかもしれません。データベースにはそれぞれこうした状況に対処するための関数が組み込まれていますが、標準化されているわけではないため、どのデータベースでどの関数を使うのかを覚えておかなければなりません。ありがたいことに、各データベースの SQL 実装には case 式が含まれています。次のような単純な変換を含め、case 式はさまざまな状況で役立ちます。

```
mysql> SELECT first_name, last_name,
    ->    CASE
    ->       WHEN active = 1 THEN 'ACTIVE'
    ->       ELSE 'INACTIVE'
    ->    END activity_type
    -> FROM customer;
+------------+-----------+---------------+
| first_name | last_name | activity_type |
+------------+-----------+---------------+
| MARY       | SMITH     | ACTIVE        |
| PATRICIA   | JOHNSON   | ACTIVE        |
| LINDA      | WILLIAMS  | ACTIVE        |
```

```
| BARBARA     | JONES       | ACTIVE        |
| ELIZABETH   | BROWN       | ACTIVE        |
| JENNIFER    | DAVIS       | ACTIVE        |
......
| KENT        | ARSENAULT   | ACTIVE        |
| TERRANCE    | ROUSH       | INACTIVE      |
| RENE        | MCALISTER   | ACTIVE        |
| EDUARDO     | HIATT       | ACTIVE        |
| TERRENCE    | GUNDERSON   | ACTIVE        |
| ENRIQUE     | FORSYTHE    | ACTIVE        |
| FREDDIE     | DUGGAN      | ACTIVE        |
| WADE        | DELVALLE    | ACTIVE        |
| AUSTIN      | CINTRON     | ACTIVE        |
+-------------+-------------+---------------+
599 rows in set (0.00 sec)
```

このクエリには、activity_type列の値を生成するためのcase式が含まれています。この
case式はcustomer.active列の値に応じて文字列 'ACTIVE' または 'INACTIVE' を返します。

11.2　case式

ほとんどのプログラミング言語にはif-then-else文が含まれていますが、主要なデータベー
スサーバーには例外なく、この文を模倣することを目的とした組み込み関数が含まれています（た
とえば、Oracleのdecode関数、MySQLのif関数、SQL Serverのcoalesce関数など）。case
式もif-then-elseロジックを可能にすることを目的としていますが、組み込み関数にはない利
点が2つあります。

- case式はSQL規格（SQL92）の一部であり、Oracle Database、SQL Server、MySQL、
  PostgreSQL、IBM UDBなどで実装されている。
- case式はSQLの構文に組み込まれており、select文、insert文、update文、delete
  文に追加できる。

ここでは2種類のcase式を紹介し、それらを実際に使った例を見ていきます。

11.2.1　検索case式

先ほど示したcase式は、**検索case式**（searched case expression）の例です。このcase式の構
文は次のとおりです。

```
CASE
  WIIEN C1 THEN E1
  WHEN C2 THEN E2
  ......
  WHEN CN THEN EN
  [ELSE ED]
END
```

C1、C2、...、CN は条件を表し、E1、E2、...、EN は case 式から返される式を表します。when 句の条件が true と評価された場合、case 式は対応する式を返します。ED は、条件 C1、C2、...、CN がどれも true と評価されなかった場合に case 式から返されるデフォルトの式を表します（else 句はオプションであるため、角かっこで囲まれています）。さまざまな when 句から返される式はすべて同じ型（date、number、varchar など）に評価されるものでなければなりません。

検索 case 式の例を見てみましょう。

```
CASE
  WHEN category.name IN ('Children','Family','Sports','Animation')
    THEN 'All Ages'
  WHEN category.name = 'Horror'
    THEN 'Adult'
  WHEN category.name IN ('Music','Games')
    THEN 'Teens'
  ELSE 'Other'
END
```

この case 式は映画をカテゴリごとに分類するために利用できる文字列を返します。case 式を評価するときには、when 句が上から順に評価されます。そして、when 句の条件の 1 つが true と評価された時点で、対応する式が返され、残りの when 句は無視されます。when 句の条件がどれも true と評価されなかった場合は、else 句の式が返されます。

この例では文字列の式を返していますが、case 式では（サブクエリを含め）どのような式を返してもよいことを覚えておいてください。次のクエリは、11.1 節のクエリを書き換えて、サブクエリを使ってレンタル回数を返すようにしたものです。ただし、customer.active 列の値が 1 の顧客の情報だけを返します。

```
mysql> SELECT c.first_name, c.last_name,
    ->     CASE
    ->       WHEN active = 0 THEN 0
    ->       ELSE
    ->         (SELECT count(*) FROM rental r WHERE r.customer_id = c.customer_id)
    ->     END num_rentals
    -> FROM customer c;
+------------+-------------+-------------+
| first_name | last_name   | num_rentals |
+------------+-------------+-------------+
| MARY       | SMITH       |          32 |
```

```
| PATRICIA    | JOHNSON     |          27 |
| LINDA       | WILLIAMS    |          26 |
| BARBARA     | JONES       |          22 |
| ELIZABETH   | BROWN       |          38 |
| JENNIFER    | DAVIS       |          28 |
......
| TERRANCE    | ROUSH       |           0 |
| RENE        | MCALISTER   |          26 |
| EDUARDO     | HIATT       |          27 |
| TERRENCE    | GUNDERSON   |          30 |
| ENRIQUE     | FORSYTHE    |          28 |
| FREDDIE     | DUGGAN      |          25 |
| WADE        | DELVALLE    |          22 |
| AUSTIN      | CINTRON     |          19 |
+-------------+-------------+-------------+
599 rows in set (0.00 sec)
```

　相関サブクエリを使って customer.active 列の値が 1 の顧客ごとにレンタル回数を取得していることがわかります。該当する顧客の割合によっては、customer テーブルと rental テーブルを結合し、customer_id 列でグループ化するよりも効率的かもしれません。

11.2.2　単純 case 式

　単純 case 式（simple case expression）は、検索 case 式に非常によく似ていますが、検索 case 式ほど柔軟ではありません。単純 case 式の構文は次のとおりです。

```
CASE V0
  WHEN V1 THEN E1
  WHEN V2 THEN E2
  ......
  WHEN VN THEN EN
  [ELSE ED]
END
```

　V0 は値を表し、V1、V2、...、VN は V0 と比較する値を表します。E1、E2、...、EN は case 式から返される式を表し、ED は V1、V2、...、VN の値がどれも V0 と一致しなかった場合に case 式から返されるデフォルトの式を表します。

　単純 case 式の例を見てみましょう。

```
CASE category.name
  WHEN 'Children' THEN 'All Ages'
  WHEN 'Family' THEN 'All Ages'
  WHEN 'Sports' THEN 'All Ages'
  WHEN 'Animation' THEN 'All Ages'
  WHEN 'Horror' THEN 'Adult'
  WHEN 'Music' THEN 'Teens'
  WHEN 'Games' THEN 'Teens'
  ELSE 'Other'
END
```

単純 case 式が検索 case 式よりも柔軟性に欠けるのは、カスタム条件を指定できないためです。検索 case 式には、範囲条件、不等号条件、そして and/or/not を使った複合条件を追加できます。このため、単純なロジック以外は検索 case 式を使うことをお勧めします。

11.3 case 式の例

ここでは、SQL 文での条件付きロジックの用途を具体的に示すさまざまな例を紹介します。

11.3.1 結果セットを変換する

曜日のような有限の集合で集計処理を行うことになったが、結果セットに値ごとに行を1つ追加するのではなく、すべての値を1行にまとめ、それぞれの値が列に含まれるようにしたい、という状況に遭遇することがあります。例として、2005 年の 5 月、6 月、7 月のレンタル件数を調べるように依頼されたとしましょう。

```
mysql> SELECT monthname(rental_date) rental_month, count(*) num_rentals
    -> FROM rental
    -> WHERE rental_date BETWEEN '2005-05-01' AND '2005-08-01'
    -> GROUP BY monthname(rental_date);
+--------------+-------------+
| rental_month | num_rentals |
+--------------+-------------+
| May          |        1156 |
| June         |        2311 |
| July         |        6709 |
+--------------+-------------+
3 rows in set (0.02 sec)
```

ただし、データを1行にして3つの列（月ごとに1つ）に分けてほしい、という条件も付いています。この結果セットを1行に変換するには、列を3つ作成し、それぞれの列で該当する月の行だけを集計する必要があります。

```
mysql> SELECT
    ->   SUM(CASE WHEN monthname(rental_date) = 'May' THEN 1
    ->            ELSE 0 END) May_rentals,
    ->   SUM(CASE WHEN monthname(rental_date) = 'June' THEN 1
    ->            ELSE 0 END) June_rentals,
    ->   SUM(CASE WHEN monthname(rental_date) = 'July' THEN 1
    ->            ELSE 0 END) July_rentals
    -> FROM rental
    -> WHERE rental_date BETWEEN '2005-05-01' AND '2005-08-01';
+-------------+--------------+--------------+
| May_rentals | June_rentals | July_rentals |
+-------------+--------------+--------------+
|        1156 |         2311 |         6709 |
```

```
+-------------+-------------+-------------+
1 row in set (0.01 sec)
```

　このクエリから返される 3 つの列は、月の値を除けばどれも同じです。monthname 関数がその列に適した値を返した場合は case 式が 1 の値を返し、そうではない場合は 0 の値を返します。すべての行を集計した時点で、各列がその月のレンタル件数を返します。言うまでもなく、このような変換に現実味があるのは、値の個数が少ない場合だけです。たとえば、1905 年以降の年ごとに列を 1 つ生成すれば、すぐに手に負えなくなってしまうでしょう。

参考までに指摘しておくと、SQL Server と Oracle Database には、そのようなクエリを対象とした pivot 句が含まれている。

11.3.2　存在を確認する

　場合によっては、分量に関係なく 2 つのエンティティの間に関係が存在するかどうかを突き止めたいことがあります。たとえば、レーティングが G の映画に俳優が出演したことがあるどうかを知りたいが、実際の本数には関心がないとしましょう。次のクエリは複数の case 式を使って 3 つの出力列を生成します。1 つ目の出力列はレーティングが G の映画に出演したことがあるかどうかを表し、2 つ目の出力列はレーティングが PG の映画に出演したことがあるかどうかを表し、3 つ目の出力列はレーティングが NC-17 の映画に出演したことがあるかどうかを表します。

```
mysql> SELECT a.first_name, a.last_name,
    ->   CASE
    ->     WHEN EXISTS
    ->       (SELECT 1 FROM film_actor fa
    ->         INNER JOIN film f ON fa.film_id = f.film_id
    ->       WHERE fa.actor_id = a.actor_id AND f.rating = 'G') THEN 'Y'
    ->     ELSE 'N'
    ->   END g_actor,
    ->   CASE
    ->     WHEN EXISTS
    ->       (SELECT 1 FROM film_actor fa
    ->         INNER JOIN film f ON fa.film_id = f.film_id
    ->       WHERE fa.actor_id = a.actor_id AND f.rating = 'PG') THEN 'Y'
    ->     ELSE 'N'
    ->   END pg_actor,
    ->   CASE
    ->     WHEN EXISTS
    ->       (SELECT 1 FROM film_actor fa
    ->         INNER JOIN film f ON fa.film_id = f.film_id
    ->       WHERE fa.actor_id = a.actor_id AND f.rating = 'NC-17') THEN 'Y'
    ->     ELSE 'N'
    ->   END nc17_actor
```

```
    -> FROM actor a
    -> WHERE a.last_name LIKE 'S%' OR a.first_name LIKE 'S%';
+------------+-------------+---------+----------+------------+
| first_name | last_name   | g_actor | pg_actor | nc17_actor |
+------------+-------------+---------+----------+------------+
| JOE        | SWANK       | Y       | Y        | Y          |
| SANDRA     | KILMER      | Y       | Y        | Y          |
| CAMERON    | STREEP      | Y       | Y        | Y          |
| SANDRA     | PECK        | Y       | Y        | Y          |
| SISSY      | SOBIESKI    | Y       | Y        | N          |
| NICK       | STALLONE    | Y       | Y        | Y          |
| SEAN       | WILLIAMS    | Y       | Y        | Y          |
| GROUCHO    | SINATRA     | Y       | Y        | Y          |
| SCARLETT   | DAMON       | Y       | Y        | Y          |
| SPENCER    | PECK        | Y       | Y        | Y          |
| SEAN       | GUINESS     | Y       | Y        | Y          |
| SPENCER    | DEPP        | Y       | Y        | Y          |
| SUSAN      | DAVIS       | Y       | Y        | Y          |
| SIDNEY     | CROWE       | Y       | Y        | Y          |
| SYLVESTER  | DERN        | Y       | Y        | Y          |
| SUSAN      | DAVIS       | Y       | Y        | Y          |
| DAN        | STREEP      | Y       | Y        | Y          |
| SALMA      | NOLTE       | Y       | N        | Y          |
| SCARLETT   | BENING      | Y       | Y        | Y          |
| JEFF       | SILVERSTONE | Y       | Y        | Y          |
| JOHN       | SUVARI      | Y       | Y        | Y          |
| JAYNE      | SILVERSTONE | Y       | Y        | Y          |
+------------+-------------+---------+----------+------------+
22 rows in set (0.01 sec)
```

　各 case 式には、film_actor テーブルと film テーブルに対する相関サブクエリが含まれています。1つ目のサブクエリはレーティングが G の映画について調べるもので、2つ目のサブクエリはレーティングが PG の映画、3つ目のサブクエリはレーティングが NC-17 の映画について調べるものです。when 句にはそれぞれ exists 演算子が含まれているため、俳優がそのレーティングの映画に1回でも出演したことがある限り、それらの条件は true と評価されます。

　これとは別に、検出された行の個数に関心があるが、あるポイントまでわかればよい、という場合もあります。たとえば、次のクエリは単純 case 式を使って各映画の在庫の個数を数えた後、'Out Of Stock'、'Scarce'、'Available'、'Common' のいずれかを返します。

```
mysql> SELECT f.title,
    ->   CASE (SELECT count(*) FROM inventory i WHERE i.film_id = f.film_id)
    ->     WHEN 0 THEN 'Out Of Stock'
    ->     WHEN 1 THEN 'Scarce'
    ->     WHEN 2 THEN 'Scarce'
    ->     WHEN 3 THEN 'Available'
    ->     WHEN 4 THEN 'Available'
    ->     ELSE 'Common'
    ->   END film_availability
    -> FROM film f;
```

```
+----------------------------+--------------------+
| title                      | film_availability  |
+----------------------------+--------------------+
| ACADEMY DINOSAUR           | Common             |
| ACE GOLDFINGER             | Available          |
| ADAPTATION HOLES           | Available          |
| AFFAIR PREJUDICE           | Common             |
| AFRICAN EGG                | Available          |
| AGENT TRUMAN               | Common             |
| AIRPLANE SIERRA            | Common             |
| AIRPORT POLLOCK            | Available          |
| ALABAMA DEVIL              | Common             |
| ALADDIN CALENDAR           | Common             |
| ALAMO VIDEOTAPE            | Common             |
| ALASKA PHANTOM             | Common             |
| ALI FOREVER                | Available          |
| ALICE FANTASIA             | Out Of Stock       |
| ......                     |                    |
| YOUNG LANGUAGE             | Scarce             |
| YOUTH KICK                 | Scarce             |
| ZHIVAGO CORE               | Scarce             |
| ZOOLANDER FICTION          | Common             |
| ZORRO ARK                  | Common             |
+----------------------------+--------------------+
1000 rows in set (0.01 sec)
```

このクエリは、5以上の値に 'Common' を割り当てるため、5で数えるのをやめています。

11.3.3　ゼロ除算エラー

除算を含んでいる計算を行うときには、除数が0にならないように常に注意すべきです。Oracle Database のように、除数が0のときにエラーを生成するデータベースサーバーもありますが、MySQL は計算結果を null にするだけです。

```
mysql> SELECT 100 / 0;
+---------+
| 100 / 0 |
+---------+
|    NULL |
+---------+
1 row in set, 1 warning (0.00 sec)
```

計算がエラーになったり、不可解にも null に設定されたりするのを未然に防ぐために、除数はすべて条件付きロジックにまとめるべきです。

```
mysql> SELECT c.first_name, c.last_name,
    ->        sum(p.amount) tot_payment_amt,
    ->        count(p.amount) num_payments,
    ->        sum(p.amount) /
    ->          CASE WHEN count(p.amount) = 0 THEN 1
```

```
->                    ELSE count(p.amount)
->                END avg_payment
-> FROM customer c
->    LEFT OUTER JOIN payment p
->    ON c.customer_id = p.customer_id
-> GROUP BY c.first_name, c.last_name;
```

first_name	last_name	tot_payment_amt	num_payments	avg_payment
MARY	SMITH	118.68	32	3.708750
PATRICIA	JOHNSON	128.73	27	4.767778
LINDA	WILLIAMS	135.74	26	5.220769
BARBARA	JONES	81.78	22	3.717273
ELIZABETH	BROWN	144.62	38	3.805789
......				
EDUARDO	HIATT	130.73	27	4.841852
TERRENCE	GUNDERSON	117.70	30	3.923333
ENRIQUE	FORSYTHE	96.72	28	3.454286
FREDDIE	DUGGAN	99.75	25	3.990000
WADE	DELVALLE	83.78	22	3.808182
AUSTIN	CINTRON	83.81	19	4.411053

```
599 rows in set (0.04 sec)
```

このクエリは各顧客の支払い金額の平均値を求めます。会員になったばかりでまだ映画をレンタルしたことがない顧客もいるため、case 式を追加して除数が 0 にならないようにするのが得策です。

11.3.4　条件付き更新

テーブル内の行を更新する際、列の値を生成するために条件付きロジックが必要になることがあります。たとえば、あるジョブを週に 1 回実行するとしましょう。このジョブは、過去 90 日間にわたって映画をレンタルしていない顧客の customer.active 列の値を 0 にします。顧客ごとに 0 または 1 の値を設定する文は次のようになります。

```
UPDATE customer
SET active =
  CASE
    WHEN 90 <= (SELECT datediff(now(), max(rental_date))
                FROM rental r
                WHERE r.customer_id = customer.customer_id)
      THEN 0
    ELSE 1
  END
WHERE active = 1;
```

この文は、相関サブクエリを使って各顧客が最後に映画をレンタルした日からの日数を割り出

し、その日数を 90 と比較します。サブクエリから返された値が 90 以上である場合は、その顧客に
休眠状態であるというマーク（customer.active = 0）を付けます。

11.3.5　null 値の処理

　テーブルに null 値を格納することが妥当と言えるのは、列の値が不明な場合です。しかし、値
を取得する目的が表示や式の一部として使うことであるとしたら、null 値が返されることは必ず
しも妥当ではありません。たとえば、データ入力画面のフィールドが空の場合は、そのままにして
おくのではなく、'unknown' という文字列を表示したいとしましょう。このような場合は、これら
のフィールドのデータを取得するときに、case 式を使って null 値をこの文字列に置き換えるこ
とができます。

```
SELECT c.first_name, c.last_name,
  CASE
    WHEN a.address IS NULL THEN 'Unknown'
    ELSE a.address
  END address,
  CASE
    WHEN ct.city IS NULL THEN 'Unknown'
    ELSE ct.city
  END city,
  CASE
    WHEN cn.country IS NULL THEN 'Unknown'
    ELSE cn.country
  END country
FROM customer c
  LEFT OUTER JOIN address a
  ON c.address_id = a.address_id
  LEFT OUTER JOIN city ct
  ON a.city_id = ct.city_id
  LEFT OUTER JOIN country cn
  ON ct.country_id = cn.country_id;
```

　次に示すように、計算に null 値を使うと、よく結果が null 値になります。

```
mysql> SELECT (7 * 5) / ((3 + 14) * null);
+-----------------------------+
| (7 * 5) / ((3 + 14) * null) |
+-----------------------------+
|                        NULL |
+-----------------------------+
1 row in set (0.00 sec)
```

　case 式は、計算を行うときに null 値を数値（通常は 0 または 1）に置き換えるのに便利です。こ
のようにすると、計算結果を null 以外の値にすることができます。

11.4 練習問題

この練習問題では、条件付きロジックをどれくらい理解できたかをテストします。解答は付録B
にあります。

11-1 単純 case 式を使っている次のクエリを書き換えて、検索 case 式を使って同じ結果が得
られるようにしてみよう。

```
SELECT name,
  CASE name
    WHEN 'English' THEN 'latin1'
    WHEN 'Italian' THEN 'latin1'
    WHEN 'French' THEN 'latin1'
    WHEN 'German' THEN 'latin1'
    WHEN 'Japanese' THEN 'utf8'
    WHEN 'Mandarin' THEN 'utf8'
    ELSE 'Unknown'
  END character_set
FROM language;
```

when 句の数はできるだけ少なくすること。

11-2 次のクエリを書き換えて、結果セットに5つの列(レーティングごとに1つ)からなる行が
1つだけ含まれるようにしてみよう。

```
mysql> SELECT rating, count(*)
    -> FROM film
    -> GROUP BY rating;
+--------+----------+
| rating | count(*) |
+--------+----------+
| PG     |      194 |
| G      |      178 |
| NC-17  |      210 |
| PG-13  |      223 |
| R      |      195 |
+--------+----------+
5 rows in set (0.01 sec)
```

これら5つの列にはG、PG、PG_13、R、NC_17 という名前を付けること。

12章
トランザクション

　本書のここまでの例はすべて単体の独立した SQL 文でした。臨時の報告書の作成やデータメンテナンススクリプトではあたりまえのことかもしれませんが、アプリケーションのロジックには、1つの論理的な作業単位としてまとめて実行しなければならない複数の SQL 文が含まれていることがよくあります。そこで本章では、**トランザクション**（transaction）に着目します。トランザクションは複数の SQL 文をグループ化するためのメカニズムであり、それらの文はすべて成功するかすべて失敗するかのどちらかになります。

12.1　マルチユーザーデータベース

　データベース管理システム（DBMS）では、1 人のユーザーがクエリを実行したりデータを変更したりできますが、最近では、数千人もの人々が同時にデータベースに変更を加えることがあります。業務時間中のデータウェアハウスのように、すべてのユーザーがクエリを実行するだけであるとしたら、データベースサーバーが対処しなければならない問題は数えるほどしかありません。しかし、一部のユーザーがデータの追加や変更を行うとしたら、データベースサーバーが対処しなければならない問題は一気に増えることになります。

　たとえば、今週のレンタル状況をまとめたレポートを作成しているとしましょう。ところが、レポートを作成している最中に次の出来事が発生します。

- 顧客が映画をレンタルする。
- 顧客が返却予定日を過ぎてから映画を返却し、延滞料金を支払う。
- 新しい映画が 5 本入荷する。

　レポートを作成している最中に複数のユーザーがデータベースのデータを変更した場合、レポートに表示する数字はいくつにすべきでしょうか。その答えはデータベースサーバーが**ロック**（lock）

をどのように処理するかによって少し変わってきます。

12.1.1　ロック

　ロックはデータリソースの同時使用を制御するためにデータベースサーバーが使うメカニズムです。データベースの一部をロックした場合、その部分のデータを変更したい他のユーザーは（場合によっては、そのデータを読み取りたいユーザーも）ロックが解除されるまで待たなければなりません。ほとんどのデータベースサーバーは次の2つのロック方式のどちらかを採用しています。

- **書き込みロックと読み取りロック**
  データベースに書き込む場合は、データを変更するための**書き込みロック**をデータベースサーバーから取得しなければならない。データベースを読み取る場合は、クエリを実行するための**読み取りロック**をデータベースサーバーから取得しなければならない。複数のユーザーがデータを同時に読み取ることは可能だが、各テーブル（または対象となる部分）に対して与えられる書き込みロックは常に1つだけであり、書き込みロックが解除されるまで読み取りリクエストはブロックされる。

- **バージョニング**
  データベースに書き込む場合は、データを変更するための**書き込みロック**をデータベースサーバーから取得しなければならないが、データベースを読み取る（クエリを実行する）場合はいかなるロックも必要ない。代わりに、クエリの実行が開始されてから終了するまで、ユーザーが参照するデータビューの一貫性が保たれることがデータベースサーバーによって保証される（他のユーザーがデータを変更していたとしても、表示されるデータは同じである）。この手法は**バージョニング**（versioning）と呼ばれる。

　どちらのロック方式にも長所と短所があります。1つ目のロック方式では、大量の読み取りリクエストや書き込みリクエストが同時に発生した場合、待ち時間がかなり長くなることがあります。2つ目のロック方式では、データを変更している最中に時間のかかるクエリが実行されると問題が起きることがあります。本書で取り上げている3種類のデータベースサーバーのうち、SQL Serverは1つ目のロック方式を採用しており、Oracle Database は2つ目のロック方式を採用しています。MySQL は、後ほど説明するストレージエンジンの選択に応じて、どちらかのロック方式を使います。

12.1.2　ロックの単位

　リソースをロックする「方法」を決めるときにもさまざまな戦略があります。データベースサーバーは次の3つのレベル（単位）のいずれかでロックを適用します。

テーブルロック
    複数のユーザーが同じテーブルのデータを同時に変更できないようにする。
ページロック
    複数のユーザーがあるテーブルの同じページのデータを同時に変更できないようにする（ペー
    ジとは、一般に 2 ～ 16KB のメモリセグメントのことである）。
行ロック
    複数のユーザーがあるテーブルの同じ行を同時に変更できないようにする。

　これらの手法にも長所と短所があります。テーブル全体をロックすること自体はそれほど大変
なことではありませんが、ユーザーの人数が増えるに従い、看過できないほど待ち時間が延びて
いきます。これに対し、行をロックするのはずっと手間がかかりますが、それぞれの対象が別の行
である限り、大勢のユーザーが同じテーブルを変更できます。本書で取り上げている 3 種類のデー
タベースサーバーのうち、SQL Server はページロック、行ロック、テーブルロックを採用してお
り、Oracle Database は行ロックのみを採用しています。MySQL は、この場合もストレージエン
ジンの選択に応じて、テーブルロック、ページロック、行ロックのいずれかを使います。なお、SQL
Server はロックを行からページにエスカレートしたり、ページからテーブルにエスカレートしたり
することがあります。Oracle Database はロックをエスカレートしません。
　レポートの例に戻りましょう。レポートの各ページに表示されるデータは、データベースの次の
どちらかの状態を反映したものになります。

- データベースサーバーがバージョニングを採用している場合は、レポートの作成を開始した
  時点の状態
- データベースサーバーが読み取り／書き込みロックを採用している場合は、データベース
  サーバーがレポートアプリケーションに読み取りロックを発行したときの状態

12.2　トランザクションとは何か

　データベースサーバーのアップタイムが 100% で、ユーザーが常にプログラムを最後まで問題な
く実行でき、アプリケーションが常に正常に終了し、実行を中断するような深刻なエラーが発生し
ない ―― このような場合、データベースに対する同時アクセスに関して議論すべきことは何もあ
りません。しかし、これらはどれ 1 つとしてあてにならないので、複数のユーザーが同じデータに
アクセスできるようにするには、必要な要素がもう 1 つあります。

　この同時アクセスパズルのもう1つのピースは**トランザクション**（transaction）です。トランザクションは、複数のSQL文を1つにまとめて、それらの文をすべて成功させるかすべて失敗させる仕掛けです（正式には、これを**不可分性**または**原子性**と言います）。たとえば、普通預金口座から500ドルを当座預金口座へ振り込もうとしていて、この金額が普通預金口座から引き出されただけで、当座預金口座に入金されなかったとしたら、あなたはショックを受けるでしょう。振り込みがうまくいかなかった理由が何であれ（データベースサーバーがメンテナンスのためにシャットダウンされたのかもしれませんし、accountテーブルのページロックがタイムアウトしたのかもしれません）、500ドルを取り戻そうとするはずです。

　振り込みリクエストを処理するプログラムは、この種のエラーを防ぐために次の手順を実行します。

1.　トランザクションを開始する。

2.　普通預金口座から当座預金口座への振り込みを行うSQL文を実行する。

3.　すべてが正常に処理された場合は、commitコマンドを発行してトランザクションを終了する。何か予想外のことが起きた場合は、rollbackコマンドを発行して、トランザクションが開始されてから実行された変更をすべて元に戻す。

このプロセス全体を擬似コードで表すと次のようになります。

```
START TRANSACTION;

/* 1つ目の口座の残高が十分であることを確認した上で預金を引き出す */
UPDATE account SET avail_balance = avail_balance - 500
  WHERE account_id = 9988 AND avail_balance > 500;

IF <上記の文によって更新されたデータが1行だけである> THEN
  /* 預金を2つ目の口座に振り込む */
  UPDATE account SET avail_balance = avail_balance + 500
    WHERE account_id = 9989;

  IF <上記の文によって更新されたデータが1行だけである> THEN
    /* すべてが正常に処理された場合は変更を確定 */
    COMMIT;
  ELSE
  /* 何か問題が起きた場合は、このトランザクションでの変更をすべて元に戻す */
    ROLLBACK;
  END IF;
ELSE
  /* 残高が不足している、または更新中にエラーが発生した */
  ROLLBACK;
END IF;
```

このコードは、Oracle の PL/SQL や Microsoft の Transact SQL など、主要なデータベースベンダーが提供している手続き型言語で書かれたように見えるかもしれない。しかし、これは擬似コードで書かれたものであり、特定の言語を模倣する意図はない。

　この擬似コードは、トランザクションを開始した後、当座預金口座から 500 ドルを引き出して普通預金口座に振り込もうとしています。すべてが正常に処理された場合は、トランザクションをコミットします。しかし、何か問題が起きた場合は、トランザクションをロールバックします。トランザクションをロールバックすると、トランザクションが開始されてから変更されたデータはすべて元に戻されます。

　トランザクションを使うことにより、あなたの 500 ドルは普通預金口座にそのまま残るか、当座預金口座に振り込まれるかのどちらかになり、どこかに消えてしまう可能性はなくなります。トランザクションがコミットされるのかロールバックされるのかに関係なく、トランザクションの実行中に確保されたリソース（書き込みロックなど）はすべて、トランザクションが完了する前に解放されます。

　当然ながら、プログラムが両方の update 文の実行を完了したものの、commit またはrollback を実行する前にデータベースサーバーがシャットダウンした場合、そのトランザクションはデータベースサーバーが再起動したときにロールバックされます（データベースサーバーが再起動する前に完了しなければならないタスクの 1 つは、データベースサーバーがシャットダウンしたときに完了していなかったトランザクションを調べて、それらをロールバックすることです）。それに加えて、プログラムがトランザクションを終了して commit を実行したものの、変更内容が永続ストレージに適用される前にデータベースサーバーがシャットダウンした場合（つまり、変更されたデータはメモリ上にありますが、ディスクに書き出されていない状態です）、データベースサーバーは再起動したときにそのトランザクションでの変更内容を改めて適用しなければなりません（正式には、これを**永続性**または**持続性**と言います）。

12.2.1　トランザクションを開始する

　データベースサーバーは、トランザクションの作成を次のどちらかの方法で処理します。

- データベースセッションに紐付けられたアクティブトランザクションが常に存在するため、トランザクションを明示的に開始する必要もそのための手段もない。現在のトランザクションが終了すると、データベースサーバーがそのセッションの新しいトランザクションを自動的に開始する。

- トランザクションを明示的に開始しない限り、SQL 文がそれぞれ自動的にコミットされる。トランザクションを開始するには、最初にコマンドを実行しなければならない。

　本書で取り上げている 3 種類のデータベースサーバーのうち、Oracle Database は 1 つ目の方法を採用しており、SQL Server は 2 つ目の方法を採用しています。Oracle が採用しているアプローチには、SQL コマンドを 1 つ実行するだけであっても、結果に納得がいかなかったり途中で気が変わったりした場合に変更内容をロールバックできるという利点があります。つまり、delete 文にwhere 句を追加し忘れた場合は、ダメージを挽回するチャンスがあります（朝のコーヒーを飲んでいて、ふとテーブルの 125,000 行全部を削除したのっておかしくないか、と気付けばの話ですが）。しかし、MySQL と SQL Server は、Enter キーを押した時点で（DBA がバックアップなどから元のデータを復元できなければ）SQL 文による変更は確定となります。

　ANSI SQL:2003 規格には、start transaction コマンドが含まれています。トランザクションを明示的に開始したい場合は、このコマンドを使います。MySQL は SQL:2003 規格に準拠していますが、SQL Server ユーザーは代わりに begin transaction コマンドを使わなければなりません。どちらのデータベースサーバーでも、トランザクションを明示的に開始しない限り、**オートコミットモード**になります。オートコミットモードは、個々の文がデータベースサーバーによって自動的にコミットされることを意味します。したがって、トランザクションを使うことにしてstart transaction または begin transaction コマンドを実行するか、または個々の文のコミットをデータベースサーバーに任せてしまうことができます。

　MySQL と SQL Server では、セッションごとにオートコミットモードを無効にすることができます。その場合、トランザクションに関しては、データベースサーバーは Oracle Database のように機能します。SQL Server でオートコミットモードを無効にするには、次のコマンドを使います。

```
SET IMPLICIT_TRANSACTIONS ON
```

MySQL では、次のコマンドを使います。

```
SET AUTOCOMMIT=0
```

オートコミットモードを無効にすると、すべての SQL コマンドがトランザクションスコープに配置されるため、コミットまたはロールバックを明示的に行う必要があります。

ここでアドバイスを 1 つ。ログインするたびにオートコミットモードを無効にし、すべてのSQL 文をトランザクションで実行する習慣を身につけよう。少なくとも、誤って削除してしまったデータを復元してもらうために DBA に頭を下げにいくというきまりの悪い思いをせずに済むだろう。

12.2.2　トランザクションを終了する

`start transaction` コマンドを使って明示的に、あるいはデータベースサーバーによって暗黙的にトランザクションが開始されたら、変更を永続化するためにトランザクションを明示的に終了しなければなりません。トランザクションを終了するには、`commit` コマンドを使います。このコマンドは、変更内容を永続化し、トランザクション中に確保されたリソースをすべて解放するようにデータベースサーバーに命令します。

トランザクション中に変更したデータをすべて元に戻すことにした場合は、`rollback` コマンドを実行しなければなりません。このコマンドはデータをトランザクション前の状態に戻すようにデータベースサーバーに命令します。このコマンドが完了した後、そのセッションで使っていたリソースはすべて解放されます。

`commit` または `rollback` コマンドを使うこと以外にも、トランザクションが終了するかもしれない状況がいくつかあります。トランザクションは、ユーザーアクションの間接的な結果として、あるいはユーザーの制御がおよばない何らかの結果として終了することがあります。

- **データベースサーバーのシャットダウン**
  データベースサーバーがシャットダウンした場合、トランザクションはサーバーの再起動時に自動的にロールバックされる。

- **SQL スキーマ文の実行**
  `alter table` などの SQL スキーマ文を実行すると、現在のトランザクションがコミットされ、新しいトランザクションが開始される。

- **新しい start transaction コマンドの実行**
  `start transaction` コマンドを実行すると、それまでのトランザクションはコミットされる。

- **トランザクションの途中終了**
  データベースサーバーがデッドロックを検出し、トランザクションが原因であると判断した場合、トランザクションは途中で終了する。この場合、トランザクションはロールバックされ、ユーザーにエラーメッセージが表示される。

これら 4 つの状況のうち、1 つ目と 3 つ目はどういうことかすぐにわかりますが、他の 2 つは少し説明が必要です。2 つ目の状況は、データベース自体に対する変更 —— 新しいテーブルまたはインデックスを追加するか、テーブルから列を削除する —— であるため、ロールバックを行うことはできません。したがって、スキーマを変更するコマンドはトランザクションの外で実行しなければなりません。現在トランザクションが実行中である場合、データベースサーバーは現在のトラ

ンザクションをコミットし、SQL スキーマ文を実行した後、そのセッションの新しいトランザクションを自動的に開始します。このとき、データベースサーバーは何が起きたのかをユーザーに知らせません。このため、複数の文を組み合わせて 1 つのタスクを実行する場合は、それらの文がデータベースサーバーによって勝手に複数のトランザクションに分割されることがないように注意してください。

　4 つ目の状況は、デッドロックの検出に関係しています。デッドロックが発生するのは、2 つの異なるトランザクションがあり、一方のトランザクションが現在保持しているリソースをもう一方のトランザクションが待機しているときです。たとえば、トランザクション A がちょうど account テーブルを更新したところで、transaction テーブルの書き込みロックを待っているとしましょう。トランザクション B は transaction テーブルに行を挿入したところであり、account テーブルの書き込みロックを待っています。両方のトランザクションがたまたま（データベースサーバーが使っているロック単位に応じて）同じページや行を変更するとしたら、相手のトランザクションが終了して必要なリソースを解放するまで永遠に待機することになります。データベースサーバーは常にこのような状況に目を光らせ、スループットが 0 にならないようにしなければなりません。そこで、デッドロックが検出された場合は、（無作為に、あるいは何らかの条件に基づいて）どちらかのトランザクションをロールバックし、もう一方のトランザクションが作業を続行できるようにします。ほとんどの場合、ロールバックされたトランザクションは再開できるため、新たなデッドロックを引き起こすことなくコミットできるはずです。

　2 つ目の状況とは異なり、データベースサーバーはデッドロックのせいでトランザクションがロールバックされたことを伝えるエラーを生成します。たとえば MySQL の場合は、エラー 1213 と次のエラーメッセージが返されます。

```
Message: Deadlock found when trying to get lock; try restarting transaction
```

　このエラーメッセージが提案しているように、デッドロックのせいでロールバックされたトランザクションを再開するというのは合理的な選択肢です。しかし、デッドロックが頻繁に発生するようになった場合は、デッドロックの確率を下げるために、データベースにアクセスするアプリケーションを修正する必要があるかもしれません（一般的な戦略の 1 つは、account テーブルのデータを変更してから transaction テーブルにデータを挿入するなど、データリソースに常に同じ順番でアクセスすることです）。

ストレージエンジンの選択

Oracle Database または SQL Server を使っている場合は、主キーの値に基づいてテーブルから特定の行を取得するといった低レベルのデータベース機能を提供するコードセットが 1 つだけ存在する。これに対し、MySQL サーバーは複数のストレージエンジンを活用することで、リソースのロックやトランザクションの管理といった低レベルのデータベース機能を提供するように設計されている。MySQL 8.0 には、次のストレージエンジンが含まれている。

MyISAM

テーブルロックを採用している非トランザクション対応のエンジン

MEMORY

インメモリテーブルに使われる非トランザクション対応のエンジン

CSV

CSV ファイルにデータを格納するトランザクション対応のエンジン

InnoDB

行レベルのロックを採用しているトランザクション対応のエンジン

Merge

複数の同じ MyISAM テーブルを 1 つのテーブルとして表示する（テーブルパーティショニングを行う）特殊なエンジン

Archive

主にアーカイブを目的として、インデックス付けされていない大量のデータを格納する特殊なエンジン

データベースで使うストレージエンジンを 1 つだけ選択することを求められていると考えているかもしれないが、MySQL はテーブルごとにストレージエンジンを選択できるほど柔軟である。ただし、トランザクションで使うテーブルには、InnoDB ストレージエンジンを選択すべきである。このストレージエンジンは行レベルのロックとバージョニングを利用することで、さまざまなストレージエンジンにまたがって高度な並行性を実現する。

ストレージエンジンはテーブルの作成時に明示的に指定できるが、既存のテーブルのストレージエンジンを別のものに変更することもできる。テーブルに割り当てられているストレージエンジンがどれかわからない場合は、`show table` コマンドで確認できる。

```
mysql> show table status like 'customer' \G;
*************************** 1. row ***************************
           Name: customer
         Engine: InnoDB
        Version: 10
     Row_format: Dynamic
           Rows: 599
```

```
       Avg_row_length: 136
          Data_length: 81920
      Max_data_length: 0
         Index_length: 49152
            Data_free: 0
       Auto_increment: 600
          Create_time: 2021-01-05 16:50:39
          Update_time: NULL
           Check_time: NULL
            Collation: utf8mb4_0900_ai_ci
             Checksum: NULL
       Create_options:
              Comment:
    1 row in set (0.00 sec)
```

2つ目の項目を見ると、customer テーブルがすでに InnoDB ストレージエンジンを使っていることがわかる。このストレージエンジンを使っていない場合は、次のコマンドを使って customer テーブルに割り当てることができる。

```
ALTER TABLE customer ENGINE = INNODB;
```

12.2.3　トランザクションのセーブポイント

　状況によっては、ロールバックを必要とするトランザクションで問題が発生したとしても、そこまでの作業を「すべて」元に戻すのは避けたい、ということがあります。そのような場合は、トランザクション内に**セーブポイント**を1つ以上設定するとよいでしょう。このようにすると、トランザクションでのここまでの作業をすべてロールバックするのではなく、特定のポイントまでロールバックできるようになります。

　セーブポイントには必ず名前を付けなければなりません。名前を付けることで、1つのトランザクション内で複数のセーブポイントを設定できるようになります。たとえば、my_savepoint というセーブポイントを作成するには、次のコマンドを使います。

```
SAVEPOINT my_savepoint;
```

　特定のセーブポイントまでロールバックするには、rollback コマンドを実行するときに to savepoint というキーワードとセーブポイントの名前を指定します。

```
ROLLBACK TO SAVEPOINT my_savepoint;
```

　セーブポイントの使用例を見てみましょう。

```
START TRANSACTION;

UPDATE product
SET date_retired = CURRENT_TIMESTAMP()
WHERE product_cd = 'XYZ';
```

```
SAVEPOINT before_close_accounts;

UPDATE account
SET status = 'CLOSED', close_date = CURRENT_TIMESTAMP(),
    last_activity_date = CURRENT_TIMESTAMP()
WHERE product_cd = 'XYZ';

ROLLBACK TO SAVEPOINT before_close_accounts;
COMMIT;
```

実際にどうなるかというと、XYZ という商品は取り消されますが、アカウントは 'CLOSED' になりません。

セーブポイントを使うときには、次の点に注意してください。

- その名前とは裏腹に、セーブポイントを作成しても何も保存されない。トランザクションの内容を永続化したい場合は、最終的に commit コマンドを実行しなければならない。
- セーブポイントを指定せずに rollback コマンドを実行した場合、トランザクション内のセーブポイントはすべて無視され、トランザクション全体が取り消される。

SQL Server を使っている場合、セーブポイントの作成には save transaction コマンド、セーブポイントまでのロールバックには rollback transaction コマンドを使う必要があります。どちらのコマンドでも、コマンド名の後にセーブポイント名を指定します。

12.3 練習問題

この練習問題では、トランザクションをどれくらい理解できたかをテストします。解答は付録 B にあります。

12-1 口座番号 123 から口座番号 789 への 50 ドルの振り込みタスクを作成してみよう。transaction テーブルに 2 つの行を挿入し、account テーブルの 2 つの行を更新する必要がある。次のテーブル定義とデータを使うこと。

account テーブル：

```
account_id   avail_balance   last_activity_date
----------   -------------   ------------------
123          500             2019-07-10 20:53:27
789          75              2019-06-22 15:18:35
```

transactionテーブル：

```
txn_id      txn_date      account_id   txn_type_cd   amount
---------   ------------  -----------  -----------   --------
1001        2019-05-15    123          C             500
1002        2019-06-01    789          C             75
```

なお、入金を指定するには txn_type_cd = 'C' を使い、出金を指定するには txn_type_cd = 'D' を使う。

13章
インデックスと制約

　本書の焦点はプログラミングテクニックにあるため、ここまでの12の章では、強力な select 文、insert 文、update 文、delete 文を組み立てるのに利用できる SQL 言語の要素を集中的に取り上げてきました。しかし、コーディングに「間接的な」影響を与えるデータベースの機能は他にもあります。本章では、そのうちの2つであるインデックスと制約を取り上げます。

13.1　インデックス

　テーブルに行を挿入する際、データベースサーバーはそのデータをテーブル内の特定の場所に配置するわけではありません。たとえば、customer テーブルに行を追加する場合、データベースサーバーはその行を customer_id 列の数値の順に配置するわけでも、last_name 列のアルファベット順に配置するわけでもありません。データベースサーバーは単に、ファイル内の次に利用できる場所にデータを配置するだけです（各テーブルの空き領域のリストはデータベースサーバーが管理しています）。このため、customer テーブルに対してクエリが実行されたら、データベースサーバーはテーブルの行を1つ残らず調べなければなりません。たとえば、次のクエリを実行したとしましょう。

```
mysql> SELECT first_name, last_name
    -> FROM customer
    -> WHERE last_name LIKE 'Y%';
+------------+-----------+
| first_name | last_name |
+------------+-----------+
| LUIS       | YANEZ     |
| MARVIN     | YEE       |
| CYNTHIA    | YOUNG     |
+------------+-----------+
3 rows in set (0.00 sec)
```

　ラストネームが Y で始まる顧客全員を見つけ出すには、データベースサーバーが customer テーブルのすべての行にアクセスし、last_name 列の内容を調べなければなりません。そして、ラスト

ネームがYで始まっていたら、その行を結果セットに追加します。この種のアクセスは**テーブルス
キャン**（table scan）と呼ばれます。

　テーブルがたった3行ならこの方法でもよいのですが、テーブルに300万行が含まれていたと
したら、クエリの結果が返されるのにどれくらい時間がかかるか想像してみてください。3行から
300万行までのどこかで、何らかの助けがなければデータベースサーバーが妥当な時間内に応答で
きなくなります。ここで助けとなるのが、customer テーブルの1つ以上の**インデックス**（index）
です。

　データベースインデックスについて聞いたことがなかったとしても、インデックス（索引）が何か
は知っているはずです（本書にも索引があります）。インデックスとは、リソース内の特定のアイテ
ムを検索するためのメカニズムのことです。たとえば、技術書の巻末には索引が付いており、特定
の用語や語句がどこに書かれているかを調べることができます。索引では、これらの用語や語句が
アルファベット（あいうえお）順に並んでおり、読者が頭文字を目印に用語や語句を調べて、それら
が含まれているページをすばやく見つけ出すことができます。

　文献で索引を使って用語を探すのと同じように、データベースサーバーはインデックスを使って
テーブルの行を特定します。インデックスは特別なテーブルであり、通常のテーブルとは違って、
特別な順序で並んでいます。ただし、エンティティに関するデータをすべて含んでいるわけではな
く、データテーブルの行を特定するために使われる（1つ以上の）列と、その行が物理的に配置され
ている場所を示す情報だけを含んでいます。つまり、テーブルのすべての行を調べることなく、テー
ブルの行や列からなる部分集合を取り出せるようにすることが、インデックスの役割となります。

13.1.1　インデックスを作成する

　customer テーブルの例に戻って、email 列にインデックスを追加することにしたとしましょ
う。この列にインデックスを追加するのは、この列の値を指定するクエリや、顧客の電子メールア
ドレスを指定する update 文や delete 文をすばやく実行できるようにするためです。このような
インデックスを MySQL データベースに追加する方法は次のようになります。

```
mysql> ALTER TABLE customer
    -> ADD INDEX idx_email (email);
Query OK, 0 rows affected (0.05 sec)
Records: 0  Duplicates: 0  Warnings: 0
```

　この文は、customer.email 列でインデックスを作成し、idx_email という名前を付けていま
す（正確にはB木インデックスを作成しますが、この点については13.1.2項で詳しく説明します）。
インデックスが作成されている場合、3章で説明したクエリオプティマイザは（インデックスを使
うほうが有利であれば）インデックスを使うことを選択できます。テーブルのインデックスが1つ
だけではない場合、クエリオプティマイザはその SQL 文にとって最も有利なインデックスを選択
しなければなりません。

MySQL はインデックスをテーブルのオプションコンポーネントとして扱う。インデックスの追加や削除に `alter table` コマンドを使ったのはそのためである。SQL Server や Oracle Database などの他のデータベースサーバーは、インデックスを独立したスキーマオブジェクトとして扱う。したがって、SQL Server と Oracle Database はインデックスの作成に `create index` コマンドを使う。

```
CREATE INDEX idx_email
ON customer (email);
```

MySQL 8.0 は `create index` コマンドをサポートしているが、このコマンドは `alter table` コマンドにマッピングされる。つまり、`create index` コマンドは `alter table` コマンドと一対一に対応している。ただし、主キーインデックスの作成にはやはり `alter table` コマンドを使わなければならない。

利用可能なインデックスはどのデータベースサーバーでも調べることができます。MySQL ユーザーは特定のテーブルに作成されたすべてのインデックスを show コマンドで確認できます。

```
mysql> SHOW INDEX FROM customer \G;
*************************** 1. row ***************************
        Table: customer
   Non_unique: 0
     Key_name: PRIMARY
 Seq_in_index: 1
  Column_name: customer_id
    Collation: A
  Cardinality: 599
     Sub_part: NULL
       Packed: NULL
         Null:
   Index_type: BTREE
......
*************************** 2. row ***************************
        Table: customer
   Non_unique: 1
     Key_name: idx_fk_store_id
 Seq_in_index: 1
  Column_name: store_id
    Collation: A
  Cardinality: 2
     Sub_part: NULL
       Packed: NULL
         Null:
   Index_type: BTREE
......
*************************** 3. row ***************************
        Table: customer
   Non_unique: 1
     Key_name: idx_fk_address_id
 Seq_in_index: 1
  Column_name: address_id
```

```
      Collation: A
    Cardinality: 599
       Sub_part: NULL
         Packed: NULL
           Null:
     Index_type: BTREE
......
*************************** 4. row ***************************
          Table: customer
     Non_unique: 1
       Key_name: idx_last_name
   Seq_in_index: 1
    Column_name: last_name
      Collation: A
    Cardinality: 599
       Sub_part: NULL
         Packed: NULL
           Null:
     Index_type: BTREE
......
*************************** 5. row ***************************
          Table: customer
     Non_unique: 1
       Key_name: idx_email
   Seq_in_index: 1
    Column_name: email
      Collation: A
    Cardinality: 599
       Sub_part: NULL
         Packed: NULL
           Null: YES
     Index_type: BTREE
......
5 rows in set (0.00 sec)
```

　この出力から、customer テーブルにインデックスが5つ作成されていることがわかります。
1つは customer_id 列に PRIMARY という名前で作成されており、他の4つは store_id 列、
address_id 列、last_name 列、email 列に作成されています。作成したインデックスは1つだ
け（idx_email）なので、なぜインデックスが5つあるのか不思議に思っているかもしれません。
他の4つのインデックスは Sakila サンプルデータベースの一部としてインストールされたもので
す。customer テーブルの作成に使われた文を見てみましょう。

```
CREATE TABLE customer (
  customer_id SMALLINT UNSIGNED NOT NULL AUTO_INCREMENT,
  store_id TINYINT UNSIGNED NOT NULL,
  first_name VARCHAR(45) NOT NULL,
  last_name VARCHAR(45) NOT NULL,
  email VARCHAR(50) DEFAULT NULL,
  address_id SMALLINT UNSIGNED NOT NULL,
  active BOOLEAN NOT NULL DEFAULT TRUE,
  create_date DATETIME NOT NULL,
```

```
last_update TIMESTAMP DEFAULT CURRENT_TIMESTAMP,
PRIMARY KEY (customer_id),
KEY idx_fk_store_id (store_id),
KEY idx_fk_address_id (address_id),
KEY idx_last_name (last_name),
......
```

customer テーブルを作成したときに、MySQL サーバーが主キー列（customer_id）でインデックスを自動的に作成し、PRIMARY という名前を付けたのです。このインデックスは主キー制約で使われる特別なインデックスです。制約については 13.2 節で説明します。

インデックスを作成した後、そのインデックスがそれほど有用ではないことが判明した場合は、次の方法で削除できます。

```
mysql> ALTER TABLE customer
    -> DROP INDEX idx_email;
Query OK, 0 rows affected (0.04 sec)
Records: 0  Duplicates: 0  Warnings: 0
```

SQL Server と Oracle Database では、`drop index` コマンドを使ってインデックスを削除しなければならない。

```
DROP INDEX idx_email; (Oracle)
DROP INDEX idx_email ON customer (SQL Server)
```

MySQL は `drop index` コマンドもサポートするようになったが、このコマンドは `alter table` コマンドにマッピングされる。

一意なインデックス

データベースを設計するときには、重複するデータを含んでいてもよい列と含んでいてはならない列について検討することが重要です。たとえば customer テーブルの場合は、John Smith という名前の顧客の行が 2 つあってもよいことになっています。なぜなら、各行の ID（customer_id）、電子メールアドレス、住所が違っていれば、顧客を区別できるからです。これに対し、2 人の顧客が同じ電子メールアドレスを持つという状況は避けたいところです。customer.email 列で**一意なインデックス**（unique index）を作成すると、重複する値を拒否するルールをこの列に適用できます。

一意なインデックスには複数の役割があります。一意なインデックスは、通常のインデックスの利点をすべて提供することに加えて、インデックスが作成された列に重複する値を追加できないようにするメカニズムとしても機能します。新しい行が挿入されるか、インデックスが付いている列が変更されるたびに、データベースサーバーは一意なインデックスをチェックして、指定された値がテーブルの他の行にすでに含まれているかどうかを確認します。customer.email 列で一意なインデックスを作成する方法は次のようになります。

```
mysql> ALTER TABLE customer
    -> ADD UNIQUE idx_email (email);
Query OK, 0 rows affected (0.02 sec)
Records: 0  Duplicates: 0  Warnings: 0
```

 SQL Server と Oracle Database では、インデックスを作成するときに unique キーワード
を追加するだけでよい。

```
CREATE UNIQUE INDEX idx_email
ON customer (email);
```

　一意なインデックスが追加された状態で、すでに存在している電子メールアドレスを使って新し
い顧客を追加しようとした場合は、次のようなエラーになります。

```
mysql> INSERT INTO customer
    ->    (store_id, first_name, last_name, email, address_id, active)
    -> VALUES
    ->    (1,'ALAN','KAHN', 'ALAN.KAHN@sakilacustomer.org', 394, 1);
ERROR 1062 (23000): Duplicate entry 'ALAN.KAHN@sakilacustomer.org' for key
'customer.idx_email'
```

　なお、主キー列で一意なインデックスを作成するのは避けてください。主キー列の値が一意かど
うかはデータベースサーバーがあらかじめチェックするからです。ただし、正当な理由があれば、
同じテーブルで一意なインデックスを2つ以上作成してもよいでしょう。

複数列のインデックス

　ここまでは単一列のインデックスを見てきましたが、複数の列にまたがるインデックスも作成で
きます。たとえば、顧客をファーストネームとラストネームで検索する場合は、これら2つの列に
またがるインデックスを作成できます。

```
mysql> ALTER TABLE customer
    -> ADD INDEX idx_full_name (last_name, first_name);
Query OK, 0 rows affected (0.02 sec)
Records: 0  Duplicates: 0  Warnings: 0
```

　このインデックスは、顧客のファーストネームとラストネームを指定するクエリやラストネーム
だけを指定するクエリには役立ちますが、顧客のファーストネームだけを指定するクエリには役立
ちません。その理由を理解するために、誰かの電話番号を調べる方法について考えてみましょう。
電話帳はラストネームの順に並んでいて、ラストネームが同じである場合はさらにファーストネー
ムの順に並んでいます。このため、その人のファーストネームとラストネームを知っている場合は、
電話番号をすばやく探し当てることができます。しかし、その人のファーストネームしか知らない
としたら、そのファーストネームが含まれている電話番号をすべて洗い出すために、電話帳のすべ

てのエントリを調べるはめになります。

　そこで、複数列のインデックスを作成するときには、そのインデックスをできるだけ有益なものにするために、最初に列挙する列や次に列挙する列を含め、対象となる列について慎重に検討すべきです。しかし、妥当な応答時間を確保するには、列を組み合わせる順番を変えて複数のインデックスを作成する必要があるかもしれません。その必要があると感じた場合は、ぜひそうしてください。

13.1.2　インデックスの種類

　インデックスは強力な武器の1つですが、データにさまざまな種類があるように、たった1種類のインデックスですべてをまかなえるとは限りません。ここでは、さまざまなデータベースサーバーで利用できるインデックスの種類を詳しく見ていきます。

B木インデックス

　ここまで見てきたインデックスはすべて**B木インデックス**（balanced-tree index）です。MySQL、Oracle Database、SQL Server はデフォルトでB木インデックスを使うため、別の種類のインデックスを明示的に指定しない限り、B木インデックスが作成されます。もう察しがついているように、B木インデックスは1つ以上の枝ノードから1つの葉ノードに分岐する木構造として構成されます。枝ノードは木をたどるために使われ、葉ノードは実際の値と位置情報を保持するために使われます。たとえば、`customer.last_name`列で作成されたB木インデックスは図13-1のようになります。

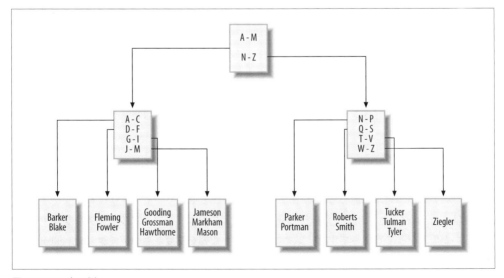

図13-1：B木の例

　ラストネームが G で始まる顧客をすべて取得するクエリを実行した場合、データベースサーバーは一番上の枝ノードを調べて、A ～ M で始まるラストネームを扱う枝ノードへのリンクをたどります（この一番上の枝ノードを**ルートノード**と呼びます）。次に、この枝ノードから G ～ I で始まるラストネームを含んでいる葉ノードに進みます。そして、G で始まらない値（この場合は Hawthorne）にぶつかるまで、葉ノードの値を読み取ります。

　customer テーブルで行の挿入、更新、削除が発生した場合、データベースサーバーは枝ノードと葉ノードがルートノードのどちらかの側に偏ることがないよう、B 木のバランスを保とうとします。その際には、枝ノードを追加または削除して値を均等に再分配するだけではなく、枝ノード全体をそっくり追加または削除することもできます。データベースサーバーはこのようにして木のバランスを保つことで、大量の枝ノードをかき分けることなく、葉ノードをすばやくたどって目的の値を見つけ出すことができます。

ビットマップインデックス

　B 木インデックスは、顧客のファーストネームとラストネームのようにさまざまな値を含んでいる列の処理には適していますが、ごく限られた値しか追加できない列で作成しても無駄に終わることがあります。たとえば、customer.active 列でインデックスを作成し、休眠状態のアカウントをすばやく取り出せるようにするとしましょう。この列の値は 2 種類だけであり（休眠状態の場合は 0、そうではない場合は 1）、休眠状態ではない顧客のほうがはるかに多いため、顧客の人数が増えるに従い、B 木インデックスのバランスを保つのは難しくなっていくでしょう。

　テーブルに大量の行が含まれていて、それらの行にほんの数種類の値しかとらない列が含まれている場合は、別のインデックス戦略が必要です。ちなみに、このような列を**濃度が低いデータ**（low-cardinality data）と呼びます。この状況により効率よく対処するために、Oracle Database には**ビットマップインデックス**（bitmap index）が含まれています。ビットマップインデックスは列に格納される値ごとにビットマップを生成します。たとえば、customer.active 列でビットマップインデックスを作成するとしたら、そのインデックスは 2 つのビットマップを維持することになります。1 つは、0 の値に対するビットマップであり、もう 1 つは 1 の値に対するビットマップです。休眠状態の顧客をすべて取得するクエリを実行した場合、データベースサーバーは 0 のビットマップを調べて目的の行をすばやく取り出すことができます。

　ビットマップインデックスは濃度の低いデータに適した効率のよい解決策です。しかし、行の数が増えていくと、それに比例して列に格納される値の種類も増えていくかもしれません。そのような場合は、データベースサーバーが維持しなければならないビットマップの数が多くなりすぎて、うまくいかなくなってしまいます。ちなみに、このような列を**濃度が高いデータ**（high-cardinality data）と呼びます。たとえば、濃度が最も高くなる可能性があるのは（行ごとに値が異なる）主キー列なので、この列でビットマップインデックスを作成することはまずないでしょう。

Oracle Database でビットマップインデックスを作成したい場合は、`create index` 文に `bitmap` キーワードを追加するだけです。

```
CREATE BITMAP INDEX idx_active ON customer (active);
```

ビットマップインデックスはデータウェアハウス環境でよく使われます。データウェアハウスでは、格納される値が比較的限られている列（四半期の売上、地区、商品、販売担当者）でインデックスを作成することがよくあります。

テキストインデックス

データベースにドキュメントを格納する場合は、それらのドキュメントで単語やフレーズを検索できるようにする必要があるかもしれません。言うまでもなく、検索がリクエストされるたびにデータベースサーバーにドキュメントを開かせて指定されたテキストを検索させるのは避けたいところですが、従来のインデックス方式もこのような状況には歯が立ちません。MySQL、SQL Server、Oracle Database には、このような状況に対処するためにドキュメント専用のインデックスと検索メカニズムが含まれています。SQL Server と MySQL には、**フルテキストインデックス**（full-text index）と呼ばれるものが含まれています。Oracle Database には、**Oracle Text** と呼ばれる強力なツールセットが含まれています。ドキュメント検索は例を挙げるのがためらわれるほど独特ですが、少なくとも何が利用できるのかを知っておいて損はありません。

13.1.3　インデックスの使い方

一般に、インデックスは特定のテーブルから行をすばやく取り出すためにデータベースサーバーが使うものです。データベースサーバーはその前に、関連するテーブルにアクセスし、ユーザーがリクエストした追加情報を取得します。次のクエリを見てください。

```
mysql> SELECT customer_id, first_name, last_name
    -> FROM customer
    -> WHERE first_name LIKE 'S%' AND last_name LIKE 'P%';
+-------------+------------+-----------+
| customer_id | first_name | last_name |
+-------------+------------+-----------+
|          84 | SARA       | PERRY     |
|         197 | SUE        | PETERS    |
|         167 | SALLY      | PIERCE    |
+-------------+------------+-----------+
3 rows in set (0.00 sec)
```

この場合、データベースサーバーは次のいずれかの戦略をとることができます。

- `customer` テーブルの行をすべてスキャンする。

- `last_name` 列のインデックスを使ってラストネームが P で始まる顧客をすべて見つけ出す。続いて、customer テーブルの各行を調べて、ファーストネームが S で始まる顧客だけを取得する。

- `last_name` 列と `first_name` 列のインデックスを使って、ラストネームが P で始まり、ファーストネームが S で始まる顧客をすべて見つけ出す。

　最も有望に思えるのは 3 つ目の選択肢です。結果セットに必要な行はすべてインデックスによって提供されるため、テーブルを改めてスキャンする必要がないからです。しかし、3 つのオプションのどれが利用できるのかはどうすればわかるのでしょう。MySQL のクエリオプティマイザがこのクエリをどのように実行するのかを調べるために、explain 文を使って、（このクエリを実行するのではなく）このクエリの実行プランをデータベースサーバーに問い合わせてみましょう。

```
mysql> EXPLAIN
    -> SELECT customer_id, first_name, last_name
    -> FROM customer
    -> WHERE first_name LIKE 'S%' AND last_name LIKE 'P%' \G;
*************************** 1. row ***************************
           id: 1
  select_type: SIMPLE
        table: customer
   partitions: NULL
         type: range
possible_keys: idx_last_name,idx_full_name
          key: idx_full_name
      key_len: 364
          ref: NULL
         rows: 28
     filtered: 11.11
        Extra: Using where; Using index
1 row in set, 1 warning (0.00 sec)
```

 各データベースサーバーには、クエリオプティマイザが SQL 文をどのように処理するのかを確認するためのツールが含まれている。SQL Server では、SQL 文を実行する前に set showplan_text 文を実行すると、実行プランを表示できる。Oracle Database には、実行プランを plan_table という特別なテーブルに書き出す explain plan 文が含まれている。

　explain 文の結果を見てみると、possible_keys 列の値から、データベースサーバーが idx_last_name か idx_full_name のどちらかのインデックスを選択できることがわかります。また、key 列の値から、idx_full_name インデックスが選択されたことがわかります。さらに、type 列の値から、範囲スキャンが活用されることもわかります。つまり、データベースサーバーは行を 1

つだけ取得するのではなく、このインデックスの値がある範囲に含まれている行を取得します。

 ここで示した手順はクエリチューニングの例である。チューニングには、SQL 文を調べて、その文を実行するためにデータベースサーバーが利用できるリソースを判断することが含まれる。SQL 文をより効率よく実行するために、SQL 文を変更するか、データベースリソースを調整するか、またはその両方を行うことができる。チューニングは詳細なテーマなので、データベースサーバーのチューニングガイドか、チューニングを扱っている本を読み、データベースサーバーで利用できるさまざまなアプローチを確認しておこう。

13.1.4　インデックスの欠点

　インデックスがそれほどすごいのなら、なぜすべてのものにインデックスを振らないのでしょうか。インデックスが増えることは必ずしもよいことではありません。その理由を理解するための鍵は、インデックスがそれぞれテーブルであることを覚えておくことです（かなり特殊なテーブルですが、テーブルはテーブルです）。つまり、テーブルで行の追加や削除を行うたびに、そのテーブルのインデックスをすべて変更しなければなりません。行を更新するときは、その影響を受ける（1つ以上の）列のインデックスも変更しなければなりません。つまり、インデックスが増えれば増えるほど、（ただでさえデータベースサーバーのパフォーマンスを低下させる傾向にある）すべてのスキーマオブジェクトを最新の状態に保つために必要な作業の量が増えることになります。

　また、インデックスを作成すると、ディスク領域を消費するだけではなく、データベース管理者の手を少し煩わせることになります。したがって、最も効果的な戦略は、本当に必要になったときにインデックスを追加することです。月に一度のメンテナンス作業など、特別な目的でのみインデックスが必要な場合は、インデックスを追加し、作業を行った後、また必要になるまでインデックスを削除するという手順を毎回繰り返すことができます。データウェアハウスの場合は、ユーザーがレポートを作成したり臨機応変にクエリを実行したりするため、業務時間内はインデックスが不可欠です。しかし、夜間にデータウェアハウスにデータを読み込むときには、インデックスが逆に問題になりかねません。そこで、データを読み込む前にインデックスを削除し、データウェアハウスを業務に使う前にインデックスを再設定するというのが一般的です。

　一般に、インデックスは多すぎても少なすぎてもよくありません。適切なインデックスの数がわからない場合は、次の戦略をデフォルトの戦略として利用するとよいでしょう。

- すべての主キー列にインデックスが付いていることを確認する（ほとんどのサーバーは主キー制約を作成するときに一意なインデックスを自動的に作成する）。複数列の主キーを使っている場合は、主キー列の一部か主キー列全体を対象に、主キー制約の定義とは別の順序を使って別のインデックスを作成することを検討してみよう。

- 外部キー制約で参照されているすべての列にインデックスを付ける。覚えておいてほしいのは、データベースサーバーが親行を削除するときに子行が存在しないことを必ず確認することである。このため、データベースサーバーは特定の値が含まれた列を検索するためにクエリを実行しなければならない。その列にインデックスが付いていない場合は、テーブル全体をスキャンしなければならない。

- データの取得に頻繁に使われる列にインデックスを付ける。ほとんどの日付列と、短い文字列（2〜50文字）を含んでいる列はよい候補である。

　最初のインデックスをひととおり作成した後は、テーブルで実際に実行されるクエリをキャプチャし、データベースサーバーの実行プランを調べて、最も頻度の高いアクセスパスに合わせてインデックス戦略を調整してください。

13.2　制約

　制約とは、テーブルの1つ以上の列に設定される制限のことです。次を含め、何種類かの制約があります。

主キー制約（primary key constraint）
　テーブルにおいて一意性を保証する列または一連の列を識別する。

外部キー制約（foreign key constraint）
　1つ以上の列の値を別のテーブルの主キー列に含まれている値だけに制限する（update cascade ルールまたは delete cascade ルールが設定されている場合は、他のテーブルに設定できる値も制限されることがある）。

一意性制約（unique constraint）
　1つ以上の列の値をそのテーブルにおいて一意な値に制限する（主キー制約は特殊な一意性制約である）。

検査制約（check constraint）
　列に設定できる値を制限する。

　制約を使わない場合、データベースの一貫性は疑問視されます。たとえば、customer テーブルで顧客のID を変更するときに rental テーブルの同じ顧客ID を変更しなくてもよいとしたら、有効な顧客データを指していないレンタルデータが残ってしまうことになります（このようなデータを**孤立行**と呼びます）。しかし、主キー制約と外部キー制約が設定されている場合は、他のテーブ

ルで参照されているデータを変更または削除しようとしたときに、データベースサーバーにエラー
を生成させるか、それらの変更を他のテーブルにも伝播させることができます（この点については、
後ほど説明します）。

MySQL サーバーで外部キー制約を使いたい場合は、それらのテーブルで InnoDB ストレー
ジエンジンを使わなければならない。

13.2.1 制約を作成する

　一般に、制約の対象となるテーブルを create table 文で作成するときには、そのタイミング
で制約も作成します。具体的な例として、Sakila サンプルデータベースのスキーマ生成スクリプト
を見てみましょう。

```
CREATE TABLE customer (
  customer_id SMALLINT UNSIGNED NOT NULL AUTO_INCREMENT,
  store_id TINYINT UNSIGNED NOT NULL,
  first_name VARCHAR(45) NOT NULL,
  last_name VARCHAR(45) NOT NULL,
  email VARCHAR(50) DEFAULT NULL,
  address_id SMALLINT UNSIGNED NOT NULL,
  active BOOLEAN NOT NULL DEFAULT TRUE,
  create_date DATETIME NOT NULL,
  last_update TIMESTAMP DEFAULT CURRENT_TIMESTAMP ON UPDATE CURRENT_TIMESTAMP,
  PRIMARY KEY (customer_id),
  KEY idx_fk_store_id (store_id),
  KEY idx_fk_address_id (address_id),
  KEY idx_last_name (last_name),
  CONSTRAINT fk_customer_address FOREIGN KEY (address_id)
    REFERENCES address (address_id) ON DELETE RESTRICT ON UPDATE CASCADE,
  CONSTRAINT fk_customer_store FOREIGN KEY (store_id)
    REFERENCES store (store_id) ON DELETE RESTRICT ON UPDATE CASCADE
)ENGINE=InnoDB DEFAULT CHARSET=utf8;
```

　customer テーブルには、制約が3つ含まれています。1つは、customer_id 列をこのテーブ
ルの主キーとして設定する制約であり、他の2つは address_id 列と store_id 列をそれぞれ
address テーブルと store テーブルの外部キーとして設定する制約です。なお、customer テー
ブルを外部キー制約なしで作成し、あとから alter table 文を使って外部キー制約を追加するこ
とも可能です。

```
ALTER TABLE customer
ADD CONSTRAINT fk_customer_address FOREIGN KEY (address_id)
REFERENCES address (address_id) ON DELETE RESTRICT ON UPDATE CASCADE;
```

```
ALTER TABLE customer
ADD CONSTRAINT fk_customer_store FOREIGN KEY (store_id)
REFERENCES store (store_id) ON DELETE RESTRICT ON UPDATE CASCADE;
```

これら文はどちらも複数の on 句を含んでいます。

- on delete restrict は、子テーブル（customer）で参照している親テーブル（address または store）の行を削除しようとしたときに、データベースサーバーにエラーを生成させる。

- on update cascade は、親テーブル（address または store）での主キー値の変更を子テーブル（customer）に伝搬させる。

on delete restrict は親テーブルから行を削除するときに孤立行が発生するのを阻止します。このことを具体的に理解するために、address テーブルで行を1つ選択し、その値を共有している address テーブルと customer テーブルのデータを表示してみましょう。

```
mysql> SELECT c.first_name, c.last_name, c.address_id, a.address
    -> FROM customer c
    ->   INNER JOIN address a
    ->   ON c.address_id = a.address_id
    -> WHERE a.address_id = 123;
+------------+-----------+------------+---------------------------------+
| first_name | last_name | address_id | address                         |
+------------+-----------+------------+---------------------------------+
| SHERRY     | MARSHALL  |        123 | 1987 Coacalco de Berriozbal Loop |
+------------+-----------+------------+---------------------------------+
1 row in set (0.01 sec)
```

この結果から、address_id 列に 123 の値を含んでいる customer テーブルの行（Sherry Marshall の行）が1つだけ存在することがわかります。

親テーブル（address）からこの行を削除しようとした場合はどうなるでしょうか。

```
mysql> DELETE FROM address WHERE address_id = 123;
ERROR 1451 (23000): Cannot delete or update a parent row: a foreign key
constraint fails (`sakila`.`customer`, CONSTRAINT `fk_customer_address`
FOREIGN KEY (`address_id`) REFERENCES `address` (`address_id`)
ON DELETE RESTRICT ON UPDATE CASCADE)
```

address_id 列に 123 の値を含んでいる行が子テーブルに少なくとも1つ存在するため、外部キー制約の on delete restrict 句によってこの文は失敗します。

on update cascade 句も、親テーブルで主キー値を更新したときに孤立行が発生するのを別の方法で阻止します。address.address_id 列の値を変更しようとした場合はどうなるでしょうか。

```
mysql> UPDATE address
    -> SET address_id = 9999
    -> WHERE address_id = 123;
Query OK, 1 row affected (0.00 sec)
Rows matched: 1  Changed: 1  Warnings: 0
```

　この文を実行してもエラーは発生せず、行が1つ変更されています。しかし、customerテーブルの Sherry Marshall の行はどうなったのでしょうか。もはや存在していないアドレスID 123を指したままなのでしょうか。このことを確認するために最後のクエリを再び実行しますが、123の値を新しい9999という値に置き換えます。

```
mysql> SELECT c.first_name, c.last_name, c.address_id, a.address
    -> FROM customer c
    ->   INNER JOIN address a
    ->   ON c.address_id = a.address_id
    -> WHERE a.address_id = 9999;
+------------+-----------+------------+--------------------------------+
| first_name | last_name | address_id | address                        |
+------------+-----------+------------+--------------------------------+
| SHERRY     | MARSHALL  |       9999 | 1987 Coacalco de Berriozbal Loop |
+------------+-----------+------------+--------------------------------+
1 row in set (0.00 sec)
```

　前回のクエリと（アドレスIDが新しくなった以外は）同じ結果が返されていることがわかります。このことは、customerテーブルでaddress_id列の123の値が9999に自動的に更新されたことを意味します。このプロセスを**連鎖**（cascade）と呼びます。連鎖は孤立行を阻止するためのもう1つのメカニズムです。

　restrictとcascadeに加えて、set nullを選択することもできます。set nullは、親テーブルで行が削除または更新されたときに、子テーブルの外部キーの値をnullにします。というわけで、外部キー制約を定義するときに利用できる選択肢が全部で6つあります。

- on delete restrict

- on delete cascade

- on delete set null

- on update restrict

- on update cascade

- on update set null

　これらの選択肢はオプションなので、外部キー制約を定義するときには、1つも選択しない、1つ選択する、または2つ選択することが可能です（2つ選択する場合、1つはon delete、もう1つ

は on update になります)。

　最後に、主キー制約または外部キー制約を削除したい場合もやはり alter table 文を利用できますが、add の代わりに drop を指定します。主キー制約を削除することはまずありませんが、外部キー制約については、特定のメンテナンス作業の前に削除し、作業が終わった後に再設定することがあります。

13.3　練習問題

　この練習問題では、インデックスと制約をどれくらい理解できたかをテストします。解答は付録Bにあります。

13-1 rental テーブルに対し、rental.customer_id 列の値を持つ行が customer テーブルから削除されたらエラーになるようにする alter table 文を作成してみよう。

13-2 次の2つのクエリで利用できる複数列インデックスを payment テーブルで作成してみよう。

```
SELECT customer_id, payment_date, amount
FROM payment
WHERE payment_date > cast('2019-12-31 23:59:59' as datetime);

SELECT customer_id, payment_date, amount
FROM payment
WHERE payment_date > cast('2019-12-31 23:59:59' as datetime) AND amount < 5;
```

14章
ビュー

　うまく設計されたアプリケーションには、一般に、次のような特徴があります。このようなアプリケーションは、実装の詳細を明かすことなくパブリックインターフェイスを提供することで、アプリケーションの設計が将来変更されてもエンドユーザーに影響がおよばないようにします。データベースを設計するときにも、同じようなことを実現できます。テーブルを非公開にし、一連のビュー（view）を通じてのみユーザーがデータにアクセスできるようにするのです。本章では、ビューとは何か、ビューをどのように作成するか、ビューをいつどのように利用するかについて説明します。

14.1　ビューとは何か

　ビューとは、言ってしまえば、データを取得するメカニズムのことです。テーブルとは異なり、ビューはデータストレージを持ちません。このため、ディスク領域がビューで埋まってしまう心配はありません。ビューを作成するには、クエリ（select 文）に名前を付け、このクエリを格納して他のユーザーが使えるようにします。他のユーザーはあなたのビューを使って、テーブルで直接クエリを実行するときと同じようにデータにアクセスできます（それどころか、そもそもビューを使っていることに気付かないかもしれません）。

　簡単な例として、customer テーブルの電子メールアドレスを部分的に見えなくしたいとしましょう。たとえば、マーケティング部門は広報活動のためにメールアドレスにアクセスしなければならないことがありますが、それ以外は、会社の個人情報保護の規定に従い、このデータは機密扱いとなっています。そこで、customer テーブルに直接アクセスさせる代わりに、customer_vw というビューを定義します。そして、顧客データにアクセスしたい場合はこのビューを使うことをマーケティング部門以外のスタッフ全員に義務付けます。このビューの定義は次のようになります。

```
CREATE VIEW customer_vw
 (customer_id,
  first_name,
  last_name,
  email
 )
AS
SELECT
  customer_id,
  first_name,
  last_name,
  concat(substr(email,1,2), '*****', substr(email, -4)) email
FROM customer;
```

　create view 文の前半部分はビューの列の名前を指定しています。これらの名前はテーブルの列の名前と違っていてもかまいません。後半部分は select 文であり、ビューの列ごとに式を 1 つ含んでいなければなりません。email 列の式を見てください。この列の値は、電子メールアドレスの最初の 2 文字、'*****'、電子メールアドレスの最後の 4 文字をつなぎ合わせたものになります。

　create view 文を実行する際、データベースサーバーはビューの定義をあとから利用できるようにしまっておくだけです。つまり、クエリ部分は実行されず、データが取得されたり格納されたりすることはありません。ビューを作成した後は、テーブルを使うときと同じように、ビューに対してクエリを実行できるようになります。

```
mysql> SELECT first_name, last_name, email
    -> FROM customer_vw;
+-------------+-------------+-------------+
| first_name  | last_name   | email       |
+-------------+-------------+-------------+
| MARY        | SMITH       | MA*****.org |
| PATRICIA    | JOHNSON     | PA*****.org |
| LINDA       | WILLIAMS    | LI*****.org |
| BARBARA     | JONES       | BA*****.org |
| ELIZABETH   | BROWN       | EL*****.org |
......
| ENRIQUE     | FORSYTHE    | EN*****.org |
| FREDDIE     | DUGGAN      | FR*****.org |
| WADE        | DELVALLE    | WA*****.org |
| AUSTIN      | CINTRON     | AU*****.org |
+-------------+-------------+-------------+
599 rows in set (0.00 sec)
```

　customer_vw ビューの定義には customer テーブルの 4 つの列が含まれていますが、このクエリが取得するのは 4 つのうち 3 つの列だけです。後ほど見ていくように、ビューの列の一部を関数やサブクエリに追加する場合は、このことが重要な違いを生むことになります。

　ユーザーからは、ビューはテーブルとまったく同じに見えます。ビューで利用できる列を知りたい場合は、MySQL（または Oracle）の describe コマンドを使って調べることができます。

```
mysql> describe customer_vw;
+-------------+------------------+------+-----+---------+-------+
| Field       | Type             | Null | Key | Default | Extra |
+-------------+------------------+------+-----+---------+-------+
| customer_id | smallint unsigned | NO  |     | 0       |       |
| first_name  | varchar(45)      | NO   |     | NULL    |       |
| last_name   | varchar(45)      | NO   |     | NULL    |       |
| email       | varchar(11)      | YES  |     | NULL    |       |
+-------------+------------------+------+-----+---------+-------+
4 rows in set (0.00 sec)
```

　ビューを使ってクエリを実行するときには、group by、having、order by など、select 文のすべての句を自由に使うことができます。

```
mysql> SELECT first_name, count(*), min(last_name), max(last_name)
    -> FROM customer_vw
    -> WHERE first_name LIKE 'J%'
    -> GROUP BY first_name
    -> HAVING count(*) > 1
    -> ORDER BY 1;
+------------+----------+----------------+----------------+
| first_name | count(*) | min(last_name) | max(last_name) |
+------------+----------+----------------+----------------+
| JAMIE      |        2 | RICE           | WAUGH          |
| JESSIE     |        2 | BANKS          | MILAM          |
+------------+----------+----------------+----------------+
2 rows in set (0.00 sec)
```

　さらに、クエリ内でビューを他のテーブル（さらには他のビュー）に結合することもできます。

```
mysql> SELECT cv.first_name, cv.last_name, p.amount
    -> FROM customer_vw cv
    ->    INNER JOIN payment p
    ->    ON cv.customer_id = p.customer_id
    -> WHERE p.amount >= 11;
+------------+-----------+--------+
| first_name | last_name | amount |
+------------+-----------+--------+
| KAREN      | JACKSON   | 11.99  |
| VICTORIA   | GIBSON    | 11.99  |
| VANESSA    | SIMS      | 11.99  |
| ALMA       | AUSTIN    | 11.99  |
| ROSEMARY   | SCHMIDT   | 11.99  |
| TANYA      | GILBERT   | 11.99  |
| RICHARD    | MCCRARY   | 11.99  |
| NICHOLAS   | BARFIELD  | 11.99  |
| KENT       | ARSENAULT | 11.99  |
| TERRANCE   | ROUSH     | 11.99  |
+------------+-----------+--------+
10 rows in set (0.01 sec)
```

このクエリは、レンタル料金を 11 ドル以上支払っている顧客を調べるために、customer_vw ビューを payment テーブルに結合しています。

14.2　ビューを使うのはなぜか

前節では、customer.email 列の内容を隠蔽することだけを目的とした単純なビューを見てもらいました。このような目的で使われることが多いとはいえ、次に説明するように、ビューを使う理由はさまざまです。

14.2.1　データセキュリティ

テーブルを作成し、そのテーブルでユーザーがクエリを実行できるようにした場合、ユーザーはそのテーブル内のすべての行と列にアクセスできることになります。しかし、先ほど指摘したように、テーブルには ID 番号やクレジットカード番号といったセンシティブなデータを格納する列が含まれていることがあります。そのようなデータをすべてのユーザーに公開するのは、不適切なだけではなく、個人情報保護に関する会社の規定や、場合によっては法律に違反する行為になるかもしれません。

このような状況に対する最善のアプローチは、テーブルを非公開にし、センシティブなデータを含んだ列を省略または難読化するビューを 1 つ以上作成することです。つまり、そのテーブルで select 文を実行するためのパーミッションをユーザー全員に与えるのをやめ、customer_vw.email 列で使った '*****' のような方法をとります。また、ビューの定義に where 句を追加して、ユーザーがアクセスできる**行**を制限してもよいでしょう。たとえば、次のビュー定義は休眠状態の顧客の行を取り除きます。

```
CREATE VIEW active_customer_vw
  (customer_id,
   first_name,
   last_name,
   email
  )
AS
SELECT
  customer_id,
  first_name,
  last_name,
  concat(substr(email,1,2), '*****', substr(email, -4)) email
FROM customer
WHERE active = 1;
```

このビューをマーケティング部門に渡せば、このビューの where 句の条件が常にクエリに含まれるようになるため、休眠状態の顧客に情報が送信されるのを回避できます。

Oracle Database ユーザーは、テーブルの行と列を保護するために VPD（Virtual Private Database）を使うこともできる。VPD では、テーブルにポリシーを割り当てることができる。この場合、サーバーはポリシーを適用するために必要に応じてユーザーのクエリを書き換えるようになる。たとえば、「営業部門とマーケティング部門のスタッフは休眠状態ではない顧客の情報だけを表示できる」というポリシーを設定した場合は、それらのスタッフが customer テーブルで実行するすべてのクエリに active = 1 の条件が追加されることになる。

14.2.2　データ集計

　レポート作成アプリケーションでは、たいてい集計データが必要になります。データが事前に集計され、データベースに格納されているかのように見せたい場合、ビューはうってつけの手段です。例として、映画のカテゴリごとに総売上高が含まれたレポートを毎月作成するアプリケーションがあるとしましょう。このレポートをもとに、経営陣は新たに仕入れる映画を決めることができます。そこで、アプリケーション開発者にベーステーブルに対するクエリを記述させる代わりに、次のビューを提供するとしたらどうでしょう[1]。

```
CREATE VIEW sales_by_film_category
AS
SELECT
  c.name AS category,
  SUM(p.amount) AS total_sales
FROM payment AS p
  INNER JOIN rental AS r ON p.rental_id = r.rental_id
  INNER JOIN inventory AS i ON r.inventory_id = i.inventory_id
  INNER JOIN film AS f ON i.film_id = f.film_id
  INNER JOIN film_category AS fc ON f.film_id = fc.film_id
  INNER JOIN category AS c ON fc.category_id = c.category_id
GROUP BY c.name
ORDER BY total_sales DESC;
```

　このアプローチにより、データベース設計者は大きな柔軟性を手に入れます。将来のどこかの時点で、ビューを使ってテーブルのデータを集計するよりも、テーブルのデータを事前に集計しておいたほうがクエリのパフォーマンスが劇的によくなると判断したとしましょう。その場合は、film_category_sales テーブルを作成し、集計データを読み込み、このテーブルからデータを取得するように sales_by_film_category ビューの定義を書き換えることができます。それ以降、sales_by_film_category ビューを使うクエリはすべて、新しい film_category_sales テーブルからデータを取得するようになります。このため、ユーザーがクエリを書き換えなくてもパフォーマンスがよくなるでしょう。

---

[1]　このビュー定義は Sakila サンプルデータセットに含まれている。Sakila データベースには、これ以外に 6 つのビュー定義が含まれている。この後の例では、そのうちのいくつかを利用する。

14.2.3　複雑さの隠蔽

　ビューを取り入れる最も一般的な理由の1つは、エンドユーザーを複雑さから守ることです。た
とえば、すべての映画の情報に加えて、各映画のカテゴリ、出演している俳優の人数、在庫の総数、
レンタル回数を示すレポートを毎月作成するとしましょう。この場合は、レポートの設計者に6つ
のテーブルを調べて必要なデータを集計させるのではなく、次のようなビューを提供することが考
えられます。

```
CREATE VIEW film_stats
AS
SELECT f.film_id, f.title, f.description, f.rating,
 (SELECT c.name
  FROM category c
    INNER JOIN film_category fc
    ON c.category_id = fc.category_id
  WHERE fc.film_id = f.film_id) category_name,
 (SELECT count(*)
  FROM film_actor fa
  WHERE fa.film_id = f.film_id
 ) num_actors,
 (SELECT count(*)
  FROM inventory i
  WHERE i.film_id = f.film_id
 ) inventory_cnt,
 (SELECT count(*)
  FROM inventory i
    INNER JOIN rental r
    ON i.inventory_id = r.inventory_id
  WHERE i.film_id = f.film_id
 ) num_rentals
FROM film f;
```

　このビュー定義の興味深い点は、このビューを使って6つのテーブルからデータを取得できる
にもかかわらず、クエリのfrom句に指定されているテーブルが1つだけ（film）であることです。
他の5つのテーブルのデータはスカラーサブクエリを使って生成するようになっています。この
ビューを使う誰かがcategory_name、num_actors、inventory_cnt、num_rentalsの4つ
の列を1つも参照しなかった場合、これらのサブクエリは実行されません。このようにすると、他
の5つのテーブルを無駄に結合することなく、このビューを使ってfilmテーブルから詳細情報を取
得できるようになります。

14.2.4　分割されたデータの結合

　データベースを設計する際には、パフォーマンスの向上を目的として、大きなテーブルを複数の
テーブルに分割することがあります。たとえば、paymentテーブルのサイズが大きくなったため、
設計者がこのテーブルを2つに分割することにしたとしましょう。payment_currentには過去

6か月分のデータが格納され、`payment_historic`にはそれ以前のデータがすべて格納されます。したがって、特定の顧客の支払いデータをすべて確認したい場合は、これら2つのテーブルでクエリを実行しなければならなくなります。しかし、両方のテーブルでクエリを実行し、それらの結果を組み合わせるビューを作成すれば、すべての支払いデータが1つのテーブルに格納されているかのように見せることができます。このビューの定義は次のようになります。

```
CREATE VIEW payment_all
 (payment_id,
  customer_id,
  staff_id,
  rental_id,
  amount,
  payment_date,
  last_update
 )
AS
SELECT payment_id, customer_id, staff_id, rental_id,
       amount, payment_date, last_update
FROM payment_historic
UNION ALL
SELECT payment_id, customer_id, staff_id, rental_id,
       amount, payment_date, last_update
FROM payment_current;
```

　ビューはこのような状況にもってこいです。ビューを利用すれば、データベースユーザー全員にクエリの変更を強制することなく、設計者が元のデータベースの構造を変更できるようになります。

14.3　更新可能なビュー

　データを取得するためのビューをユーザーに提供するのはよいとして、それらのユーザーが同じデータを変更する必要もある場合はどうすればよいでしょうか。たとえば、データを取得するときはビューを使わせておきながら、データを変更するときは update 文や insert 文を使って元のテーブルを直接変更させる、というのはちょっとおかしな話かもしれません。そこで、MySQL、Oracle Database、SQL Server は、特定の制約に従うことを前提として、ビューを使ってデータを変更できるようにしています。MySQL の場合は、次の条件を満たしていれば、ビューを更新できます。

- max、min、avg などの集計関数を使っていない。
- ビューで group by または having 句を使っていない。

- select または from 句にサブクエリが存在せず、where 句のサブクエリが from 句のテーブルを参照していない。

- ビューで union、union all、または distinct を使っていない。

- テーブルまたは更新可能なビューが from 句に1つ以上含まれている。

- テーブルまたはビューが複数ある場合に、from 句で内部結合のみを使っている。

更新可能なビューの有用性を具体的に理解するには、単純なビューの定義から始めて、より複雑なビューに進むのが最も効果的かもしれません。

14.3.1　単純なビューを更新する

14.1節で示したビューはこれ以上ないほど単純なので、このビューから始めることにしましょう。

```
CREATE VIEW customer_vw
 (customer_id,
  first_name,
  last_name,
  email
 )
AS
SELECT
  customer_id,
  first_name,
  last_name,
  concat(substr(email,1,2), '*****', substr(email, -4)) email
FROM customer;
```

customer_vw ビューは、1つのテーブルでクエリを実行し、4つの列のうち1つだけを式から導出します。このビュー定義は前述のどの制約にも違反しないため、customer テーブルでのデータの変更に使うことができます。このビューを使って Mary Smith のラストネームを Smith-Allen に変更してみましょう。

```
mysql> UPDATE customer_vw
    -> SET last_name = 'SMITH-ALLEN'
    -> WHERE customer_id = 1;
Query OK, 1 row affected (0.01 sec)
Rows matched: 1  Changed: 1  Warnings: 0
```

この出力は行を1つ変更したことを示していますが、念のため、元の customer テーブルを調べてみましょう。

```
mysql> SELECT first_name, last_name, email
    -> FROM customer
    -> WHERE customer_id = 1;
```

```
+------------+------------+------------------------------+
| first_name | last_name  | email                        |
+------------+------------+------------------------------+
| MARY       | SMITH-ALLEN| MARY.SMITH@sakilacustomer.org|
+------------+------------+------------------------------+
1 row in set (0.00 sec)
```

ビューのほとんどの列はこのようにして変更できますが、email 列は式から導出されるため変更できません。

```
mysql> UPDATE customer_vw
    -> SET email = 'MARY.SMITH-ALLEN@sakilacustomer.org'
    -> WHERE customer_id = 1;
ERROR 1348 (HY000): Column 'email' is not updatable
```

このビューを作成したそもそもの目的は電子メールアドレスをわからなくすることだったので、この場合は悪いことではないかもしれません。

customer_vw ビューを使ってデータを挿入したい場合は、残念ですがあきらめてください。式から導出される列を含んでいるビューは、insert 文にその列が含まれていなかったとしても、データの挿入には使えません。たとえば次の文は、customer_vw ビューを使って customer_id、first_name、last_name の 3 つの列にのみデータを設定しようとしますが、残念ながらエラーになります。

```
mysql> INSERT INTO customer_vw (customer_id, first_name, last_name)
    -> VALUES (99999,'ROBERT','SIMPSON');
ERROR 1471 (HY000): The target table customer_vw of the INSERT is not
insertable-into
```

単純なビューの制限がわかったところで、複数のテーブルを結合するビューの使い方を見てみましょう。

14.3.2　複雑なビューを更新する

テーブルが 1 つだけのビューが最もよく使われることは確かですが、クエリの from 句に複数のテーブルを含んでいるビューにたびたび出くわすことになるでしょう。たとえば次のビューは、customer、address、city、country の 4 つのテーブルを結合することで、顧客のすべてのデータを簡単に取得できるようにします。

```
CREATE VIEW customer_details
AS
SELECT c.customer_id,
  c.store_id,
  c.first_name,
  c.last_name,
  c.address_id,
  c.active,
```

```
        c.create_date,
        a.address,
        ct.city,
        cn.country,
        a.postal_code
    FROM customer c
      INNER JOIN address a
      ON c.address_id = a.address_id
      INNER JOIN city ct
      ON a.city_id = ct.city_id
      INNER JOIN country cn
      ON ct.country_id = cn.country_id;
```

このビューを使って customer または address テーブルのデータを更新してみましょう。

```
mysql> UPDATE customer_details
    -> SET last_name = 'SMITH-ALLEN', active = 0
    -> WHERE customer_id = 1;
Query OK, 1 row affected (0.01 sec)
Rows matched: 1  Changed: 1  Warnings: 0

mysql> UPDATE customer_details
    -> SET address = '999 Mockingbird Lane'
    -> WHERE customer_id = 1;
Query OK, 1 row affected (0.00 sec)
Rows matched: 1  Changed: 1  Warnings: 0
```

1つ目の文は customer.last_name 列と customer.active 列を書き換えます。2つ目の文は address.address 列を書き換えます。となると、「両方」のテーブルの列を1つの文で更新しようとしたらどうなるのかが気になるところです。実際に試してみましょう。

```
mysql> UPDATE customer_details
    -> SET last_name = 'SMITH-ALLEN', active = 0, address = '999 Mockingbird Lane'
    -> WHERE customer_id = 1;
ERROR 1393 (HY000): Can not modify more than one base table through a join view
'sakila.customer_details'
```

このように、元のテーブルを個別に書き換えることはできますが、1つの文で両方のテーブルを書き換えることはできません。次に、新しい顧客のデータ（customer_id = 9998 および customer_id = 9999）を両方のテーブルに「挿入」してみましょう。

```
mysql> INSERT INTO customer_details
    ->   (customer_id, store_id, first_name, last_name,
    ->    address_id, active, create_date)
    -> VALUES (9998, 1, 'BRIAN', 'SALAZAR', 5, 1, now());
Query OK, 1 row affected (0.01 sec)
```

この文は customer テーブルの列にデータを設定するだけなので、うまくいきます。列のリストを拡張し、address テーブルの列も追加した場合はどうなるでしょうか。

```
mysql> INSERT INTO customer_details
    ->   (customer_id, store_id, first_name, last_name,
    ->    address_id, active, create_date, address)
    -> VALUES (9999, 2, 'THOMAS', 'BISHOP', 7, 1, now(), '999 Mockingbird Lane');
ERROR 1393 (HY000): Can not modify more than one base table through a join view
'sakila.customer_details'
```

この文は 2 つのテーブルの列を含んでいるため、エラーになります。複雑なビューを使ってデータを挿入するには、各列がどのテーブルに属しているのかを知っておく必要がありそうです。ですが、多くのビューはエンドユーザーから複雑さを隠すために作成されます。ビューの定義について明確な知識を持つことが求められるとしたら、ビューの趣旨にそぐわないように思えます。

Oracle Database と SQL Server でもビューを使ってデータの挿入と更新を行うことができるが、MySQL と同じようにさまざまな制限がある。ただし、PL/SQL や Transact-SQL を記述する覚悟があるなら、**instead-of トリガー**（instead-of trigger）という機能を利用できる。この機能を利用すれば、ビューに対する insert 文、update 文、delete 文をインターセプトし、変更を組み込むカスタムコードを記述できる。この種の機能を利用しない場合、通常は制限が多すぎるため、複雑なアプリケーションでビューを使った更新を行うのは現実味のある戦略ではない。

14.4 練習問題

この練習問題では、ビューをどれくらい理解できたかをテストします。解答は付録 B にあります。

14-1 以下の結果を得るために次のクエリで利用できるビュー定義を作成してみよう。

```
SELECT title, category_name, first_name, last_name
FROM film_ctgry_actor
WHERE last_name = 'FAWCETT';
```

title	category_name	first_name	last_name
ACE GOLDFINGER	Horror	BOB	FAWCETT
ADAPTATION HOLES	Documentary	BOB	FAWCETT
CHINATOWN GLADIATOR	New	BOB	FAWCETT
CIRCUS YOUTH	Children	BOB	FAWCETT
CONTROL ANTHEM	Comedy	BOB	FAWCETT
DARES PLUTO	Animation	BOB	FAWCETT
DARN FORRESTER	Action	BOB	FAWCETT
DAZED PUNK	Games	BOB	FAWCETT
DYNAMITE TARZAN	Classics	BOB	FAWCETT
HATE HANDICAP	Comedy	BOB	FAWCETT

```
| HOMICIDE PEACH      | Family      | BOB    | FAWCETT |
| JACKET FRISCO       | Drama       | BOB    | FAWCETT |
| JUMANJI BLADE       | New         | BOB    | FAWCETT |
| LAWLESS VISION      | Animation   | BOB    | FAWCETT |
| LEATHERNECKS DWARFS | Travel      | BOB    | FAWCETT |
| OSCAR GOLD          | Animation   | BOB    | FAWCETT |
| PELICAN COMFORTS    | Documentary | BOB    | FAWCETT |
| PERSONAL LADYBUGS   | Music       | BOB    | FAWCETT |
| RAGING AIRPLANE     | Sci-Fi      | BOB    | FAWCETT |
| RUN PACIFIC         | New         | BOB    | FAWCETT |
| RUNNER MADIGAN      | Music       | BOB    | FAWCETT |
| SADDLE ANTITRUST    | Comedy      | BOB    | FAWCETT |
| SCORPION APOLLO     | Drama       | BOB    | FAWCETT |
| SHAWSHANK BUBBLE    | Travel      | BOB    | FAWCETT |
| TAXI KICK           | Music       | BOB    | FAWCETT |
| BERETS AGENT        | Action      | JULIA  | FAWCETT |
| BOILED DARES        | Travel      | JULIA  | FAWCETT |
| CHISUM BEHAVIOR     | Family      | JULIA  | FAWCETT |
| CLOSER BANG         | Comedy      | JULIA  | FAWCETT |
| DAY UNFAITHFUL      | New         | JULIA  | FAWCETT |
| HOPE TOOTSIE        | Classics    | JULIA  | FAWCETT |
| LUKE MUMMY          | Animation   | JULIA  | FAWCETT |
| MULAN MOON          | Comedy      | JULIA  | FAWCETT |
| OPUS ICE            | Foreign     | JULIA  | FAWCETT |
| POLLOCK DELIVERANCE | Foreign     | JULIA  | FAWCETT |
| RIDGEMONT SUBMARINE | New         | JULIA  | FAWCETT |
| SHANGHAI TYCOON     | Travel      | JULIA  | FAWCETT |
| SHAWSHANK BUBBLE    | Travel      | JULIA  | FAWCETT |
| THEORY MERMAID      | Animation   | JULIA  | FAWCETT |
| WAIT CIDER          | Animation   | JULIA  | FAWCETT |
+---------------------+-------------+--------+---------+
40 rows in set (0.01 sec)
```

14-2 映画レンタル会社の責任者がレポートを作成したいと考えている。このレポートには、すべての国の名前と、それぞれの国に住んでいる顧客全員の支払い総額が含まれている。country テーブルでクエリを実行し、スカラーサブクエリを使って tot_payments という列の値を計算するビュー定義を作成してみよう。

15章
メタデータ

　データベースサーバーは、さまざまなユーザーがデータベースに挿入するデータをすべて格納することはもちろん、このデータを格納するために作成されたすべてのデータベースオブジェクト（テーブル、ビュー、インデックスなど）に関する情報も格納する必要があります。意外なことではありませんが、データベースサーバーはこの情報をデータベースに格納します。本章では、この**メタデータ**（metadata）と呼ばれる情報をどこにどのように格納するのか、その情報にどのようにしてアクセスできるのか、そしてこの情報を使って柔軟なシステムをどのように構築できるのかについて説明します。

15.1　データに関するデータ

　メタデータは、要はデータに関するデータです。データベースサーバーはデータベースオブジェクトを作成するたびにさまざまな情報を記録する必要があります。たとえば、複数の列で構成され、主キー制約、3つのインデックス、外部キー制約を持つテーブルを作成する場合、データベースサーバーは次の情報をすべて格納する必要があります。

- テーブルの名前
- テーブルのストレージ情報（表領域、初期サイズなど）
- ストレージエンジン
- 列の名前
- 列のデータ型
- 列のデフォルト値
- not null 列制約
- 主キー列

- 主キーの名前

- 主キーインデックスの名前

- インデックスの名前

- インデックスのタイプ（B木、ビットマップ）

- インデックスが作成されている列

- インデックスが作成されている列のソート順序（昇順または降順）

- インデックスのストレージ情報

- 外部キーの名前

- 外部キー列

- 外部キーによって紐付けられるテーブルと列

このデータは**データディクショナリ**（data dictionary）または**システムカタログ**（system catalog）と総称されます。データベースサーバーは、このデータを永続的に格納しなければならず、SQL文を検証・実行するためにこのデータをすばやく取り出せる必要があります。それに加えて、データベースサーバーはこのデータを保護し、`alter table`文といった適切な方法でのみ変更できるようにしなければなりません。

さまざまなサーバー間でメタデータを交換するための規格が策定されていますが、メタデータを公開するためのメカニズムはデータベースサーバーによって異なります。

- **ビュー**

  Oracle Databaseの`user_tables`や`all_constraints`ビューなど。

- **システムストアドプロシージャ**

  SQL Serverの`sp_tables`プロシージャやOracle Databaseの`dbms_metadata`パッケージなど。

- **特別なデータベース**

  MySQLの`information_schema`データベースなど。

SQL Serverには、Sybase系の名残であるSQL Serverのシステムストアドプロシージャに加えて、`information_schema`という特別なスキーマも含まれています。このスキーマは各データベース内で自動的に提供されます。MySQLとSQL Serverはどちらも、ANSI SQL:2003規格への準拠の一環としてこのインターフェイスを提供しています。本章では、MySQLとSQL Serverで

利用できる information_schema について説明します。

15.2 information_schema

information_schema データベース（SQL Server の場合はスキーマ）に含まれているオブジェクトはすべてビューです。本書では、さまざまなテーブルやビューの構造を明らかにする手段として describe ユーティリティを使ってきましたが、information_schema 内のビューにはクエリを実行できるため、（後ほど示すように）プログラムからアクセスできます。たとえば、Sakila データベースに含まれているすべてのテーブルの名前を取得する方法は次のようになります。

```
mysql> SELECT table_name, table_type
    -> FROM information_schema.tables
    -> WHERE table_schema = 'sakila'
    -> ORDER BY 1;
+----------------------------+------------+
| TABLE_NAME                 | TABLE_TYPE |
+----------------------------+------------+
| actor                      | BASE TABLE |
| actor_info                 | VIEW       |
| address                    | BASE TABLE |
| category                   | BASE TABLE |
| city                       | BASE TABLE |
| country                    | BASE TABLE |
| customer                   | BASE TABLE |
| customer_list              | VIEW       |
| film                       | BASE TABLE |
| film_actor                 | BASE TABLE |
| film_category              | BASE TABLE |
| film_list                  | VIEW       |
| film_text                  | BASE TABLE |
| inventory                  | BASE TABLE |
| language                   | BASE TABLE |
| nicer_but_slower_film_list | VIEW       |
| payment                    | BASE TABLE |
| rental                     | BASE TABLE |
| sales_by_film_category     | VIEW       |
| sales_by_store             | VIEW       |
| staff                      | BASE TABLE |
| staff_list                 | VIEW       |
| store                      | BASE TABLE |
+----------------------------+------------+
23 rows in set (0.00 sec)
```

information_schema.tables ビューにテーブルとビューの両方が含まれていることがわかります。ビューを取り除きたい場合は、where 句に条件をもう 1 つ追加するだけです。

```
mysql> SELECT table_name, table_type
    -> FROM information_schema.tables
    -> WHERE table_schema = 'sakila'
    ->    AND table_type = 'BASE TABLE'
    -> ORDER BY 1;
+---------------+------------+
| TABLE_NAME    | TABLE_TYPE |
+---------------+------------+
| actor         | BASE TABLE |
| address       | BASE TABLE |
| category      | BASE TABLE |
| city          | BASE TABLE |
| country       | BASE TABLE |
| customer      | BASE TABLE |
| film          | BASE TABLE |
| film_actor    | BASE TABLE |
| film_category | BASE TABLE |
| film_text     | BASE TABLE |
| inventory     | BASE TABLE |
| language      | BASE TABLE |
| payment       | BASE TABLE |
| rental        | BASE TABLE |
| staff         | BASE TABLE |
| store         | BASE TABLE |
+---------------+------------+
16 rows in set (0.00 sec)
```

　ビューに関する情報にのみ関心がある場合は、information_schema.views ビューでクエリ
を実行できます。ビューの名前に加えて、ビューが更新可能かどうかを示すフラグといった情報を
取得できます。

```
mysql> SELECT table_name, is_updatable
    -> FROM information_schema.views
    -> WHERE table_schema = 'sakila'
    -> ORDER BY 1;
+---------------------------+--------------+
| TABLE_NAME                | IS_UPDATABLE |
+---------------------------+--------------+
| actor_info                | NO           |
| customer_list             | YES          |
| film_list                 | NO           |
| nicer_but_slower_film_list| NO           |
| sales_by_film_category    | NO           |
| sales_by_store            | NO           |
| staff_list                | YES          |
+---------------------------+--------------+
7 rows in set (0.01 sec)
```

　テーブルとビューの列情報はどちらも information_schema.columns ビューで取得できま
す。次のクエリは film テーブルの列情報を返します（なお、ordinal_position 列はテーブルに
追加された順に列を取得する目的でのみ含まれています）。

```
mysql> SELECT column_name, data_type, character_maximum_length char_max_len,
    >           numeric_precision num_prcsn, numeric_scale num_scale
    -> FROM information_schema.columns
    -> WHERE table_schema = 'sakila' AND table_name = 'film'
    -> ORDER BY ordinal_position;
+----------------------+-----------+--------------+-----------+-----------+
| COLUMN_NAME          | DATA_TYPE | char_max_len | num_prcsn | num_scale |
+----------------------+-----------+--------------+-----------+-----------+
| film_id              | smallint  |         NULL |         5 |         0 |
| title                | varchar   |          128 |      NULL |      NULL |
| description          | text      |        65535 |      NULL |      NULL |
| release_year         | year      |         NULL |      NULL |      NULL |
| language_id          | tinyint   |         NULL |         3 |         0 |
| original_language_id | tinyint   |         NULL |         3 |         0 |
| rental_duration      | tinyint   |         NULL |         3 |         0 |
| rental_rate          | decimal   |         NULL |         4 |         2 |
| length               | smallint  |         NULL |         5 |         0 |
| replacement_cost     | decimal   |         NULL |         5 |         2 |
| rating               | enum      |            5 |      NULL |      NULL |
| special_features     | set       |           54 |      NULL |      NULL |
| last_update          | timestamp |         NULL |      NULL |      NULL |
+----------------------+-----------+--------------+-----------+-----------+
13 rows in set (0.01 sec)
```

テーブルのインデックスに関する情報は information_schema.statistics ビューで取得できます。次のクエリは、rental テーブルで作成されたインデックスの情報を取得します。

```
mysql> SELECT index_name, non_unique, seq_in_index, column_name
    -> FROM information_schema.statistics
    -> WHERE table_schema = 'sakila' AND table_name = 'rental'
    -> ORDER BY 1, 3;
+--------------------+------------+--------------+--------------+
| INDEX_NAME         | NON_UNIQUE | SEQ_IN_INDEX | COLUMN_NAME   |
+--------------------+------------+--------------+--------------+
| idx_fk_customer_id |          1 |            1 | customer_id  |
| idx_fk_inventory_id|          1 |            1 | inventory_id |
| idx_fk_staff_id    |          1 |            1 | staff_id     |
| PRIMARY            |          0 |            1 | rental_id    |
| rental_date        |          0 |            1 | rental_date  |
| rental_date        |          0 |            2 | inventory_id |
| rental_date        |          0 |            3 | customer_id  |
+--------------------+------------+--------------+--------------+
7 rows in set (0.00 sec)
```

rental テーブルには合計で5つのインデックスがあります。そのうちの1つは3つの列を持つインデックス（rental_date）であり、もう1つは主キー制約に使われる一意なインデックス（PRIMARY）です。

information_schema.table_constraints ビューでは、テーブルで作成されているさまざまな種類の制約（外部キー制約、主キー制約、一意性制約）を取得できます。Sakila スキーマのすべ

ての制約を取得するクエリは次のようになります[†1]。

```
mysql> SELECT constraint_name, table_name, constraint_type
    -> FROM information_schema.table_constraints
    -> WHERE table_schema = 'sakila'
    -> ORDER BY 3,1;
+---------------------------+----------------+-----------------+
| CONSTRAINT_NAME           | TABLE_NAME     | CONSTRAINT_TYPE |
+---------------------------+----------------+-----------------+
| fk_address_city           | address        | FOREIGN KEY     |
| fk_city_country           | city           | FOREIGN KEY     |
| fk_customer_address       | customer       | FOREIGN KEY     |
| fk_customer_store         | customer       | FOREIGN KEY     |
| fk_film_actor_actor       | film_actor     | FOREIGN KEY     |
| fk_film_actor_film        | film_actor     | FOREIGN KEY     |
| fk_film_category_category | film_category  | FOREIGN KEY     |
| fk_film_category_film     | film_category  | FOREIGN KEY     |
| fk_film_language          | film           | FOREIGN KEY     |
| fk_film_language_original | film           | FOREIGN KEY     |
| fk_inventory_film         | inventory      | FOREIGN KEY     |
| fk_inventory_store        | inventory      | FOREIGN KEY     |
| fk_payment_customer       | payment        | FOREIGN KEY     |
| fk_payment_rental         | payment        | FOREIGN KEY     |
| fk_payment_staff          | payment        | FOREIGN KEY     |
| fk_rental_customer        | rental         | FOREIGN KEY     |
| fk_rental_inventory       | rental         | FOREIGN KEY     |
| fk_rental_staff           | rental         | FOREIGN KEY     |
| fk_staff_address          | staff          | FOREIGN KEY     |
| fk_staff_store            | staff          | FOREIGN KEY     |
| fk_store_address          | store          | FOREIGN KEY     |
| fk_store_staff            | store          | FOREIGN KEY     |
| PRIMARY                   | actor          | PRIMARY KEY     |
| PRIMARY                   | language       | PRIMARY KEY     |
| PRIMARY                   | payment        | PRIMARY KEY     |
| PRIMARY                   | film_text      | PRIMARY KEY     |
| PRIMARY                   | film_category  | PRIMARY KEY     |
| PRIMARY                   | film_actor     | PRIMARY KEY     |
| PRIMARY                   | rental         | PRIMARY KEY     |
| PRIMARY                   | film           | PRIMARY KEY     |
| PRIMARY                   | customer       | PRIMARY KEY     |
| PRIMARY                   | country        | PRIMARY KEY     |
| PRIMARY                   | staff          | PRIMARY KEY     |
| PRIMARY                   | city           | PRIMARY KEY     |
| PRIMARY                   | category       | PRIMARY KEY     |
| PRIMARY                   | store          | PRIMARY KEY     |
| PRIMARY                   | address        | PRIMARY KEY     |
| PRIMARY                   | inventory      | PRIMARY KEY     |
| idx_unique_manager        | store          | UNIQUE          |
| rental_date               | rental         | UNIQUE          |
+---------------------------+----------------+-----------------+
40 rows in set (0.00 sec)
```

---

†1　[訳注] 本書を読みながら試している場合は、この他に idx_email という制約が追加されている。

表 15-1 に、MySQL 8.0 で利用できる information_schema データベースのビューをまとめて
おきます。

表 15-1：information_schema データベースのビュー

ビュー名	提供する情報の内容
schemata	データベース
tables	テーブルとビュー
columns	テーブルとビューの列
statistics	インデックス
user_privileges	誰がどのスキーマオブジェクトに対する権限を持つか
schema_privileges	誰がどのデータベースに対する権限を持つか
table_privileges	誰がどのテーブルに対する権限を持つか
column_privileges	誰がどのテーブルのどの列に対する権限を持つか
character_sets	利用可能な文字セット
collations	どの文字セットでどの照合順序を利用できるか
collation_character_set_applicability	どの照合順序でどの文字セットを利用できるか
table_constraints	一意性制約、外部キー制約、主キー制約
key_column_usage	各キー列に関連付けられている制約
routines	ストアドルーチン（プロシージャと関数）
views	ビュー
triggers	テーブルトリガー
plugins	サーバープラグイン
engines	利用可能なストレージエンジン
partitions	テーブルパーティション
events	スケジュールされたイベント
processlist	実行中のプロセス
referential_constraints	外部キー
parameters	ストアドプロシージャと関数のパラメータ
profiling	ユーザープロファイリング情報

これらのビューのうち、engines、events、plugins などのビューは MySQL 独自のものです
が、他のビューの多くは SQL Server でも提供されています。Oracle Database を使っている場合
は、user_、all_、dba_ の 3 つのビューと dbms_metadata パッケージに関する情報を Oracle
Database Guide[2] で調べてください。

---

†2   https://docs.oracle.com/en/database/oracle/oracle-database/21/cncpt/database-concepts.pdf

15.3 メタデータを操作する

先に述べたように、SQLクエリを使ってスキーマオブジェクトに関する情報を取得できることにより、興味深い可能性の扉が開かれます。ここでは、アプリケーションでメタデータを活用する方法をいくつか紹介します。

15.3.1 スキーマ生成スクリプト

プロジェクトチームによっては、データベースの設計と実装を監督する専任のデータベース設計者が配属されていることがありますが、多くのプロジェクトは「船頭多くして船山にのぼる」ならぬ「設計は会議で作られる」方式をとっており、複数のメンバーがデータベースオブジェクトを作成できるようになっています。そして、数週間または数か月かけて開発を行った後、チームが配置したさまざまなテーブル、インデックス、ビューなどを作成するスクリプトの生成が必要になることがあります。このようなスクリプトはさまざまなツールやユーティリティによって自動的に生成されますが、information_schema のビューでクエリを実行するという方法でもスクリプトを生成でききます。

例として、sakila.category テーブルを作成するスクリプトを記述してみましょう。このテーブルを作成するコマンドは次のようになります。このコマンドは Sakila データベースの作成に使われらスクリプトから抜き出したものです。

```
CREATE TABLE category (
  category_id TINYINT UNSIGNED NOT NULL AUTO_INCREMENT,
  name VARCHAR(25) NOT NULL,
  last_update TIMESTAMP NOT NULL DEFAULT CURRENT_TIMESTAMP
    ON UPDATE CURRENT_TIMESTAMP,
  PRIMARY KEY (category_id)
)ENGINE=InnoDB DEFAULT CHARSET=utf8;
```

Transact-SQL や Java などの手続き型言語を使ってスクリプトを生成するほうが楽なのは確かですが、本書は SQL の本なので、create table 文を生成するクエリを1つ記述してみることにします。まず、information_schema.columns ビューでクエリを実行し、このテーブルの列に関する情報を取得します。

```
mysql> SELECT 'CREATE TABLE category (' create_table_statement
    -> UNION ALL
    -> SELECT cols.txt
    -> FROM
    ->   (SELECT concat(' ',column_name, ' ', column_type,
    ->     CASE
    ->       WHEN is_nullable = 'NO' THEN ' not null'
    ->       ELSE ''
    ->     END,
    ->     CASE
```

```
    ->      WHEN extra IS NOT NULL AND extra LIKE 'DEFAULT_GENERATED%'
    ->        THEN concat(' DEFAULT ',column_default,substr(extra,18))
    ->      WHEN extra IS NOT NULL THEN concat(' ', extra)
    ->      ELSE ''
    ->    END,
    ->    ',') txt
    ->    FROM information_schema.columns
    ->    WHERE table_schema = 'sakila' AND table_name = 'category'
    ->    ORDER BY ordinal_position
    ->   ) cols
    -> UNION ALL
    -> SELECT ')';
+----------------------------------------------------------------------------+
| create_table_statement                                                     |
+----------------------------------------------------------------------------+
| CREATE TABLE category (                                                     |
|  category_id tinyint unsigned not null auto_increment,                     |
|  name varchar(25) not null ,                                               |
|  last_update timestamp not null DEFAULT CURRENT_TIMESTAMP                   |
|     on update CURRENT_TIMESTAMP,                                           |
| )                                                                          |
+----------------------------------------------------------------------------+
5 rows in set (0.00 sec)
```

かなり近い結果になりました。あとは、主キー制約に関する情報を取得するために table_constraints ビューと key_column_usage ビューに対するクエリを追加すればよいだけです。

```
mysql> SELECT 'CREATE TABLE category (' create_table_statement
    -> UNION ALL
    -> SELECT cols.txt
    -> FROM
    ->   (SELECT concat(' ',column_name, ' ', column_type,
    ->    CASE
    ->      WHEN is_nullable = 'NO' THEN ' not null'
    ->      ELSE ''
    ->    END,
    ->    CASE
    ->      WHEN extra IS NOT NULL AND extra LIKE 'DEFAULT_GENERATED%'
    ->        THEN concat(' DEFAULT ',column_default,substr(extra,18))
    ->      WHEN extra IS NOT NULL THEN concat(' ', extra)
    ->      ELSE ''
    ->    END,
    ->    ',') txt
    ->    FROM information_schema.columns
    ->    WHERE table_schema = 'sakila' AND table_name = 'category'
    ->    ORDER BY ordinal_position
    ->   ) cols
    -> UNION ALL
    -> SELECT concat(' constraint primary key (')
    -> FROM information_schema.table_constraints
    -> WHERE table_schema = 'sakila' AND table_name = 'category'
    ->   AND constraint_type = 'PRIMARY KEY'
    -> UNION ALL
```

```
    -> SELECT cols.txt
    -> FROM
    ->   (SELECT concat(CASE WHEN ordinal_position > 1 THEN ' ,'
    ->                       ELSE ' ' END, column_name) txt
    ->    FROM information_schema.key_column_usage
    ->    WHERE table_schema = 'sakila' AND table_name = 'category'
    ->      AND constraint_name = 'PRIMARY'
    ->    ORDER BY ordinal_position
    ->   ) cols
    -> UNION ALL
    -> SELECT ' )'
    -> UNION ALL
    -> SELECT ')';
+------------------------------------------------------------------------------+
| create_table_statement                                                       |
+------------------------------------------------------------------------------+
| CREATE TABLE category (                                                       |
|  category_id tinyint unsigned not null auto_increment,                        |
|  name varchar(25) not null ,                                                  |
|  last_update timestamp not null DEFAULT CURRENT_TIMESTAMP                      |
|    on update CURRENT_TIMESTAMP,                                               |
|  constraint primary key (                                                     |
|  category_id                                                                  |
|  )                                                                            |
| )                                                                            |
+------------------------------------------------------------------------------+
8 rows in set (0.00 sec)
```

この文の形式が適切かどうかを確認するために、クエリの出力を mysql ツールに貼り付けてみましょう（既存のテーブルと重ならないようにテーブル名を category2 に変更しています）。

```
mysql> CREATE TABLE category2 (
    ->    category_id tinyint unsigned not null auto_increment,
    ->    name varchar(25) not null ,
    ->    last_update timestamp not null DEFAULT CURRENT_TIMESTAMP
    ->      on update CURRENT_TIMESTAMP,
    ->    constraint primary key (
    ->      category_id
    ->    )
    -> );
Query OK, 0 rows affected (0.01 sec)
```

エラーを発生させることなく文が実行され、Sakila データベースに category2 テーブルが作成されました。クエリを使って「どのような」テーブルでも有効な create table 文を生成するには（インデックスや外部キー制約の処理など）さらに作業が必要ですが、これは練習問題として残しておきます。

Toad、Oracle SQL Developer、MySQL Workbench などのグラフィカルな開発ツールを使っ
ている場合は、わざわざクエリを書かなくてもこのようなスクリプトを簡単に生成できるは
ずだ。しかし、無人島に取り残されて手元にあるのは MySQL コマンドラインクライアント
だけという状況に遭遇しないとも限らないので、ここで説明することにした。

15.3.2　デプロイメントの検証

多くの組織はスケジュールにデータベースのメンテナンス枠を設けており、その間に既存のデー
タベースオブジェクトの管理（パーティションの追加や削除など）や新しいスキーマオブジェクト
とコードの導入（デプロイメント）などを行うことができます。デプロイメントスクリプトを実行し
た後は、検証スクリプトを実行するのが得策です。そのようにして、新しいスキーマオブジェクト
が適切な列、インデックス、主キーなどとともに然るべき場所に配置されていることを確認します。
Sakila スキーマのテーブルごとに列の個数、インデックスの個数、主キー制約の個数（0 または 1）
を返すクエリは次のようになります。

```
mysql> SELECT tbl.table_name,
    ->   (SELECT count(*) FROM information_schema.columns clm
    ->    WHERE clm.table_schema = tbl.table_schema
    ->      AND clm.table_name = tbl.table_name) num_columns,
    ->   (SELECT count(*) FROM information_schema.statistics sta
    ->    WHERE sta.table_schema = tbl.table_schema
    ->      AND sta.table_name = tbl.table_name) num_indexes,
    ->   (SELECT count(*) FROM information_schema.table_constraints tc
    ->    WHERE tc.table_schema = tbl.table_schema
    ->      AND tc.table_name = tbl.table_name
    ->      AND tc.constraint_type = 'PRIMARY KEY') num_primary_keys
    -> FROM information_schema.tables tbl
    -> WHERE tbl.table_schema = 'sakila' AND tbl.table_type = 'BASE TABLE'
    -> ORDER BY 1;
+---------------+-------------+-------------+------------------+
| TABLE_NAME    | num_columns | num_indexes | num_primary_keys |
+---------------+-------------+-------------+------------------+
| actor         |           4 |           2 |                1 |
| address       |           9 |           3 |                1 |
| category      |           3 |           1 |                1 |
| city          |           4 |           2 |                1 |
| country       |           3 |           1 |                1 |
| customer      |           9 |           4 |                1 |
| film          |          13 |           4 |                1 |
| film_actor    |           3 |           3 |                1 |
| film_category |           3 |           3 |                1 |
| film_text     |           3 |           3 |                1 |
| inventory     |           4 |           4 |                1 |
| language      |           3 |           1 |                1 |
| payment       |           7 |           4 |                1 |
| rental        |           7 |           7 |                1 |
| staff         |          11 |           3 |                1 |
```

```
| store         |           4 |           3 |               1 |
+---------------+-------------+-------------+-----------------+
16 rows in set (0.01 sec)
```

　デプロイメントが成功したと判断するのは、この文をデプロイメントの前後に実行し、2つの結果の違いを確認してからでも遅くはありません。

15.3.3　動的 SQL の生成

　Oracle の PL/SQL や Microsoft の Transact-SQL などの言語は SQL 言語のスーパーセットであり、それらの文法には SQL 文とともに「if-then-else」や「while」のような通常の手続き型の構文が含まれています。Java などの他の言語にもリレーショナルデータベースとやり取りする機能が含まれていますが、それらの文法には SQL 文が含まれていないため、すべての SQL 文が文字列の中に含まれていなければなりません。

　このため、SQL Server、Oracle Database、MySQL をはじめとするほとんどのリレーショナルデータベースは、SQL 文を文字列としてデータベースサーバーに送信することを許可しています。データベースエンジンに対し、その SQL インターフェイスを使わずに文字列を送信することを一般に**動的 SQL 実行**（dynamic SQL execution）と呼びます。たとえば、Oracle の PL/SQL 言語には execute immediate コマンドが含まれており、SQL 文を実行することを目的として、このコマンドを使って文字列を送信できます。これに対し、SQL Server には、SQL 文を動的に実行するための sp_executesql というシステムストアドプロシージャが含まれています。

　MySQL には、動的 SQL 実行を可能にするために prepare、execute、deallocate の3つの文が含まれています。単純な例を見てみましょう。

```
mysql> SET @qry = 'SELECT customer_id, first_name, last_name FROM customer';
Query OK, 0 rows affected (0.00 sec)

mysql> PREPARE dynsql1 FROM @qry;
Query OK, 0 rows affected (0.00 sec)
Statement prepared

mysql> EXECUTE dynsql1;
+-------------+-------------+--------------+
| customer_id | first_name  | last_name    |
+-------------+-------------+--------------+
|           1 | MARY        | SMITH        |
|           2 | PATRICIA    | JOHNSON      |
|           3 | LINDA       | WILLIAMS     |
|           4 | BARBARA     | JONES        |
......
|         595 | TERRENCE    | GUNDERSON    |
|         596 | ENRIQUE     | FORSYTHE     |
|         597 | FREDDIE     | DUGGAN       |
|         598 | WADE        | DELVALLE     |
```

```
|           599 | AUSTIN      | CINTRON     |
| ------------+------------+-------------+
599 rows in set (0.00 sec)

mysql> DEALLOCATE PREPARE dynsql1;
Query OK, 0 rows affected (0.00 sec)
```

set 文は qry 変数に文字列を代入するだけです。この変数は続いて prepare 文を使って（解析、セキュリティチェック、最適化のために）データベースエンジンに送信されます。execute を呼び出して文を実行した後は、deallocate prepare を使って文を閉じなければなりません。文を閉じると、実行中に利用されたカーソルなどのデータベースリソースが解放されます。

次に、where 句の条件にプレースホルダが含まれたクエリを実行する方法を見てみましょう。このようにすると、条件を実行時に指定できるようになります。

```
mysql> SET @qry = 'SELECT customer_id, first_name, last_name
    '> FROM customer WHERE customer_id = ?';
Query OK, 0 rows affected (0.00 sec)

mysql> PREPARE dynsql2 FROM @qry;
Query OK, 0 rows affected (0.00 sec)
Statement prepared

mysql> SET @custid = 9;
Query OK, 0 rows affected (0.00 sec)

mysql> EXECUTE dynsql2 USING @custid;
+-------------+------------+-----------+
| customer_id | first_name | last_name |
+-------------+------------+-----------+
|           9 | MARGARET   | MOORE     |
+-------------+------------+-----------+
1 row in set (0.00 sec)

mysql> SET @custid = 145;
Query OK, 0 rows affected (0.00 sec)

mysql> EXECUTE dynsql2 USING @custid;
+-------------+------------+-----------+
| customer_id | first_name | last_name |
+-------------+------------+-----------+
|         145 | LUCILLE    | HOLMES    |
+-------------+------------+-----------+
1 row in set (0.00 sec)

mysql> DEALLOCATE PREPARE dynsql2;
Query OK, 0 rows affected (0.00 sec)
```

この例では、クエリにプレースホルダ（文の最後のほうにある ?）が含まれているため、顧客 ID の値を実行時に指定できます。この文は一度だけ生成され、2回実行されています。1回目は顧客

ID 9 で実行しており、2 回目は顧客 ID 145 で実行しています。その後、文を閉じています。

　このことがメタデータと何の関係があるのだろうと考えているかもしれません。動的 SQL を使ってテーブルでクエリを実行するなら、テーブルの定義を直接記述するのではなく、クエリ文字列の組み立てにメタデータを使わない手はありません。次の例では、先の例と同じ動的 SQL 文字列を生成しますが、列の名前を information_schema.columns ビューから取得します。

```
mysql> SELECT concat('SELECT ',
    ->   concat_ws(',', cols.col1, cols.col2, cols.col3, cols.col4, cols.col5,
    ->            cols.col6, cols.col7, cols.col8, cols.col9),
    ->   ' FROM customer WHERE customer_id = ?')
    -> INTO @qry
    -> FROM
    ->   (SELECT
    ->     max(CASE WHEN ordinal_position = 1 THEN column_name
    ->              ELSE NULL END) col1,
    ->     max(CASE WHEN ordinal_position = 2 THEN column_name
    ->              ELSE NULL END) col2,
    ->     max(CASE WHEN ordinal_position = 3 THEN column_name
    ->              ELSE NULL END) col3,
    ->     max(CASE WHEN ordinal_position = 4 THEN column_name
    ->              ELSE NULL END) col4,
    ->     max(CASE WHEN ordinal_position = 5 THEN column_name
    ->              ELSE NULL END) col5,
    ->     max(CASE WHEN ordinal_position = 6 THEN column_name
    ->              ELSE NULL END) col6,
    ->     max(CASE WHEN ordinal_position = 7 THEN column_name
    ->              ELSE NULL END) col7,
    ->     max(CASE WHEN ordinal_position = 8 THEN column_name
    ->              ELSE NULL END) col8,
    ->     max(CASE WHEN ordinal_position = 9 THEN column_name
    ->              ELSE NULL END) col9
    ->   FROM information_schema.columns
    ->   WHERE table_schema = 'sakila' AND table_name = 'customer'
    ->   GROUP BY table_name
    ->   ) cols;
Query OK, 1 row affected (0.00 sec)

mysql> SELECT @qry;
+----------------------------------------------------------------------------+
| @qry                                                                       |
+----------------------------------------------------------------------------+
| SELECT customer_id,store_id,first_name,last_name,email,address_id,active,  |
|       create_date,last_update                                              |
| FROM customer WHERE customer_id = ?                                        |
+----------------------------------------------------------------------------+
1 row in set (0.00 sec)

mysql> PREPARE dynsql3 FROM @qry;
Query OK, 0 rows affected (0.00 sec)
Statement prepared
```

```
mysql> SET @custid = 45;
Query OK, 0 rows affected (0.00 sec)

mysql> EXECUTE dynsql3 USING @custid;
+-------------+----------+------------+-----------+
| customer_id | store_id | first_name | last_name |
+-------------+----------+------------+-----------+
|          45 |        1 | JANET      | PHILLIPS  |
+-------------+----------+------------+-----------+

+----------------------------------+------------+--------+
| email                            | address_id | active |
+----------------------------------+------------+--------+
| JANET.PHILLIPS@sakilacustomer.org |        49 |      1 |
+----------------------------------+------------+--------+

+---------------------+---------------------+
| create_date         | last_update         |
+---------------------+---------------------+
| 2006-02-14 22:04:36 | 2006-02-15 04:57:20 |
+---------------------+---------------------+
1 row in set (0.00 sec)

mysql> DEALLOCATE PREPARE dynsql3;
Query OK, 0 rows affected (0.00 sec)
```

このクエリは、customer テーブルの最初の 9 つの列を 1 行にまとめ、concat 関数と concat_ws 関数を使ってクエリ文字列を組み立て、この文字列を qry 変数に代入します。その後は、ここまでと同じようにクエリ文字列を実行します。

> 一般的には、Java、PL/SQL、Transact-SQL、または MySQL の Stored Procedure Language など、ループ構文を持つ手続き型言語を使ってクエリを生成するほうがよいだろう。しかし、純粋に SQL だけを使った例を見てもらいたいと考えた。このため、取得する列を適度な個数に制限する必要があり、この例では 9 つにした。

15.4　練習問題

　この練習問題では、メタデータをどれくらい理解できたかをテストします。解答は付録Bにあります。

15-1 Sakilaスキーマのインデックスをすべてリストアップするクエリを作成してみよう。なお、テーブル名も含めること。

15-2 sakila.customerテーブルのすべてのインデックスの作成に利用できるクエリの形式は次のようになる。この形式の文を出力として生成するクエリを作成してみよう。

```
"ALTER TABLE <テーブル名> ADD INDEX <インデックス名> (<列リスト>)"
```

16章
解析関数

データの量は驚異的なペースで増えており、組織はデータの意味を理解することは言うまでもなく、データをすべて格納することにすら手を焼いています。データ解析は従来、Excel、R、Pythonなどの専用のツールや言語を使ってデータベースサーバーの外で行われてきましたが、SQL 言語には解析処理に役立つ関数がしっかり含まれています。従業員を営業成績に基づいてランク付けする必要がある場合や、顧客向けの会計報告書を作成していて 3 か月間の移動平均を計算する必要がある場合は、SQL の組み込みの解析関数を使ってそうした計算を行うことができます。

16.1　解析関数

データベースサーバーがクエリの評価に必要な手順（結合、フィルタリング、グループ化、並べ替えなど）をすべて完了すると、結果セットが完成して呼び出し元に返す準備が整います。この時点でクエリの実行をいったん止めて、メモリに格納されている状態の結果セットを調べることができるとしたら、どのような解析を行いたいでしょうか。結果セットに売上データが含まれている場合は、営業担当者や地域別に順位を計算するか、期間ごとの差の割合を計算したいかもしれません。結果セットに会計報告用のデータが含まれている場合は、おそらく項目ごとの小計と最終的な総計を計算したいと考えるでしょう。解析関数を利用すれば、これらの解析はもちろん、他の解析も行うことができます。最もよく使われている解析関数には、共通するメカニズムがあります。詳しい説明に入る前に、このメカニズムを見ておきましょう。

16.1.1　データウィンドウ

特定期間の月間売上高を生成するクエリを記述したとしましょう。たとえば次のクエリは、2005年 5 月から 8 月の期間のレンタルについて月ごとの支払い総額を計算します。

```
mysql> SELECT quarter(payment_date) quarter, monthname(payment_date) month_nm,
    ->        sum(amount) monthly_sales
    -> FROM payment
```

```
   -> WHERE year(payment_date) = 2005
   -> GROUP BY quarter(payment_date), monthname(payment_date);
+---------+---------+---------------+
| quarter | month_nm | monthly_sales |
+---------+---------+---------------+
|       2 | May     |       4824.43 |
|       2 | June    |       9631.88 |
|       3 | July    |      28373.89 |
|       3 | August  |      24072.13 |
+---------+---------+---------------+
4 rows in set (0.07 sec)
```

　結果を調べてみると、この4か月間では7月の支払い総額が最も高かったことと、第2四半期では6月の支払い総額が最も高かったことがわかります。しかし、最大値をプログラムから特定するには、四半期ごとの最大値と期間全体の最大値を示す列を追加する必要があります。これらの値を計算するために先のクエリに新しい列を2つ追加すると次のようになります。

```
mysql> SELECT quarter(payment_date) quarter, monthname(payment_date) month_nm,
    ->     sum(amount) monthly_sales,
    ->     max(sum(amount))
    ->       over () max_overall_sales,
    ->     max(sum(amount))
    ->       over (partition by quarter(payment_date)) max_qrtr_sales
    -> FROM payment
    -> WHERE year(payment_date) = 2005
    -> GROUP BY quarter(payment_date), monthname(payment_date);
+---------+---------+---------------+-------------------+----------------+
| quarter | month_nm | monthly_sales | max_overall_sales | max_qrtr_sales |
+---------+---------+---------------+-------------------+----------------+
|       2 | May     |       4824.43 |          28373.89 |        9631.88 |
|       2 | June    |       9631.88 |          28373.89 |        9631.88 |
|       3 | July    |      28373.89 |          28373.89 |       28373.89 |
|       3 | August  |      24072.13 |          28373.89 |       28373.89 |
+---------+---------+---------------+-------------------+----------------+
4 rows in set (0.02 sec)
```

　追加の列を生成するために使った解析関数は、行を2つのグループにまとめます。一方のグループは同じ四半期内のすべての行を含んでおり、もう一方のグループはすべての行を含んでいます。解析関数には、このような解析に対処するために行を**ウィンドウ**（window）にまとめる能力があります。つまり、結果セット全体に変更を加えることなく、データを解析関数で使うために実質的に分割します。ウィンドウを定義するにはover句を使いますが、必要に応じてpartition byキーワードを組み合わせます。先のクエリでは、どちらの解析関数にもover句が含まれていますが、1つ目は空であり、結果セット全体がウィンドウに含まれることを意味します。これに対し、2つ目は同じ四半期内の行だけをウィンドウに追加すべきであることを指定します。データウィンドウには、結果セット内のたった1つの行からすべての行まで、任意の部分を追加できます。そして、解析関数ごとに異なるデータウィンドウを定義できます。

16.1.2 局所的な並べ替え

解析関数のために結果セットをデータウィンドウに分割することに加えて、ソートの順序を指定することもできます。たとえば、各月をランク付けして、最も売り上げの多かった月に1の値を割り当てたいとしましょう。この場合は、ランク付けに使う列を（1つ以上）指定する必要があります[†1]。

```
mysql> SELECT quarter(payment_date) quarter, monthname(payment_date) month_nm,
    ->        sum(amount) monthly_sales,
    ->        rank() over (order by sum(amount) desc) sales_rank
    -> FROM payment
    -> WHERE year(payment_date) = 2005
    -> GROUP BY quarter(payment_date), monthname(payment_date)
    -> ORDER BY 1, month(payment_date);
+---------+----------+---------------+------------+
| quarter | month_nm | monthly_sales | sales_rank |
+---------+----------+---------------+------------+
|       2 | May      |       4824.43 |          4 |
|       2 | June     |       9631.88 |          3 |
|       3 | July     |      28373.89 |          1 |
|       3 | August   |      24072.13 |          2 |
+---------+----------+---------------+------------+
4 rows in set (0.01 sec)
```

このクエリにはrank関数への呼び出しが含まれています。この関数については、次節で説明します。また、ランク付けにamount列の合計値を使うことが指定されており、この値の降順で各月がランク付けされます。したがって、支払い総額が最も多い月（この場合は7月）が1位になります。

複数のorder by句

先の例にはorder by句が2つ含まれている。1つはクエリの最後にあり、結果セットのソート順を指定している。もう1つはrank関数に含まれており、ランクの割り当て方法を指定している。不運にも同じ句が異なる目的で使われているが、解析関数でorder by句を1つ以上使ったとしても、結果セットを特定の順序で並べ替えたい場合はやはりクエリの最後にorder by句を追加する必要がある。

状況によっては、partition by句とorder by句を同じ解析関数の呼び出しで使いたいことがあります。たとえば、先の例を書き換えて、結果セット全体で1つのランク付けを提供するので

---

†1　［訳注］このクエリはorder by句でpayment_date列を参照しているためエラーになる。monthnameをmonth
　　に変更する（月の名前を数字にする）のが手っ取り早い。

```
SELECT quarter(payment_date) quarter, month(payment_date) month_nm,
  sum(amount) monthly_sales, rank() over (order by sum(amount) desc) sales_rank
FROM payment WHERE year(payment_date) = 2005 GROUP BY quarter, month_nm
ORDER BY 1, month_nm;
```

はなく、四半期ごとのランク付けを提供することもできます[†2]。

```
mysql> SELECT quarter(payment_date) quarter, monthname(payment_date) month_nm,
    ->          sum(amount) monthly_sales,
    ->          rank() over (partition by quarter(payment_date)
    ->            order by sum(amount) desc) qtr_sales_rank
    -> FROM payment
    -> WHERE year(payment_date) = 2005
    -> GROUP BY quarter(payment_date), monthname(payment_date)
    -> ORDER BY 1, month(payment_date);
+---------+----------+----------------+----------------+
| quarter | month_nm | monthly_sales  | qtr_sales_rank |
+---------+----------+----------------+----------------+
|       2 | May      |        4824.43 |              2 |
|       2 | June     |        9631.88 |              1 |
|       3 | July     |       28373.89 |              1 |
|       3 | August   |       24072.13 |              2 |
+---------+----------+----------------+----------------+
4 rows in set (0.01 sec)
```

ここでは over 句の使い方を具体的に示す例を見てもらいました。以降の節では、さまざまな解析関数を詳しく見ていきます。

16.2　ランキング

人は何かに順位を付けたがるものです。ニュース／スポーツ／旅行のサイトにアクセスすると、次のような見出しが目に飛び込んできます。

- 人気の旅行先トップ10

- 最も利益率の高い投資信託

- カレッジフットボールのプレシーズンランキング

- 至高の100曲

企業もランキングの生成に目がありませんが、その目的は実用的です。最もよく売れている商品や最も売れていない商品、最も収益の高い地域や最も収益の低い地域を知ることは、組織が戦略的な決定を下すのに役立ちます。

---

†2　[訳注] 先ほどのクエリと同じエラーになるため、同様に修正する必要がある。

16.2.1 ランキング関数

SQL規格には複数のランキング関数が含まれています。これらの関数はそれぞれ同順位(タイ)の扱い方が異なります。

row_number
:   各行に対して一意な数字を返す。タイの場合は任意の順位を割り当てる。

rank
:   タイの場合は同じ順位を返し、次の順位を飛ばす。

dense_rank
:   タイの場合は同じ順位を返し、次の順位を飛ばさない。

これらの違いを具体的に示す例を見てみましょう。マーケティング部門では、上位10人の顧客に無料レンタルサービスを提供する計画があり、該当する顧客を特定したいと考えています。次のクエリは、各顧客のレンタル回数を調べて、結果を降順に並べ替えます。

```
mysql> SELECT customer_id, count(*) num_rentals
    -> FROM rental
    -> GROUP BY customer_id
    -> ORDER BY 2 desc;
+-------------+-------------+
| customer_id | num_rentals |
+-------------+-------------+
|         148 |          46 |
|         526 |          45 |
|         144 |          42 |
|         236 |          42 |
|          75 |          41 |
|         197 |          40 |
|         469 |          40 |
|         137 |          39 |
|         178 |          39 |
|         468 |          39 |
|           5 |          38 |
|         295 |          38 |
|         410 |          38 |
|         459 |          38 |
|         176 |          37 |
|         198 |          37 |
|         257 |          37 |
|         366 |          37 |
|          29 |          36 |
|         267 |          36 |
|         348 |          36 |
|         354 |          36 |
|         380 |          36 |
|         439 |          36 |
```

```
|          21 |          35 |
......
|         136 |          15 |
|         248 |          15 |
|          61 |          14 |
|         110 |          14 |
|         281 |          14 |
|         318 |          12 |
+-------------+-------------+
599 rows in set (0.01 sec)
```

　この結果から、3番目と4番目の顧客のレンタル回数が同じ42であることがわかります。これらの顧客を3位にランク付けすべきでしょうか。その場合、41回レンタルした顧客を4位にすべきでしょうか。それとも、1つ飛ばして5位にすべきでしょうか。それぞれの関数がタイをどのように扱うのかを確認するために、次のクエリでは列をさらに3つ追加し、それぞれの列に異なるランキング関数を適用します。

```
mysql> SELECT customer_id, count(*) num_rentals,
    ->          row_number() over (order by count(*) desc) row_number_rnk,
    ->          rank() over (order by count(*) desc) rank_rnk,
    ->          dense_rank() over (order by count(*) desc) dense_rank_rnk
    -> FROM rental
    -> GROUP BY customer_id
    -> ORDER BY 2 desc;
```

customer_id	num_rentals	row_number_rnk	rank_rnk	dense_rank_rnk
148	46	1	1	1
526	45	2	2	2
144	42	3	3	3
236	42	4	3	3
75	**41**	**5**	**5**	**4**
197	40	6	6	5
469	40	7	6	5
137	39	8	8	6
178	39	9	8	6
468	39	10	8	6
5	38	11	11	7
295	38	12	11	7
410	38	13	11	7
459	38	14	11	7
176	37	15	15	8
198	37	16	15	8
257	37	17	15	8
366	37	18	15	8
29	36	19	19	9
267	36	20	19	9
348	36	21	19	9
354	36	22	19	9
380	36	23	19	9
439	36	24	19	9

```
|          21 |          35 |             25 |       25 |             10 |
|          50 |          35 |             26 |       25 |             10 |
|          91 |          35 |             27 |       25 |             10 |
|         196 |          35 |             28 |       25 |             10 |
|         204 |          35 |             29 |       25 |             10 |
|         273 |          35 |             30 |       25 |             10 |
|         274 |          35 |             31 |       25 |             10 |
|         368 |          35 |             32 |       25 |             10 |
|         371 |          35 |             33 |       25 |             10 |
|         373 |          35 |             34 |       25 |             10 |
|         381 |          35 |             35 |       25 |             10 |
|         403 |          35 |             36 |       25 |             10 |
|         506 |          35 |             37 |       25 |             10 |
|          26 |          34 |             38 |       38 |             11 |
|          30 |          34 |             39 |       38 |             11 |
|          38 |          34 |             40 |       38 |             11 |
|          46 |          34 |             41 |       38 |             11 |
|          66 |          34 |             42 |       38 |             11 |
......
|         136 |          15 |            594 |      594 |             30 |
|         248 |          15 |            595 |      594 |             30 |
|          61 |          14 |            596 |      596 |             31 |
|         110 |          14 |            597 |      596 |             31 |
|         281 |          14 |            598 |      596 |             31 |
|         318 |          12 |            599 |      599 |             32 |
+-------------+-------------+----------------+----------+----------------+
599 rows in set (0.01 sec)
```

　3列目は row_number 関数を使っており、タイを考慮せずに各行に一意な順序を割り当てます。599行にそれぞれ1～599の数字を割り当てるため、レンタル回数が同数の顧客には順位を恣意的に割り当てることになります。これに対し、次の2つの列で使っている関数は、タイの場合は同じ順位を割り当てますが、その「次」の順位値が1つ飛ばしになるかどうかという点に違いがあります。結果セットの5行目を見ると、rank 関数が4の値を飛ばして5の値を割り当てているのに対し、dense_rank 関数が4の値を割り当てていることがわかります。

　最初の依頼に戻りましょう。上位10人の顧客を特定するにはどうすればよいでしょうか。次の3つの方法が考えられます。

- row_number 関数を使って1～10位の顧客を特定する。この例ではちょうど10人の顧客が選択されるが、状況によっては10位の顧客とレンタル回数が同じである顧客が除外されてしまうかもしれない。
- rank 関数を使って1～10位の顧客を特定する。この場合もちょうど10人の顧客が選択される。
- dense_rank 関数を使って1～10位の顧客を特定する。37人の顧客が選択される。

結果セットにタイが存在しない場合は3つの関数のどれを使っても事足りますが、多くの状況ではrank関数が最良の選択肢かもしれません。

16.2.2　複数のランキングを生成する

前項の例は顧客全員にわたって1つのランキングを生成しますが、同じ結果セットで複数のランキングを生成したい場合はどうすればよいのでしょう。先の例の続きとして、マーケティング部門が毎月上位5人の顧客に無料レンタルサービスを提供することにしたとしましょう。このデータを生成するために、前項のクエリにrental_month列を追加します。

```
mysql> SELECT customer_id,
    ->        monthname(rental_date) rental_month,
    ->        count(*) num_rentals
    -> FROM rental
    -> GROUP BY customer_id, monthname(rental_date)
    -> ORDER BY 2, 3 desc;
+-------------+--------------+-------------+
| customer_id | rental_month | num_rentals |
+-------------+--------------+-------------+
|         569 | August       |          18 |
|         119 | August       |          18 |
|          15 | August       |          18 |
|         148 | August       |          18 |
|         266 | August       |          17 |
|         418 | August       |          17 |
|          21 | August       |          17 |
|         342 | August       |          17 |
|         141 | August       |          17 |
|         410 | August       |          17 |
|         451 | August       |          16 |
......
|         191 | August       |           2 |
|         318 | August       |           1 |
|          75 | February     |           3 |
|          60 | February     |           2 |
|         107 | February     |           2 |
|          15 | February     |           2 |
|         284 | February     |           2 |
|         354 | February     |           2 |
|          42 | February     |           2 |
|         155 | February     |           2 |
......
|         550 | February     |           1 |
|         355 | February     |           1 |
|         148 | July         |          22 |
|         102 | July         |          21 |
|         236 | July         |          20 |
|          75 | July         |          20 |
|         137 | July         |          19 |
|          64 | July         |          19 |
```

```
|         595 | July         |          19 |
|          91 | July         |          19 |
......
|         136 | May          |           1 |
|         333 | May          |           1 |
|          61 | May          |           1 |
|         459 | May          |           1 |
|         407 | May          |           1 |
+-------------+--------------+-------------+
2466 rows in set (0.03 sec)
```

月ごとに新しいランキングを生成するには、結果セットを複数のデータウィンドウ（この場合は月）に分ける方法を指定するために rank 関数に何かを追加する必要があります。そこで、over 句に partition by 句を追加します。

```
mysql> SELECT customer_id,
    ->         monthname(rental_date) rental_month,
    ->         count(*) num_rentals,
    ->         rank() over (partition by monthname(rental_date)
    ->           order by count(*) desc) rank_rnk
    -> FROM rental
    -> GROUP BY customer_id, monthname(rental_date)
    -> ORDER BY 2, 3 desc;
+-------------+--------------+-------------+----------+
| customer_id | rental_month | num_rentals | rank_rnk |
+-------------+--------------+-------------+----------+
|         569 | **August**   |          18 |        1 |
|         119 | August       |          18 |        1 |
|         148 | August       |          18 |        1 |
|          15 | August       |          18 |        1 |
|         342 | August       |          17 |        5 |
|         141 | August       |          17 |        5 |
|         410 | August       |          17 |        5 |
|         418 | August       |          17 |        5 |
|          21 | August       |          17 |        5 |
|         266 | August       |          17 |        5 |
|          51 | August       |          16 |       11 |
|         181 | August       |          16 |       11 |
......
|         281 | August       |           2 |      596 |
|         318 | August       |           1 |      599 |
|          75 | **February** |           3 |        1 |
|         284 | February     |           2 |        2 |
|         107 | February     |           2 |        2 |
|          60 | February     |           2 |        2 |
......
|         532 | February     |           1 |       24 |
|         373 | February     |           1 |       24 |
|         148 | **July**     |          22 |        1 |
|         102 | July         |          21 |        2 |
|         236 | July         |          20 |        3 |
|          75 | July         |          20 |        3 |
```

```
|    137 | July         |         19 |        5 |
|    526 | July         |         19 |        5 |
|    366 | July         |         19 |        5 |
|    595 | July         |         19 |        5 |
|     91 | July         |         19 |        5 |
|    354 | July         |         19 |        5 |
|     30 | July         |         19 |        5 |
|     64 | July         |         19 |        5 |
|    295 | July         |         18 |       13 |
......
|    351 | May          |          1 |      347 |
|     10 | May          |          1 |      347 |
|    136 | May          |          1 |      347 |
|     61 | May          |          1 |      347 |
+------------+--------------+------------+----------+
2466 rows in set (0.02 sec)
```

　この結果から、月ごとに順位が1にリセットされることがわかります。マーケティング部門が求めている結果（毎月上位5人の顧客）を得るには、先のクエリをサブクエリにまとめ、6位以降の行をすべて取り除くフィルタ条件を追加すればよいだけです。

```
SELECT customer_id, rental_month, num_rentals, rank_rnk ranking
FROM
  (SELECT customer_id,
          monthname(rental_date) rental_month,
          count(*) num_rentals,
          rank() over (partition by monthname(rental_date)
            order by count(*) desc) rank_rnk
   FROM rental
   GROUP BY customer_id, monthname(rental_date)
  ) cust_rankings
WHERE rank_rnk <= 5
ORDER BY rental_month, num_rentals desc, rank_rnk;
```

　解析関数を使えるのはselect句だけなので、解析関数の結果に基づいてフィルタリングやグループ化を行う必要がある場合は、たいていクエリを入れ子にする必要があります。

16.3　レポート関数

　解析関数は、ランキングを生成することに加えて、最小値や最大値といった外れ値を調べたり、データセット全体の合計値や平均値を求めたりする目的でもよく使われます。こうした用途には集計関数（min、max、avg、sum、count）を使うことになりますが、それらの関数をgroup by句で使うのではなく、over句と組み合わせます。例として、10ドル以上のすべての支払いについて月計と総計を求めるクエリを見てみましょう。

```
mysql> SELECT monthname(payment_date) payment_month, amount,
    ->        sum(amount)
    ->          over (partition by monthname(payment_date)) monthly_total,
    ->        sum(amount) over () grand_total
    -> FROM payment
    -> WHERE amount >= 10
    -> ORDER BY 1;
+---------------+--------+---------------+-------------+
| payment_month | amount | monthly_total | grand_total |
+---------------+--------+---------------+-------------+
| August        |  10.99 |        521.53 |     1262.86 |
| August        |  10.99 |        521.53 |     1262.86 |
| August        |  10.99 |        521.53 |     1262.86 |
| August        |  10.99 |        521.53 |     1262.86 |
| August        |  10.99 |        521.53 |     1262.86 |
| August        |  11.99 |        521.53 |     1262.86 |
| August        |  10.99 |        521.53 |     1262.86 |
......
| August        |  10.99 |        521.53 |     1262.86 |
| August        |  10.99 |        521.53 |     1262.86 |
| August        |  10.99 |        521.53 |     1262.86 |
| July          |  10.99 |        519.53 |     1262.86 |
| July          |  10.99 |        519.53 |     1262.86 |
| July          |  11.99 |        519.53 |     1262.86 |
| July          |  10.99 |        519.53 |     1262.86 |
......
| July          |  11.99 |        519.53 |     1262.86 |
| July          |  11.99 |        519.53 |     1262.86 |
| July          |  10.99 |        519.53 |     1262.86 |
| June          |  10.99 |        165.85 |     1262.86 |
| June          |  10.99 |        165.85 |     1262.86 |
| June          |  10.99 |        165.85 |     1262.86 |
| June          |  10.99 |        165.85 |     1262.86 |
| June          |  10.99 |        165.85 |     1262.86 |
| June          |  11.99 |        165.85 |     1262.86 |
| June          |  10.99 |        165.85 |     1262.86 |
| June          |  10.99 |        165.85 |     1262.86 |
| June          |  10.99 |        165.85 |     1262.86 |
| June          |  10.99 |        165.85 |     1262.86 |
| June          |  10.99 |        165.85 |     1262.86 |
| June          |  10.99 |        165.85 |     1262.86 |
| June          |  10.99 |        165.85 |     1262.86 |
| June          |  10.99 |        165.85 |     1262.86 |
| May           |  10.99 |         55.95 |     1262.86 |
| May           |  11.99 |         55.95 |     1262.86 |
| May           |  10.99 |         55.95 |     1262.86 |
| May           |  10.99 |         55.95 |     1262.86 |
| May           |  10.99 |         55.95 |     1262.86 |
+---------------+--------+---------------+-------------+
114 rows in set (0.00 sec)
```

grand_total 列がどの行でも同じ値（1,262.86 ドル）を含んでいるのは、その over 句が空で、結果セット全体の合計を求めることを意味するためです。しかし、monthly_total 列には結果セットを複数のデータウィンドウ（月ごとに 1 つ）に分割することを指定する partition by 句があるため、月ごとに異なる値が含まれています。

grand_total のようにすべての行の値が同じになる列を追加してもほとんど意味がないように思えるかもしれませんが、次のクエリに示すように、このような列も計算に使うことができます。

```
mysql> SELECT monthname(payment_date) payment_month,
    ->        sum(amount) month_total,
    ->        round(sum(amount) / sum(sum(amount)) over () * 100, 2) pct_of_total
    -> FROM payment
    -> GROUP BY monthname(payment_date);
+---------------+-------------+--------------+
| payment_month | month_total | pct_of_total |
+---------------+-------------+--------------+
| May           |     4824.43 |         7.16 |
| June          |     9631.88 |        14.29 |
| July          |    28373.89 |        42.09 |
| August        |    24072.13 |        35.71 |
| February      |      514.18 |         0.76 |
+---------------+-------------+--------------+
5 rows in set (0.01 sec)
```

このクエリは、amount 列の合計を求めることで各月の支払い総額を計算します。続いて、各月の支払い総額の合計を求め、この値を分母として使うことで、各月の支払い総額の割合を計算します。

レポート関数は比較にも使うことができます。次のクエリは、各月の支払い総額が最大、最小、またはその中間であるかどうかを、case 式を使って調べます。

```
mysql> SELECT monthname(payment_date) payment_month, sum(amount) month_total,
    ->   CASE sum(amount)
    ->     WHEN max(sum(amount)) over () THEN 'Highest'
    ->     WHEN min(sum(amount)) over () THEN 'Lowest'
    ->     ELSE 'Middle'
    ->   END descriptor
    -> FROM payment
    -> GROUP BY monthname(payment_date);
+---------------+-------------+------------+
| payment_month | month_total | descriptor |
+---------------+-------------+------------+
| May           |     4824.43 | Middle     |
| June          |     9631.88 | Middle     |
| July          |    28373.89 | Highest    |
| August        |    24072.13 | Middle     |
| February      |      514.18 | Lowest     |
+---------------+-------------+------------+
5 rows in set (0.02 sec)
```

descriptor 列は、行セットの最大値と最小値の特定に役立つ点で、擬似ランキング関数のような役割を果たします。

16.3.1 ウィンドウフレーム

先に述べたように、解析関数のデータウィンドウは partition by 句を使って定義します。データウィンドウを定義すると、共通の値に基づいて行をグループ化できるようになります。しかし、データウィンドウに追加する行をさらに細かく制御する必要がある場合はどうすればよいのでしょう。たとえば、年の初めから現在までの行の累計を求めたいことがあります。このような場合は、「フレーム」サブ句を使ってデータウィンドウに追加する行を厳密に定義できます。次のクエリは各週の支払い総額を求めます。このクエリには、累計を求めるためのレポート関数が含まれています。

```
mysql> SELECT yearweek(payment_date) payment_week,
    ->        sum(amount) week_total,
    ->        sum(sum(amount)) over (order by yearweek(payment_date)
    ->                               rows unbounded preceding) rolling_sum
    -> FROM payment
    -> GROUP BY yearweek(payment_date)
    -> ORDER BY 1;
+--------------+------------+-------------+
| payment_week | week_total | rolling_sum |
+--------------+------------+-------------+
|       200521 |    2847.18 |     2847.18 |
|       200522 |    1977.25 |     4824.43 |
|       200524 |    5605.42 |    10429.85 |
|       200525 |    4026.46 |    14456.31 |
|       200527 |    8490.83 |    22947.14 |
|       200528 |    5983.63 |    28930.77 |
|       200530 |   11031.22 |    39961.99 |
|       200531 |    8412.07 |    48374.06 |
|       200533 |   10619.11 |    58993.17 |
|       200534 |    7909.16 |    66902.33 |
|       200607 |     514.18 |    67416.51 |
+--------------+------------+-------------+
11 rows in set (0.01 sec)
```

rolling_sum 列の式には、結果セットの先頭から現在の行まで（現在の行を含む）のデータウィンドウを定義する rows unbounded preceding サブ句が含まれています。このデータウィンドウは、結果セットの最初の行に対しては1行で構成され、2つ目の行に対しては2行で構成される、といった具合になります。最後の行に対する値は結果セット全体の合計です。

累計に加えて、移動平均も計算できます。支払い総額の3週間の移動平均を求めるクエリを見てみましょう。

```
mysql> SELECT yearweek(payment_date) payment_week,
    ->        sum(amount) week_total,
    ->        avg(sum(amount))
```

```
    ->                over (order by yearweek(payment_date)
    ->                  rows between 1 preceding and 1 following) rolling_3wk_avg
    -> FROM payment
    -> GROUP BY yearweek(payment_date)
    -> ORDER BY 1;
+--------------+------------+-----------------+
| payment_week | week_total | rolling_3wk_avg |
+--------------+------------+-----------------+
|       200521 |    2847.18 |     2412.215000 |
|       200522 |    1977.25 |     3476.616667 |
|       200524 |    5605.42 |     3869.710000 |
|       200525 |    4026.46 |     6040.903333 |
|       200527 |    8490.83 |     6166.973333 |
|       200528 |    5983.63 |     8501.893333 |
|       200530 |   11031.22 |     8475.640000 |
|       200531 |    8412.07 |    10020.800000 |
|       200533 |   10619.11 |     8980.113333 |
|       200534 |    7909.16 |     6347.483333 |
|       200607 |     514.18 |     4211.670000 |
+--------------+------------+-----------------+
11 rows in set (0.01 sec)
```

rolling_3wk_avg 列は、現在の行、1つ前の行、1つ後の行からなるデータウィンドウを定義します。したがって、このデータウィンドウは先頭と末尾の行以外は3行で構成されます。先頭と末尾の行のデータウィンドウは2行で構成されます（先頭の行には1つ前の行がなく、末尾の行には1つ後の行がないため）。

　多くの状況ではデータウィンドウの行の個数を指定すればうまくいきますが、データに隙間がある（データが連続していない）場合は別のアプローチを試してみるとよいかもしれません。たとえば先の結果セットでは、200521、200522、200524の週のデータは存在しますが、200523の週のデータは存在しません。行の個数ではなく日付の間隔を指定したい場合は、次に示すように、データウィンドウの「範囲」を指定できます。

```
mysql> SELECT date(payment_date), sum(amount),
    ->          avg(sum(amount)) over (order by date(payment_date)
    ->            range between interval 3 day preceding
    ->                and interval 3 day following) 7_day_avg
    -> FROM payment
    -> WHERE payment_date BETWEEN '2005-07-01' AND '2005-09-01'
    -> GROUP BY date(payment_date)
    -> ORDER BY 1;
+--------------------+-------------+-------------+
| date(payment_date) | sum(amount) | 7_day_avg   |
+--------------------+-------------+-------------+
| 2005-07-05         |      128.73 | 1603.740000 |
| 2005-07-06         |     2131.96 | 1698.166000 |
| 2005-07-07         |     1943.39 | 1738.338333 |
| 2005-07-08         |     2210.88 | 1766.917143 |
| 2005-07-09         |     2075.87 | 2049.390000 |
| 2005-07-10         |     1939.20 | 2035.628333 |
```

```
| 2005-07-11         |     1938.39 |  2054.076000 |
| 2005-07-12         |     2106.04 |  2014.875000 |
| 2005-07-26         |      160.67 |  2046.642500 |
| 2005-07-27         |     2726.51 |  2206.244000 |
| 2005-07-28         |     2577.80 |  2316.571667 |
| 2005-07-29         |     2721.59 |  2388.102857 |
| 2005-07-30         |     2844.65 |  2754.660000 |
| 2005-07-31         |     2868.21 |  2759.351667 |
| 2005-08-01         |     2817.29 |  2795.662000 |
| 2005-08-02         |     2726.57 |  2814.180000 |
| 2005-08-16         |      111.77 |  1973.837500 |
| 2005-08-17         |     2457.07 |  2123.822000 |
| 2005-08-18         |     2710.79 |  2238.086667 |
| 2005-08-19         |     2615.72 |  2286.465714 |
| 2005-08-20         |     2723.76 |  2630.928571 |
| 2005-08-21         |     2809.41 |  2659.905000 |
| 2005-08-22         |     2576.74 |  2649.728000 |
| 2005-08-23         |     2523.01 |  2658.230000 |
+--------------------+-------------+--------------+
24 rows in set (0.01 sec)
```

7_day_avg 列は前後 3 日間の範囲を指定しており、データウィンドウに含まれるのは payment_date 列の値がその範囲内である行だけになります。たとえば、2005-08-16 に対する計算では、その前の 3 日間（08-13 〜 08-15）の行が存在しないため、08-16、08-17、08-18、08-19 の値だけが含まれます。

16.3.2　前の行と後の行

レポートの作成では、データウィンドウの合計値や平均値を求めることに加えて、2 つの行の値を比較することもよくあります。たとえば、各月の総売上高を示すレポートを作成している場合は、前の月との差を割合で表す列の作成を依頼されるかもしれません。となると、1 つ前の行の月間売上高を取得する方法が必要です。これには、結果セット内の 1 つ前の行の列値を取り出す lag 関数か、1 つ後の行の列値を取り出す lead 関数を使うことができます。これら 2 つの関数の使い方を見てみましょう。

```
mysql> SELECT yearweek(payment_date) payment_week,
    ->   sum(amount) week_total,
    ->   lag(sum(amount), 1) over (order by yearweek(payment_date)) prev_wk_tot,
    ->   lead(sum(amount), 1) over (order by yearweek(payment_date)) next_wk_tot
    -> FROM payment
    -> GROUP BY yearweek(payment_date)
    -> ORDER BY 1;
+--------------+------------+-------------+-------------+
| payment_week | week_total | prev_wk_tot | next_wk_tot |
+--------------+------------+-------------+-------------+
|       200521 |    2847.18 |        NULL |     1977.25 |
|       200522 |    1977.25 |     2847.18 |     5605.42 |
|       200524 |    5605.42 |     1977.25 |     4026.46 |
```

```
|        200525 |    4026.46 |    5605.42 |    8490.83 |
|        200527 |    8490.83 |    4026.46 |    5983.63 |
|        200528 |    5983.63 |    8490.83 |   11031.22 |
|        200530 |   11031.22 |    5983.63 |    8412.07 |
|        200531 |    8412.07 |   11031.22 |   10619.11 |
|        200533 |   10619.11 |    8412.07 |    7909.16 |
|        200534 |    7909.16 |   10619.11 |     514.18 |
|        200607 |     514.18 |    7909.16 |       NULL |
+---------------+------------+------------+------------+
11 rows in set (0.01 sec)
```

　結果を見てみると、200527 の週の合計である 8490.83 が、200525 の週の next_wk_tot 列と 200528 の週の prev_wk_tot 列にも含まれていることがわかります。この結果セットには 200521 よりも前の行は存在しないため、lag 関数は最初の行に対して null 値を生成します。同様に、lead 関数は最後の行に対して null 値を生成します。lag 関数と lead 関数には、オプションの 2 つ目のパラメータ（デフォルト値は 1）があります。このパラメータを利用すれば、何行前または何行後の列値を取得するのかを指定できます。

　lag 関数を使って前の週との差をパーセンテージで表す方法は次のようになります。

```
mysql> SELECT yearweek(payment_date) payment_week,
    ->        sum(amount) week_total,
    ->        round((sum(amount) - lag(sum(amount), 1)
    ->          over (order by yearweek(payment_date))) / lag(sum(amount), 1)
    ->          over (order by yearweek(payment_date)) * 100, 1) pct_diff
    -> FROM payment
    -> GROUP BY yearweek(payment_date)
    -> ORDER BY 1;
+--------------+------------+----------+
| payment_week | week_total | pct_diff |
+--------------+------------+----------+
|       200521 |    2847.18 |     NULL |
|       200522 |    1977.25 |    -30.6 |
|       200524 |    5605.42 |    183.5 |
|       200525 |    4026.46 |    -28.2 |
|       200527 |    8490.83 |    110.9 |
|       200528 |    5983.63 |    -29.5 |
|       200530 |   11031.22 |     84.4 |
|       200531 |    8412.07 |    -23.7 |
|       200533 |   10619.11 |     26.2 |
|       200534 |    7909.16 |    -25.5 |
|       200607 |     514.18 |    -93.5 |
+--------------+------------+----------+
11 rows in set (0.02 sec)
```

　レポートシステムでは同じ結果セット内のさまざまな行の値を比較することがよくあるため、lag 関数と lead 関数にいろいろな使い道があることがわかるでしょう。

16.3.3 列値の連結

　厳密には解析関数ではありませんが、データウィンドウ内の行グループを扱うため、ぜひ見ておきたい重要な関数がもう1つあります。group_concat関数は、一連の列値を1つの区切り付き文字列に変換するために使われます。このため、XMLドキュメントやJSONドキュメントを生成するために結果セットを非正規化する便利な方法の1つです。この関数を使って各映画に出演している俳優をコンマ区切りのリストにしてみましょう。

```
mysql> SELECT f.title,
    ->            group_concat(a.last_name order by a.last_name separator ', ') actors
    -> FROM actor a
    ->   INNER JOIN film_actor fa
    ->   ON a.actor_id = fa.actor_id
    ->   INNER JOIN film f
    ->   ON fa.film_id = f.film_id
    -> GROUP BY f.title
    -> HAVING count(*) = 3;
+------------------------+------------------------------+
| title                  | actors                       |
+------------------------+------------------------------+
| ANNIE IDENTITY         | GRANT, KEITEL, MCQUEEN       |
| ANYTHING SAVANNAH      | MONROE, SWANK, WEST          |
| ARK RIDGEMONT          | BAILEY, DEGENERES, GOLDBERG  |
| ARSENIC INDEPENDENCE   | ALLEN, KILMER, REYNOLDS      |
| ......                 |                              |
| WHISPERER GIANT        | BAILEY, PECK, WALKEN         |
| WIND PHANTOM           | BALL, DENCH, GUINESS         |
| ZORRO ARK              | DEGENERES, MONROE, TANDY     |
+------------------------+------------------------------+
119 rows in set (0.02 sec)
```

　このクエリは、行を映画のタイトルに基づいてグループ化し、出演している俳優がちょうど3人の映画だけを結果セットに追加します。group_concat関数は、各映画に出演している俳優全員のラストネームを1つの文字列に変換する特殊な集計関数として機能します。SQL Serverを使っている場合は、string_agg関数を使って同じような出力を生成できます。Oracleユーザーはlistagg関数を使うことができます。

16.4　練習問題

この練習問題では、解析関数をどれくらい理解できたかをテストします。解答は付録Bにあります。
この練習問題では、次に示す sales_fact テーブルのデータセットを使います。

```
sales_fact
+---------+----------+-----------+
| year_no | month_no | tot_sales |
+---------+----------+-----------+
|    2019 |        1 |     19228 |
|    2019 |        2 |     18554 |
|    2019 |        3 |     17325 |
|    2019 |        4 |     13221 |
|    2019 |        5 |      9964 |
|    2019 |        6 |     12658 |
|    2019 |        7 |     14233 |
|    2019 |        8 |     17342 |
|    2019 |        9 |     16853 |
|    2019 |       10 |     17121 |
|    2019 |       11 |     19095 |
|    2019 |       12 |     21436 |
|    2020 |        1 |     20347 |
|    2020 |        2 |     17434 |
|    2020 |        3 |     16225 |
|    2020 |        4 |     13853 |
|    2020 |        5 |     14589 |
|    2020 |        6 |     13248 |
|    2020 |        7 |      8728 |
|    2020 |        8 |      9378 |
|    2020 |        9 |     11467 |
|    2020 |       10 |     13842 |
|    2020 |       11 |     15742 |
|    2020 |       12 |     18636 |
+---------+----------+-----------+
24 rows in set (0.00 sec)
```

16-1 sales_fact テーブルのすべての行を取得するクエリを記述し、tot_sales 列の値に基づいてランキングを生成する列を追加してみよう。最も大きい値を1位とし、最も小さい値を24位とする。

16-2 練習問題16-1のクエリを書き換えて、1 ～ 12位のランキングを2つ（2019年のデータと2020年のデータに対して1つずつ）作成してみよう。

16-3 2020年のデータをすべて取得するクエリを記述し、前の月の tot_sales 列の値を示す列を追加してみよう。

17章
大規模なデータベースの操作

リレーショナルデータベースの初期の時代、ハードディスクの容量はほんの数メガバイトであり、データベースがそれほど大きくなることはなかったため、たいてい管理するのは容易でした。それが現在では、ハードディスクの容量は15TBに膨れ上がっており、現代のディスクアレイには4PBを超えるデータを格納できます。クラウドのストレージに至っては、実質的に無制限です。データの量は増加の一途をたどっており、リレーショナルデータベースはさまざまな課題に直面しています。しかし、企業がリレーショナルデータベースを引き続き利用できるようにするために、パーティショニング、クラスタリング、シャーディングなど、データを複数のストレージ層やサーバーに分散させる手法が開発されています。一方で、膨大な量のデータに対処するために、Hadoopのようなビッグデータプラットフォームへの移行に踏み切った企業もあります。本章では、リレーショナルデータベースのスケーリングに重点を置いた上で、これらの手法を詳しく見ていきます。

17.1　パーティショニング

データベーステーブルが「大きくなりすぎる」とは、厳密にどのような状況のことでしょうか。この質問を10人のデータアーキテクト、システム管理者、開発者にぶつければ、10通りの答えが返ってくるでしょう。しかし、ほとんどの人は、テーブルの大きさが数百万行を超えた時点で、次のタスクがより困難になるか、時間がかかるようになることを認めるはずです。

- フルテーブルスキャンを必要とするクエリの実行
- インデックスの作成と再構築
- データのアーカイブと削除
- テーブル／インデックスの統計データの生成
- テーブルの再配置（別の表領域に移動するなど）
- データベースのバックアップ

これらのタスクは、データベースが小さいうちは日常的に開始できるのですが、データが蓄積されていくに従って時間がかかるようになります。そして、管理の時間枠は限られているため、やがて難しくなったり不可能になったりします。将来的に管理上の問題が起きないようにするには、テーブルを最初に作成するときに、大きなテーブルを**パーティション**（partition）に分割するのが最も効果的です（テーブルをあとから分割することも可能ですが、最初に行うほうが簡単です）。管理タスクは個々のパーティションで（多くの場合は同時に）行うことができ、タスクによっては1つ以上のパーティションを完全にスキップできます。

17.1.1　パーティショニングの概念

テーブルのパーティショニングは1990年代にOracleが導入したものですが、それ以来、主要なデータベースサーバーのすべてにテーブルやインデックスを分割する機能が搭載されています。テーブルを分割すると、2つ以上のテーブルパーティションが作成されます。それぞれのパーティションの定義はまったく同じですが、データに重なり合っている部分はありません。たとえば、テーブルに売上データが含まれている場合は、売上日を含んでいる列を使って月ごとに分割したり、都道府県コードを使って地域ごとに分割したりできます。

テーブルを分割すると、テーブルそのものは仮想概念になります。つまり、データを含んでいるのはパーティションであり、インデックスはパーティション内のデータに基づいて作成されます。ただし、データベースユーザーはテーブルが分割されていることに気付かないままテーブルを操作し続けることができます。その点では、ビューと考え方が似ています。ビューでは、ユーザーが実際のテーブルを操作するのではなく、そのインターフェイスであるスキーマオブジェクトを操作するからです。各パーティションのスキーマ定義（テーブルの列とその型など）はすべて同じでなければなりませんが、管理機能に関しては、パーティションごとに違っていてもよいものがいくつかあります。

- 各パーティションが物理的に異なるストレージ層にある別々の表領域に格納されていてもよい。

- 各パーティションを異なる圧縮方式で圧縮できる。

- 一部のパーティションでローカルインデックスを削除できる（17.1.3項を参照）。

- 一部のパーティションではテーブルの統計データを凍結し、他のパーティションでは定期的に更新することが可能。

- 個々のパーティションをメモリにピン留めするか、データベースのフラッシュストレージ層に格納することが可能。

このように、テーブルを分割することでデータストレージや管理の柔軟性を向上させると同時に、ユーザーコミュニティには単一のテーブルという単純さを提供し続けることができます。

17.1.2　テーブルの分割

ほとんどのリレーショナルデータベースは**水平分割**（horizontal partitioning）という分割方式に対応しています。この方式では、行全体を1つのパーティションに割り当てます。テーブルは**垂直**に分割されることもあります。その場合は、一連の列をさまざまなパーティションに割り当てますが、この分割は手動で行う必要があります。テーブルを水平分割するときには、**パーティションキー**（partition key）を選択しなければなりません。パーティションキーは列であり、この列の値を使って行を特定のパーティションに割り当てます。ほとんどの場合、テーブルのパーティションキーは単一の列であり、この列に**パーティション関数**（partitioning function）を適用することで、各行を割り当てるパーティションを決定します。

17.1.3　インデックスの分割

分割したテーブルにインデックスが含まれている場合は、特定のインデックスをそのまま使うか、インデックスを分割してパーティションごとに専用のインデックスを使うことができます。前者を**グローバルインデックス**（global index）、後者を**ローカルインデックス**（local index）と呼びます。グローバルインデックスはテーブルのすべてのパーティションにまたがるインデックスであり、パーティションキーの値を指定しないクエリで重宝します。たとえば、テーブルが`sale_date`列で分割されていて、ユーザーが次のクエリを実行するとしましょう。

```
SELECT sum(amount) FROM sales WHERE geo_region_cd = 'US'
```

このクエリは`sale_date`列のフィルタ条件を含んでいないため、アメリカでの総売上高を求めるには、データベースサーバーがすべてのパーティションを調べる必要があります。しかし、`geo_region_cd`列でグローバルインデックスが作成されている場合は、このインデックスを使ってアメリカでの売上高を含んでいるすべての行をすばやく見つけ出すことができます。

17.1.4　分割方式

データベースサーバーはそれぞれ独自の分割機能を搭載していますが、ここではほとんどのデータベースサーバーで利用できる一般的な分割方式を紹介します。

範囲分割

範囲分割は真っ先に実践される分割方式であり、現在でも広く使われている手法の1つです。範囲分割はさまざまな種類の列で利用できますが、日付の範囲でテーブルを分割するために使うのが

最も一般的です。たとえば、sales というテーブルのデータを週ごとに別々のパーティションに格納したい場合は、sale_date 列を使って分割することが考えられます。

```
mysql> CREATE TABLE sales
    -> (sale_id INT NOT NULL,
    ->  cust_id INT NOT NULL,
    ->  store_id INT NOT NULL,
    ->  sale_date DATE NOT NULL,
    ->  amount DECIMAL(9,2)
    ->  )
    -> PARTITION BY RANGE (yearweek(sale_date))
    ->  (PARTITION s1 VALUES LESS THAN (202002),
    ->   PARTITION s2 VALUES LESS THAN (202003),
    ->   PARTITION s3 VALUES LESS THAN (202004),
    ->   PARTITION s4 VALUES LESS THAN (202005),
    ->   PARTITION s5 VALUES LESS THAN (202006),
    ->   PARTITION s999 VALUES LESS THAN (MAXVALUE)
    ->  );
Query OK, 0 rows affected (0.02 sec)
```

　この文はパーティションを 6 つ作成します（2020 年の最初の 5 週間については週ごとに 1 つのパーティション、および 2020 年の 6 週目以降の行をすべて格納する s999 というパーティション）。このテーブルでは、yearweek(sale_date) という式をパーティション関数として使い、sale_date 列をパーティションキーとして使います。分割したテーブルのメタデータは、information_schema データベースの partitions ビューを使って調べることができます。

```
mysql> SELECT partition_name, partition_method, partition_expression
    -> FROM information_schema.partitions
    -> WHERE table_name = 'sales'
    -> ORDER BY partition_ordinal_position;
+----------------+------------------+------------------------+
| PARTITION_NAME | PARTITION_METHOD | PARTITION_EXPRESSION   |
+----------------+------------------+------------------------+
| s1             | RANGE            | yearweek(`sale_date`,0) |
| s2             | RANGE            | yearweek(`sale_date`,0) |
| s3             | RANGE            | yearweek(`sale_date`,0) |
| s4             | RANGE            | yearweek(`sale_date`,0) |
| s5             | RANGE            | yearweek(`sale_date`,0) |
| s999           | RANGE            | yearweek(`sale_date`,0) |
+----------------+------------------+------------------------+
6 rows in set (0.00 sec)
```

　sales テーブルで実行しなければならない管理タスクの 1 つは、将来のデータを格納する新しいパーティションの生成です（データが maxvalue パーティションに追加されないようにするために必要です）。この問題に対処する方法はデータベースによって異なりますが、MySQL では、alter table コマンドの reorganize partition 句を使って s999 パーティションを 3 つに分割できます。

```
ALTER TABLE sales REORGANIZE PARTITION s999 INTO
 (PARTITION s6 VALUES LESS THAN (202007),
  PARTITION s7 VALUES LESS THAN (202008),
  PARTITION s999 VALUES LESS THAN (MAXVALUE)
 );
```

先のメタデータクエリを再び実行すると、パーティションが8つになっていることがわかります。

```
mysql> SELECT partition_name, partition_method, partition_expression
    -> FROM information_schema.partitions
    -> WHERE table_name = 'sales'
    -> ORDER BY partition_ordinal_position;
+----------------+------------------+-------------------------+
| PARTITION_NAME | PARTITION_METHOD | PARTITION_EXPRESSION     |
+----------------+------------------+-------------------------+
| s1             | RANGE            | yearweek(`sale_date`,0) |
| s2             | RANGE            | yearweek(`sale_date`,0) |
| s3             | RANGE            | yearweek(`sale_date`,0) |
| s4             | RANGE            | yearweek(`sale_date`,0) |
| s5             | RANGE            | yearweek(`sale_date`,0) |
| s6             | RANGE            | yearweek(`sale_date`,0) |
| s7             | RANGE            | yearweek(`sale_date`,0) |
| s999           | RANGE            | yearweek(`sale_date`,0) |
+----------------+------------------+-------------------------+
8 rows in set (0.00 sec)
```

次に、sales テーブルに行を2つ追加してみましょう。

```
mysql> INSERT INTO sales
    -> VALUES
    -> (1, 1, 1, '2020-01-18', 2765.15),
    -> (2, 3, 4, '2020-02-07', 5322.08);
Query OK, 2 rows affected (0.01 sec)
Records: 2  Duplicates: 0  Warnings: 0
```

sales テーブルに行が2つ追加されましたが、どのパーティションに挿入されたのでしょうか。このことを確認するために、from句の partition キーワードを使って各パーティションの行の個数を調べてみましょう。

```
mysql> SELECT concat('# of rows in S1 = ', count(*)) partition_rowcount
    -> FROM sales PARTITION (s1) UNION ALL
    -> SELECT concat('# of rows in S2 = ', count(*)) partition_rowcount
    -> FROM sales PARTITION (s2) UNION ALL
    -> SELECT concat('# of rows in S3 = ', count(*)) partition_rowcount
    -> FROM sales PARTITION (s3) UNION ALL
    -> SELECT concat('# of rows in S4 = ', count(*)) partition_rowcount
    -> FROM sales PARTITION (s4) UNION ALL
    -> SELECT concat('# of rows in S5 = ', count(*)) partition_rowcount
    -> FROM sales PARTITION (s5) UNION ALL
    -> SELECT concat('# of rows in S6 = ', count(*)) partition_rowcount
    -> FROM sales PARTITION (s6) UNION ALL
    -> SELECT concat('# of rows in S7 = ', count(*)) partition_rowcount
```

```
     -> FROM sales PARTITION (s7) UNION ALL
     -> SELECT concat('# of rows in S999 = ', count(*)) partition_rowcount
     -> FROM sales PARTITION (s999);
+-----------------------+
| partition_rowcount    |
+-----------------------+
| # of rows in S1 = 0   |
| # of rows in S2 = 1   |
| # of rows in S3 = 0   |
| # of rows in S4 = 0   |
| # of rows in S5 = 1   |
| # of rows in S6 = 0   |
| # of rows in S7 = 0   |
| # of rows in S999 = 0 |
+-----------------------+
8 rows in set (0.00 sec)
```

　この結果から、1つの行がパーティション s2 に挿入され、もう1つの行がパーティション s5 に挿入されたことがわかります。特定のパーティションでクエリを実行するには、テーブルの分割方式を知っていなければならないため、ユーザーがそのようなクエリを実行することはまずないでしょう。しかし、管理的な作業ではこれらのクエリがよく使われます。

リスト分割

　パーティションキーとして選択された列に、州コード（CA、TX、VA など）、通貨（USD、EUR、JPY など）、またはその他の列挙値が含まれている場合は、リスト分割を利用するとよいかもしれません。リスト分割を利用すれば、どの値をどのパーティションに割り当てるのかを指定できます。たとえば、sales テーブルに geo_region_cd という列があり、次の値を含んでいるとしましょう。

```
+--------------+--------------------------+
| geo_region_cd | description             |
+--------------+--------------------------+
| US_NE        | United States North East |
| US_SE        | United States South East |
| US_MW        | United States Mid West   |
| US_NW        | United States North West |
| US_SW        | United States South West |
| CAN          | Canada                   |
| MEX          | Mexico                   |
| EUR_E        | Eastern Europe           |
| EUR_W        | Western Europe           |
| CHN          | China                    |
| JPN          | Japan                    |
| IND          | India                    |
| KOR          | Korea                    |
+--------------+--------------------------+
```

　これらの値を地域ごとにグループ化し、それらのグループごとにパーティションを作成するとしましょう。

```
mysql> CREATE TABLE sales
    -> (sale_id INT NOT NULL,
    ->  cust_id INT NOT NULL,
    ->  store_id INT NOT NULL,
    ->  sale_date DATE NOT NULL,
    ->  geo_region_cd VARCHAR(6) NOT NULL,
    ->  amount DECIMAL(9,2)
    ->  )
    -> PARTITION BY LIST COLUMNS (geo_region_cd)
    ->  (PARTITION NORTHAMERICA VALUES IN ('US_NE','US_SE','US_MW','US_NW',
    ->                                     'US_SW','CAN','MEX'),
    ->   PARTITION EUROPE VALUES IN ('EUR_E','EUR_W'),
    ->   PARTITION ASIA VALUES IN ('CHN','JPN','IND')
    ->  );
Query OK, 0 rows affected (0.10 sec)
```

このテーブルは3つのパーティションで構成されており、それぞれのパーティションにはgeo_region_cd列の複数の値が含まれています。このテーブルに行をいくつか追加してみましょう。

```
mysql> INSERT INTO sales
    -> VALUES
    -> (1, 1, 1, '2020-01-18', 'US_NE', 2765.15),
    -> (2, 3, 4, '2020-02-07', 'CAN', 5322.08),
    -> (3, 6, 27, '2020-03-11', 'KOR', 4267.12);
ERROR 1526 (HY000): Table has no partition for value from column_list
```

問題が起きたようです。このエラーメッセージは、地域コードの1つがパーティションに割り当てられていないと訴えています。create table文を調べてみると、asiaパーティションに韓国を追加するのを忘れていました。alter table文を使って修正してみましょう。

```
mysql> ALTER TABLE sales REORGANIZE PARTITION ASIA INTO
    -> (PARTITION ASIA VALUES IN ('CHN','JPN','IND', 'KOR'));
Query OK, 0 rows affected (0.02 sec)
Records: 0  Duplicates: 0  Warnings: 0
```

うまくいったようですが、念のためメタデータを調べてみましょう。

```
mysql> SELECT partition_name, partition_expression, partition_description
    -> FROM information_schema.partitions
    -> WHERE table_name = 'sales'
    -> ORDER BY partition_ordinal_position;
+---------------+----------------------+---------------------------------+
| PARTITION_NAME | PARTITION_EXPRESSION | PARTITION_DESCRIPTION           |
+---------------+----------------------+---------------------------------+
| NORTHAMERICA  | `geo_region_cd`      | 'US_NE','US_SE','US_MW','US_NW', |
|               |                      | 'US_SW','CAN','MEX'             |
| EUROPE        | `geo_region_cd`      | 'EUR_E','EUR_W'                 |
| ASIA          | `geo_region_cd`      | 'CHN','JPN','IND','KOR'         |
+---------------+----------------------+---------------------------------+
3 rows in set (0.00 sec)
```

asiaパーティションに確かに韓国が追加されています。これで、データの挿入に進んでも問題はないでしょう。

```
mysql> INSERT INTO sales
    -> VALUES
    -> (1, 1, 1, '2020-01-18', 'US_NE', 2765.15),
    -> (2, 3, 4, '2020-02-07', 'CAN', 5322.08),
    -> (3, 6, 27, '2020-03-11', 'KOR', 4267.12);
Query OK, 3 rows affected (0.00 sec)
Records: 3  Duplicates: 0  Warnings: 0
```

　範囲分割では、他のどのパーティションにも該当しない行をmaxvalueパーティションで捕捉できます。これに対し、リスト分割には、受け皿になるようなパーティションがないことを覚えておいてください。このため、(オーストラリアでも商品の販売を開始するなど) 新しい列の追加が必要になった場合は、新しい値が含まれた行をテーブルに追加する前にパーティションの定義を書き換える必要があります。

ハッシュ分割

　パーティションキーとして選択された列が範囲分割やリスト分割に適していない場合は、3つ目の選択肢として「一連のパーティションに行を均等に分割することを試みる」という手があります。この場合、データベースサーバーはその列の値に**ハッシュ関数** (hashing function) を適用するため、このような分割を (当然ながら) **ハッシュ分割** (hash partitioning) と呼びます。リスト分割では、パーティションキーとして選択する列がほんの数種類の値しかとらない列であることが前提となりますが、ハッシュ分割が最も適しているのは、さまざまな種類の値を含んでいる列をパーティションキーとして選択した場合です。salesテーブルの別バージョンを見てみましょう。次の例では、cust_id列の値をハッシュ化することで、4つのハッシュパーティションを作成します。

```
mysql> CREATE TABLE sales
    -> (sale_id INT NOT NULL,
    ->  cust_id INT NOT NULL,
    ->  store_id INT NOT NULL,
    ->  sale_date DATE NOT NULL,
    ->  amount DECIMAL(9,2)
    -> )
    -> PARTITION BY HASH (cust_id)
    ->   PARTITIONS 4
    ->     (PARTITION H1,
    ->      PARTITION H2,
    ->      PARTITION H3,
    ->      PARTITION H4
    ->     );
Query OK, 0 rows affected (0.02 sec)
```

　salesテーブルに追加された行は、H1、H2、H3、H4の4つのパーティションに均等に分配されます。実際にどうなるのかを確認するために、cust_id列の値が異なる行を16個追加してみましょう。

```
mysql> INSERT INTO sales
    -> VALUES
    -> (1, 1, 1, '2020-01-18', 1.1), (2, 3, 4, '2020-02-07', 1.2),
    -> (3, 17, 5, '2020-01-19', 1.3), (4, 23, 2, '2020-02-08', 1.4),
    -> (5, 56, 1, '2020-01-20', 1.6), (6, 77, 5, '2020-02-09', 1.7),
    -> (7, 122, 4, '2020-01-21', 1.8), (8, 153, 1, '2020-02-10', 1.9),
    -> (9, 179, 5, '2020-01-22', 2.0), (10, 244, 2, '2020-02-11', 2.1),
    -> (11, 263, 1, '2020-01-23', 2.2), (12, 312, 4, '2020-02-12', 2.3),
    -> (13, 346, 2, '2020-01-24', 2.4), (14, 389, 3, '2020-02-13', 2.5),
    -> (15, 472, 1, '2020-01-25', 2.6), (16, 502, 1, '2020-02-14', 2.7);
Query OK, 16 rows affected (0.00 sec)
Records: 16  Duplicates: 0  Warnings: 0
```

　ハッシュ関数が首尾よく行を均等に分配するとしたら、理想的には、4つのパーティションに行が4つずつ追加されるはずです。

```
mysql> SELECT concat('# of rows in H1 = ', count(*)) partition_rowcount
    -> FROM sales PARTITION (h1) UNION ALL
    -> SELECT concat('# of rows in H2 = ', count(*)) partition_rowcount
    -> FROM sales PARTITION (h2) UNION ALL
    -> SELECT concat('# of rows in H3 = ', count(*)) partition_rowcount
    -> FROM sales PARTITION (h3) UNION ALL
    -> SELECT concat('# of rows in H4 = ', count(*)) partition_rowcount
    -> FROM sales PARTITION (h4);
+--------------------+
| partition_rowcount |
+--------------------+
| # of rows in H1 = 4 |
| # of rows in H2 = 5 |
| # of rows in H3 = 3 |
| # of rows in H4 = 4 |
+--------------------+
4 rows in set (0.00 sec)
```

　たった16行しか追加していないことを考えれば、まずまずの結果です。cust_id列の一意な値の個数が十分である限り、行の個数が増えていけば、各パーティションの行の割合がだいたい25%になるはずです。

複合分割

　データをパーティションに割り当てる方法をさらに細かく制御する必要がある場合は、**複合分割**（composite partitioning）を利用できます。複合分割では、同じテーブルで2種類のパーティションを利用できます。具体的には、1つ目の分割方式でパーティションを定義し、2つ目の分割方式で**サブパーティション**（subpartition）を定義します。次の例では、再びsalesテーブルを使いますが、今回は範囲分割とハッシュ分割を利用します。

```
mysql> CREATE TABLE sales
    -> (sale_id INT NOT NULL,
    ->  cust_id INT NOT NULL,
```

```
    ->    store_id INT NOT NULL,
    ->    sale_date DATE NOT NULL,
    ->    amount DECIMAL(9,2)
    ->  )
    -> PARTITION BY RANGE (yearweek(sale_date))
    -> SUBPARTITION BY HASH (cust_id)
    ->  (PARTITION s1 VALUES LESS THAN (202002)
    ->    (SUBPARTITION s1_h1,
    ->     SUBPARTITION s1_h2,
    ->     SUBPARTITION s1_h3,
    ->     SUBPARTITION s1_h4),
    ->  PARTITION s2 VALUES LESS THAN (202003)
    ->    (SUBPARTITION s2_h1,
    ->     SUBPARTITION s2_h2,
    ->     SUBPARTITION s2_h3,
    ->     SUBPARTITION s2_h4),
    ->  PARTITION s3 VALUES LESS THAN (202004)
    ->    (SUBPARTITION s3_h1,
    ->     SUBPARTITION s3_h2,
    ->     SUBPARTITION s3_h3,
    ->     SUBPARTITION s3_h4),
    ->  PARTITION s4 VALUES LESS THAN (202005)
    ->    (SUBPARTITION s4_h1,
    ->     SUBPARTITION s4_h2,
    ->     SUBPARTITION s4_h3,
    ->     SUBPARTITION s4_h4),
    ->  PARTITION s5 VALUES LESS THAN (202006)
    ->    (SUBPARTITION s5_h1,
    ->     SUBPARTITION s5_h2,
    ->     SUBPARTITION s5_h3,
    ->     SUBPARTITION s5_h4),
    ->  PARTITION s999 VALUES LESS THAN (MAXVALUE)
    ->    (SUBPARTITION s999_h1,
    ->     SUBPARTITION s999_h2,
    ->     SUBPARTITION s999_h3,
    ->     SUBPARTITION s999_h4)
    ->  );
Query OK, 0 rows affected (0.06 sec)
```

　それぞれ4つのサブパーティションを含んだパーティションが全部で6つあり、合計24個のサブパーティションがあります。次に、ハッシュ分割の例で使った16行のデータを再び挿入してみましょう。

```
mysql> INSERT INTO sales
    -> VALUES
    -> (1, 1, 1, '2020-01-18', 1.1), (2, 3, 4, '2020-02-07', 1.2),
    -> (3, 17, 5, '2020-01-19', 1.3), (4, 23, 2, '2020-02-08', 1.4),
    -> (5, 56, 1, '2020-01-20', 1.6), (6, 77, 5, '2020-02-09', 1.7),
    -> (7, 122, 4, '2020-01-21', 1.8), (8, 153, 1, '2020-02-10', 1.9),
    -> (9, 179, 5, '2020-01-22', 2.0), (10, 244, 2, '2020-02-11', 2.1),
    -> (11, 263, 1, '2020-01-23', 2.2), (12, 312, 4, '2020-02-12', 2.3),
    -> (13, 346, 2, '2020-01-24', 2.4), (14, 389, 3, '2020-02-13', 2.5),
```

```
    ->  (15, 472, 1, '2020-01-25', 2.6), (16, 502, 1, '2020-02-14', 2.7);
Query OK, 16 rows affected (0.01 sec)
Records: 16  Duplicates: 0  Warnings: 0
```

　sales テーブルでクエリを実行するときには、これらのパーティションの1つからデータを取得
できます。その場合は、そのパーティションに紐付けられている4つのサブパーティションのデー
タが返されます。

```
mysql> SELECT *
    -> FROM sales PARTITION (s3);
+---------+---------+----------+------------+--------+
| sale_id | cust_id | store_id | sale_date  | amount |
+---------+---------+----------+------------+--------+
|       5 |      56 |        1 | 2020-01-20 |   1.60 |
|      15 |     472 |        1 | 2020-01-25 |   2.60 |
|       3 |      17 |        5 | 2020-01-19 |   1.30 |
|       7 |     122 |        4 | 2020-01-21 |   1.80 |
|      13 |     346 |        2 | 2020-01-24 |   2.40 |
|       9 |     179 |        5 | 2020-01-22 |   2.00 |
|      11 |     263 |        1 | 2020-01-23 |   2.20 |
+---------+---------+----------+------------+--------+
7 rows in set (0.00 sec)
```

　このテーブルはサブパーティションに分割されているため、1つのサブパーティションからデー
タを取得することも可能です。

```
mysql> SELECT *
    -> FROM sales PARTITION (s3_h3);
+---------+---------+----------+------------+--------+
| sale_id | cust_id | store_id | sale_date  | amount |
+---------+---------+----------+------------+--------+
|       7 |     122 |        4 | 2020-01-21 |   1.80 |
|      13 |     346 |        2 | 2020-01-24 |   2.40 |
+---------+---------+----------+------------+--------+
2 rows in set (0.00 sec)
```

　このクエリは s3 パーティションの s3_h3 サブパーティションのデータだけを返します。

17.1.5　パーティショニングの利点

　パーティショニングの主な利点の1つは、テーブル全体を扱う代わりに、たった1つのパーティ
ションを扱うだけで済む可能性があることです。たとえば、テーブルが sales_date 列で範囲分割
されていて、WHERE sales_date BETWEEN '2019-12-01' AND '2020-01-15' のようなフィ
ルタ条件を含んでいるクエリを実行したとしましょう。この場合、データベースサーバーはテーブ
ルのメタデータを調べて、結果セットに実際に追加する必要があるパーティションを判断します。
この概念はテーブルパーティショニングの最大の利点の1つであり、**パーティションの刈り込み**
(partition pruning) と呼ばれます。

　同様に、パーティション分割されたテーブルを結合するクエリを実行していて、そのクエリにパーティションキー列に基づく条件が含まれている場合、データベースサーバーはそのクエリに関連するデータを含んでいないパーティションを考慮の対象から外すことができます。この概念は**パーティションごとの結合**（partition-wise join）と呼ばれ、クエリに必要なデータを含んでいるパーティションだけを考慮に入れる点では、パーティションの刈り込みに似ています。

　管理的な面から言うと、パーティショニングの主な利点の1つは、不要になったデータをすぐに削除できることです。たとえば、金融取引に関するデータは数年間オンラインでアクセスできる状態にしなければならないことがあります。テーブルが取引日に基づいて分割されている場合は、7年以上経過したデータを含んでいるパーティションをすべて削除できます。パーティション分割されたテーブルのもう1つの利点は、複数のパーティションを同時に更新できるため、必要な時間を大幅に短縮できることです（テーブル内の行を1つ1つ更新していたのでは膨大な時間がかかってしまいます）。

17.2　クラスタリング

　十分なストレージと合理的な分割方式を組み合わせれば、1つのリレーショナルデータベースに膨大な量のデータを格納できます。しかし、数千人もの同時ユーザーに対処したり、毎晩数万件ものレポートを生成したりする必要がある場合はどうなるのでしょう。データストレージが十分だったとしても、1台のサーバーに搭載されているCPU、メモリ、あるいはネットワーク帯域幅では不十分かもしれません。この問題への1つの答えとして考えられるのが**クラスタリング**（clustering）です。クラスタリングでは、複数のサーバーを1つのデータベースとして機能させることができます。

　クラスタリングには何種類かのアーキテクチャがありますが、ここでの説明の趣旨にかなっているのは共有ディスク／共有キャッシュ型のアーキテクチャです。この構成では、クラスタ内のすべてのサーバーがすべてのディスクにアクセスでき、あるサーバーにキャッシュされているデータにクラスタ内の他のどのサーバーからでもアクセスできます。この種のアーキテクチャでは、アプリケーションサーバーをクラスタ内のデータベースサーバーのどれにでもアタッチできます。障害が発生した場合、接続は自動的にクラスタ内の別のデータベースサーバーにフェイルオーバーします。クラスタにサーバーが8台あれば、かなりの数の同時ユーザーとクエリ／レポート／ジョブに対処できるはずです。

　商用データベースベンダーの中で、この分野の牽引役となっているのはOracleです。世界有数の企業が、何千人もの同時ユーザーがアクセスするきわめて大規模なデータベースをホストするためにOracle Exadataプラットフォームを使っています。しかし、このプラットフォームでさえ世界最大の企業のニーズに応えることができず、Google、Facebook、Amazonなどの企業が新たな道を切り開くに至りました。

17.3　シャーディング

　新しいソーシャルメディア会社のデータアーキテクトとして雇われたとしましょう。このソーシャルメディアが予想しているユーザー数はおよそ10億人で、それぞれのユーザーが平均して1日あたり3.7通のメッセージを生成し、しかもデータを無期限に利用できなければなりません。少し計算してみると、リレーショナルデータベースプラットフォームがどれだけ大規模であっても、1年足らずでいっぱいになってしまうことが判明します。1つの可能性として考えられるのは、個々のテーブルだけではなく、データベース全体を分割することです。この**シャーディング**（sharding）と呼ばれる分割方式は、データを複数のデータベース（**シャード**）に分割する点ではテーブルのパーティショニングに似ていますが、パーティショニングよりも大規模で、はるかに複雑です。このソーシャルメディア会社がこの手法を採用するとしたら、データベースを100個実装し、各データベースで約1,000万人のユーザーのデータをホストすることになるかもしれません。

　シャーディングは入門書で説明するには複雑なテーマであり、詳細は控えますが、次のような問題に対処する必要があるでしょう。

- **シャーディングキー**（sharding key）を選択する必要がある。シャーディングキーは接続先のデータベースを決めるために使われる値である。

- 大きなデータベースはいくつかに分割され、個々の行は1つのシャードに割り当てられるが、小さな参照テーブルをすべてのシャードにレプリケートしなければならないことがある。このため、参照データが変更されたときにその内容をすべてのシャードに伝搬させる方法を定義しておく必要がある。

- （ソーシャルメディア会社のユーザー数が20億人に達するなどして）個々のシャードが大きくなりすぎた場合は、新しいシャードを追加し、データを各シャードに再分配するための計画が必要になる。

- スキーマの変更が必要になった場合は、それらの変更をすべてのシャードに反映させ、すべてのスキーマを同期した状態に保つための戦略が必要になる。

- アプリケーションロジックによっては、複数のシャードに格納されているデータにアクセスする必要があるかもしれない。そのような場合は、複数のデータベースに対してクエリを実行する方法と、複数のデータベースにわたってトランザクションを実装する方法に対する戦略が必要になる。

　これが複雑に思えるとしたら、実際に複雑だからです。2000年代の終わり頃には、多くの企業が新しいアプローチを模索するようになりました。そして、非常に大きなデータセットをリレーショ

ナルデータベースとはまったく別の領域で処理する方法が登場しています。次節では、これらの手法を紹介します。

17.4　ビッグデータ

　シャーディングの長所と短所を比較検討することに少し時間を割いた後、あなた（ソーシャルメディア会社のデータアーキテクト）は他のアプローチを調べてみることにしました。独自路線を突っ走るのもよいですが、膨大な量のデータを扱っている他の企業（Amazon、Google、Facebook、Twitter など）のアプローチを調べてみると参考になるかもしれません。これら（および他の）企業が先駆けとなって開発したテクノロジは**ビッグデータ**（big data）と総称されており、業界の流行語となっていますが、考えられる定義がいくつかあります。ビッグデータの境界を定義する1つの方法は「3つの V」です。

Volume（データの量）
　この場合の「量」は、一般に数十億または数兆ものデータ点を意味する。

Velocity（データの速度）
　データがどれくらいすばやく届くかを表す。

Variety（データの多様性）
　データが（たとえばリレーショナルデータベースの行と列のように）常に構造化されているとは限らず、非構造化データ（電子メール、動画、写真、音声ファイルなど）として提供されることもある。

　したがって、ビッグデータを特徴付ける方法の1つは、「急速なペースで届くさまざまな形式の膨大な量のデータを処理するために設計されたシステム」として考えてみることです。ここでは、この15年ほどの間に発展したビッグデータテクノロジをざっと紹介することにします。

17.4.1　Hadoop

　Hadoopについては、**エコシステム**（ecosystem）として説明するのが最もぴったりきます。つまり、Hadoop は協調的に動作するテクノロジとツールの集まりです。Hadoop の主要な構成要素は次のとおりです。

HDFS（Hadoop Distributed File System）
　名前からもわかるように、HDFS は多数のサーバーにまたがるファイル管理を可能にする。

MapReduce
　タスクを小さく分割して多数のサーバーで同時に実行できるようにすることで、大量の構造化データと非構造化データを処理する。

YARN（Yet Another Resource Negotiator）
　HDFS のリソースマネージャ／ジョブスケジューラ。

　これらのテクノロジを組み合わせることで、1 つの論理システムとして動作する数百あるいは数千ものサーバーにまたがってファイルの格納や処理を行うことが可能になります。Hadoop は広く使われていますが、MapReduce を使ってデータを取得するにはたいていプログラマが必要になります。このことが、Hive、Impala、Drill など、さまざまな SQL インターフェイスが開発されるきっかけとなりました。

17.4.2　NoSQL とドキュメントデータベース

　リレーショナルデータベースでは、データは一般にあらかじめ定義されたスキーマに準拠していなければなりません。スキーマはテーブルで構成されており、それらのテーブルには数値、文字列、日付などを保持する列が含まれています。しかし、データの構造が事前にわからない、あるいは構造はわかっているが頻繁に変化する場合はどうなるのでしょう。多くの企業の答えは、XMLや JSON などのフォーマットを使ってデータとスキーマ定義をドキュメントにまとめ、それらのドキュメントをデータベースに格納することでした。このようにすると、さまざまな種類のデータを同じデータベースに格納できるようになり、スキーマを変更する必要がなくなります。データの格納は容易になりますが、それと引き換えに、ドキュメントに格納されているデータの意味を理解するためにクエリや解析ツールを駆使することになります。

　ドキュメントデータベースは NoSQL データベースと呼ばれるものの一部であり、通常は単純なキーと値のメカニズムを使ってデータを格納します。たとえば、MongoDB などのドキュメントデータベースを使っている場合は、顧客 ID をキーとして、顧客全員のデータを含んだ JSON ドキュメントを格納できます。他のユーザーは、ドキュメントに含まれているスキーマを読み取ることで、ドキュメントに格納されているデータの意味を理解することができます。

17.4.3　クラウドコンピューティング

　ビッグデータが登場する以前は、ほとんどの企業が社内で利用するデータベースサーバー、Webサーバー、アプリケーションサーバーをホストするためにデータセンターを独自に構築しなければなりませんでした。その後クラウドコンピューティングが登場すると、データセンターを AWS（Amazon Web Services）、Microsoft Azure、Google Cloud などのプラットフォームに実質的にアウトソーシングできるようになりました。自社のサービスをクラウドでホストする最大の利点の 1

つは即時のスケーラビリティであり、サービスの実行に必要な処理能力の量を指先1つですばやく調整できます。これらのプラットフォームがスタートアップ企業に受け入れられているのは、サーバー、ストレージ、ネットワーク、ソフトウェアライセンスに対する先行投資をいっさい行わずにコーディングを開始できるためです。

　AWSのデータベースサービスや解析サービスをざっと調べてみると、データベースに関して次の選択肢があることがわかります。

- リレーショナルデータベース（MySQL、Aurora、PostgreSQL、MariaDB、Oracle、SQL Server）
- インメモリデータベース（ElastiCache）
- データウェアハウスデータベース（Redshift）
- NoSQLデータベース（DynamoDB）
- ドキュメントデータベース（DocumentDB）
- グラフデータベース（Neptune）
- 時系列データベース（TimeStream）
- Hadoop（EMR）
- データレイク（Lake Formation）

　リレーショナルデータベースがもてはやされていたのは2000年代の半ばまでであり、企業は現在、さまざまなプラットフォームを自由に組み合わせて活用しています。リレーショナルデータベースの人気が下火になるのもそう遠い話ではないかもしれません。

17.5　まとめ

　データベースは巨大化する一方ですが、それと同時に、ストレージ、クラスタリング、パーティショニングの技術も堅牢化されています。テクノロジスタックが何であれ、膨大な量のデータを扱うことはかなり難しい課題になるでしょう。リレーショナルデータベース、ビッグデータプラットフォーム、あるいはさまざまなデータベースサーバーのどれを利用するにしても、SQLはさまざまなテクノロジからのデータの取得を容易にするために進化しており、このことが本章の最終章のテーマとなります。次章では、さまざまなフォーマットで格納されているデータを、SQLエンジンを使って取得する方法を具体的に見ていきます。

18章
SQL とビッグデータ

　本書の内容のほとんどを占めているのは、MySQL などのリレーショナルデータベースを使うときの SQL 言語のさまざまな機能です。しかし、この 10 年間にデータを取り巻く環境は大きく変化しており、急速に進化する今日の環境のニーズに応えるために SQL も変化しています。ほんの数年前までもっぱらリレーショナルデータベースに頼っていた多くの組織が、今や Hadoop クラスタ、データレイク、NoSQL データベースにもデータを保管しています。それと同時に、企業は増え続けるデータから知見を得る方法を見つけ出そうと躍起になっています。そして、このデータが複数の（ひょっとしたらオンサイトとクラウドの両方の）データストアに分散していることが、このタスクを気が遠くなるほど面倒なものにしています。

　SQL は何百万人もの人々によって使われており、何千ものアプリケーションに組み込まれているため、このデータを意思決定に役立つ知識にするために SQL を活用するというのはごく当然のことです。構造化データ、半構造化データ、非構造化データに SQL をアクセスさせるために、この数年間に Presto、Apache Drill、Toad Data Point などの新しい種類のツールが登場しています。本章では、そうしたツールの 1 つである Apache Drill を取り上げ、さまざまなフォーマットでさまざまなサーバーに格納されているデータをまとめて、レポートの作成や解析に利用する方法について説明します。

18.1　Apache Drill

　Hadoop、NoSQL、Spark、そしてクラウドベースの分散ファイルシステムに格納されているデータに SQL をアクセスさせるために、さまざまなツールやインターフェイスが開発されてきました。たとえば、Hadoop に格納されたデータに対してクエリを実行できるようにするための最初の試みの 1 つだった Hive や、さまざまなフォーマットで格納されたデータに Spark 内からクエリを実行するためのライブラリである Spark SQL などがあります。比較的新しいツールの 1 つは、2015 年に登場したオープンソースの Apache Drill であり、次のような魅力的な機能を搭載しています。

- 区切り付きのデータ、JSON、Parquet、ログファイルを含め、複数のデータフォーマットにわたってクエリを簡単に実行できる。

- リレーショナルデータベース、Hadoop、NoSQL、HBase、Kafka に加えて、PCAP、BlockChain などの特殊なデータフォーマットに接続する。

- 他の多くのデータストアに接続するためのカスタムプラグインを作成できる。

- スキーマ定義を事前に作成する必要がない。

- SQL:2003 規格をサポートしている。

- Tableau や Apache Superset など、よく知られているビジネスインテリジェンス（BI）ツールに対応している。

　Drill を使ってさまざまなデータソースに接続すれば、メタデータリポジトリを事前にセットアップしなくても、クエリを開始できます。Apache Drill のインストールや設定オプションの説明は割愛しますが、詳しく知りたい場合は、Charles Givre、Paul Rogers 共著『Learning Apache Drill』（O'Reilly Media, Inc.）が参考になるでしょう。

18.2　Drill を使ってファイルからデータを取得する

　まず、Drill を使ってファイル内のデータを取得してみましょう。Drill では、パケットキャプチャ（PCAP）ファイルを含め、さまざまなファイルフォーマットを読み取ることができます。PCAP はネットワーク経由で送信されたパケットに関する情報を含んでいるバイナリフォーマットのファイルです。PCAP ファイルからデータを取得したい場合、クエリを記述するための準備は簡単です。Drill の dfs（分散ファイルシステム）プラグインを設定し、目的のファイルが置かれているディレクトリへのパスを追加するだけです。

　最初のステップは、目的のファイルにどのような列が含まれているのかを調べることです。Drill は（15章で説明した）information_schema を部分的にサポートしているため、各自のワークスペースでデータファイルに関する大まかな情報を調べることができます[†1]。

```
apache drill> SELECT file_name, is_directory, is_file, permission
2..semicolon> FROM information_schema.`files`
3..semicolon> WHERE schema_name = 'dfs.data';
+------------------+--------------+---------+------------+
| file_name        | is_directory | is_file | permission |
+------------------+--------------+---------+------------+
| attack-trace.pcap | false        | true    | rwxrwx--- |
```

---

†1　[訳注] 検証には Apache Drill 1.18.0 を使っている。

```
+----------------+-----------+--------+-----------+
1 row selected (0.238 seconds)
```

この結果から、ワークスペースに attack-trace.pcap というファイルが 1 つあることがわかります。これは有力な情報ですが、information_schema.columns に対してクエリを実行し、ファイル内にどのような列があるのかを調べるというわけにはいきません。ただし、このファイルに対して行を返さないクエリを実行すれば、一連の列が表示されるはずです[†2]。

```
apache drill> SELECT * FROM dfs.data.`attack-trace.pcap`
2..semicolon> WHERE 1=2;
+------+---------+-----------+----------------+--------+--------
| type | network | timestamp | timestamp_micro | src_ip | dst_ip
+------+---------+-----------+----------------+--------+--------

+----------+----------+----------------+----------------+-------------
| src_port | dst_port | src_mac_address | dst_mac_address | tcp_session
+----------+----------+----------------+----------------+-------------

+---------+-----------+--------------+----------------+---------------
| tcp_ack | tcp_flags | tcp_flags_ns | tcp_flags_cwr | tcp_flags_ece
+---------+-----------+--------------+----------------+---------------

+------------------------+-------------------------------------
| tcp_flags_ece_ecn_capable | tcp_flags_ece_congestion_experienced
+------------------------+-------------------------------------

+--------------+--------------+---------------+---------------
| tcp_flags_urg | tcp_flags_ack | tcp_flags_psh | tcp_flags_rst
+--------------+--------------+---------------+---------------

+--------------+--------------+----------------+---------------
| tcp_flags_syn | tcp_flags_fin | tcp_parsed_flags | packet_length
+--------------+--------------+----------------+---------------

+------------+------+
| is_corrupt | data |
+------------+------+
No rows selected (0.285 seconds)
```

PCAP ファイルに含まれている列の名前がわかったところで、クエリを記述する準備が整いました。各 IP アドレスから各送信先ポートに送信されたパケットの個数を調べるクエリは次のようになります。

```
apache drill> SELECT src_ip, dst_port, count(*) AS packet_count
2..semicolon> FROM dfs.data.`attack-trace.pcap`
3..semicolon> GROUP BY src_ip, dst_port;
```

[†2] これらの結果は PCAP ファイル構造に関する Drill の知識に基づいてファイル内の列を表示したものである。Drill が理解しないフォーマットのファイルに対してクエリを実行した場合、結果セットには columns という列を 1 つだけ含んだ文字列の配列が含まれることになる。

```
+----------------+----------+---------------+
| src_ip         | dst_port | packet_count  |
+----------------+----------+---------------+
| 98.114.205.102 | 445      | 18            |
| 192.150.11.111 | 1821     | 3             |
| 192.150.11.111 | 1828     | 17            |
| 98.114.205.102 | 1957     | 6             |
| 192.150.11.111 | 1924     | 6             |
| 192.150.11.111 | 8884     | 15            |
| 98.114.205.102 | 36296    | 12            |
| 98.114.205.102 | 1080     | 159           |
| 192.150.11.111 | 2152     | 112           |
+----------------+----------+---------------+
9 rows selected (0.254 seconds)
```

パケット情報を1秒ごとに集計するクエリは次のようになります。

```
apache drill> SELECT trunc(extract(second from `timestamp`)) as packet_time,
2..semicolon>        count(*) AS num_packets,
3..semicolon>        sum(packet_length) AS tot_volume
4..semicolon> FROM dfs.data.`attack-trace.pcap`
5..semicolon> GROUP BY trunc(extract(second from `timestamp`));
+-------------+-------------+------------+
| packet_time | num_packets | tot_volume |
+-------------+-------------+------------+
| 28.0        | 15          | 1260       |
| 29.0        | 12          | 1809       |
| 30.0        | 13          | 4292       |
| 31.0        | 3           | 286        |
| 32.0        | 2           | 118        |
| 33.0        | 15          | 1054       |
| 34.0        | 35          | 14446      |
| 35.0        | 29          | 16926      |
| 36.0        | 25          | 16710      |
| 37.0        | 25          | 16710      |
| 38.0        | 26          | 17788      |
| 39.0        | 23          | 15578      |
| 40.0        | 25          | 16710      |
| 41.0        | 23          | 15578      |
| 42.0        | 30          | 20052      |
| 43.0        | 25          | 16710      |
| 44.0        | 22          | 7484       |
+-------------+-------------+------------+
17 rows selected (0.422 seconds)
```

timestampをバッククォート（`）で囲んでいるのは、この列名が予約語だからです。

Drillでは、ローカル、ネットワーク、分散ファイルシステム、またはクラウドに格納されているファイルに対してクエリを実行できます。Drillはさまざまなファイルタイプを組み込みでサポートしていますが、カスタムプラグインを作成すれば、どのような種類のファイルでもクエリを実行できるようになります。次の2つの節では、データベースに格納されているデータを取得する方法について見ていきます。

18.3　Drill を使って MySQL からデータを取得する

　Drill は JDBC ドライバを使って任意のリレーショナルデータベースに接続できます。となれば、次のステップは当然、本書で使ってきた Sakila サンプルデータベースに対してクエリを実行する方法を見てもらうことでしょう。そのために必要なのは、MySQL 用の JDBC ドライバを読み込んで MySQL データベースに接続することだけです。

　この時点で「なぜ MySQL からデータを取得するために Drill を使うのか」を疑問に思っているかもしれない。理由の 1 つは、Drill を利用すれば、さまざまな場所にあるデータを組み合わせるクエリを記述できることにある（この点については 18.5 節で説明する）。たとえば、MySQL、Hadoop、CSV ファイルに格納されているデータを結合できる。

　最初のステップは、データベースを選択することです[†3]。

```
apache drill> use mysql.sakila;
+------+-----------------------------------------+
| ok   |                 summary                 |
+------+-----------------------------------------+
| true | Default schema changed to [mysql.sakila] |
+------+-----------------------------------------+
1 row selected (0.577 seconds)
```

　データベースを選択したら、show tables コマンドを実行することで、選択したスキーマで利用できるテーブルをすべて確認できます。

```
apache drill (mysql.sakila)> show tables;
+--------------+---------------------------+
| TABLE_SCHEMA |        TABLE_NAME         |
+--------------+---------------------------+
| mysql.sakila | actor                     |
| mysql.sakila | address                   |
| mysql.sakila | category                  |
| mysql.sakila | city                      |
| mysql.sakila | country                   |
| mysql.sakila | customer                  |
| mysql.sakila | film                      |
| mysql.sakila | film_actor                |
| mysql.sakila | film_category             |
| mysql.sakila | film_text                 |
| mysql.sakila | inventory                 |
| mysql.sakila | language                  |
| mysql.sakila | payment                   |
| mysql.sakila | rental                    |
```

---

†3　［訳注］mysql.sakila の mysql 部分は MySQL JDBC プラグインの名前。プラグインには別の名前を付けることもできる。
https://drill.apache.org/docs/using-the-jdbc-driver/

```
| mysql.sakila | staff                     |
| mysql.sakila | store                     |
| mysql.sakila | actor_info                |
| mysql.sakila | customer_list             |
| mysql.sakila | film_list                 |
| mysql.sakila | nicer_but_slower_film_list |
| mysql.sakila | sales_by_film_category    |
| mysql.sakila | sales_by_store            |
| mysql.sakila | staff_list                |
+--------------+---------------------------+
23 rows selected (1.098 seconds)
```

まず、ここまでの章で使ってきたクエリを試してみましょう。最初は、5章で取り上げた2つの
テーブルを結合する単純なクエリです。

```
apache drill (mysql.sakila)> SELECT a.address_id, a.address, ct.city
2................semicolon> FROM address a
3................semicolon>    INNER JOIN city ct
4................semicolon>    ON a.city_id = ct.city_id
5................semicolon> WHERE a.district = 'California';
+------------+-----------------------+-----------------+
| address_id |        address        |      city       |
+------------+-----------------------+-----------------+
| 6          | 1121 Loja Avenue      | San Bernardino  |
| 18         | 770 Bydgoszcz Avenue  | Citrus Heights  |
| 55         | 1135 Izumisano Parkway | Fontana        |
| 116        | 793 Cam Ranh Avenue   | Lancaster       |
| 186        | 533 al-Ayn Boulevard  | Compton         |
| 218        | 226 Brest Manor       | Sunnyvale       |
| 274        | 920 Kumbakonam Loop   | Salinas         |
| 425        | 1866 al-Qatif Avenue  | El Monte        |
| 599        | 1895 Zhezqazghan Drive | Garden Grove   |
+------------+-----------------------+-----------------+
9 rows selected (0.503 seconds)
```

次のクエリは8章で使ったもので、group by句とhaving句を含んでいます。

```
apache drill (mysql.sakila)> SELECT fa.actor_id, f.rating, count(*) num_films
2................semicolon> FROM film_actor fa
3................semicolon>    INNER JOIN film f
4................semicolon>    ON fa.film_id = f.film_id
5................semicolon> WHERE f.rating IN ('G','PG')
6................semicolon> GROUP BY fa.actor_id, f.rating
7................semicolon> HAVING count(*) > 9;
+----------+--------+-----------+
| actor_id | rating | num_films |
+----------+--------+-----------+
| 137      | PG     | 10        |
| 37       | PG     | 12        |
| 180      | PG     | 12        |
| 7        | G      | 10        |
| 83       | G      | 14        |
| 129      | G      | 12        |
```

```
| 111      | PG     | 15        |
| 44       | PG     | 12        |
| 26       | PG     | 11        |
| 92       | PG     | 12        |
| 17       | G      | 12        |
| 158      | PG     | 10        |
| 147      | PG     | 10        |
| 14       | G      | 10        |
| 102      | PG     | 11        |
| 133      | PG     | 10        |
+----------+--------+-----------+
16 rows selected (0.359 seconds)
```

最後に、16 章で使った次のクエリには、3 種類のランキング関数が含まれています。

```
apache drill (mysql.sakila)> SELECT customer_id, count(*) num_rentals,
2.................semicolon>   row_number()
3.................semicolon>     over (order by count(*) desc) row_number_rnk,
4.................semicolon>   rank()
5.................semicolon>     over (order by count(*) desc) rank_rnk,
6.................semicolon>   dense_rank()
7.................semicolon>     over (order by count(*) desc) dense_rank_rnk
8.................semicolon> FROM rental
9.................semicolon> GROUP BY customer_id
10................semicolon> ORDER BY 2 desc;
+-------------+-------------+----------------+-----------+----------------+
| customer_id | num_rentals | row_number_rnk | rank_rnk  | dense_rank_rnk |
+-------------+-------------+----------------+-----------+----------------+
| 148         | 46          | 1              | 1         | 1              |
| 526         | 45          | 2              | 2         | 2              |
| 144         | 42          | 3              | 3         | 3              |
| 236         | 42          | 4              | 3         | 3              |
| 75          | 41          | 5              | 5         | 4              |
| 197         | 40          | 6              | 6         | 5              |
| ......      |             |                |           |                |
| 248         | 15          | 595            | 594       | 30             |
| 61          | 14          | 596            | 596       | 31             |
| 110         | 14          | 597            | 596       | 31             |
| 281         | 14          | 598            | 596       | 31             |
| 318         | 12          | 599            | 599       | 32             |
+-------------+-------------+----------------+-----------+----------------+
599 rows selected (0.671 seconds)
```

　これらの例からも、Drill が MySQL に対してかなり複雑なクエリを実行できることがわかります。しかし、Drill は MySQL にとどまらず、さまざまなリレーショナルデータベースに対応しているため、言語の一部の機能（データ変換関数など）が異なることがあります。詳細については、Drill の SQL 実装に関するドキュメント[4]を参照してください。

---

[4]　https://drill.apache.org/docs/sql-reference/

18.4 Drillを使ってMongoDBからデータを取得する

Drillを使ってMySQLのSakilaサンプルデータベースでクエリを実行したところで、次はSakilaのデータをよく使われている別のフォーマットに変換し、非リレーショナルデータベースに格納した上で、Drillを使ってデータを取得してみましょう。ここでは、データをJSONに変換してMongoDBに格納することにします。MongoDBはドキュメントストレージとして広く使われているNoSQLプラットフォームの1つです。DrillにはMongoDBのプラグインが含まれており、DrillはJSONドキュメントの読み方も理解しているため、JSONファイルをMongoに読み込んでクエリを記述するのは比較的簡単でした。

クエリの記述に取りかかる前に、JSONファイルの構造を調べておきましょう。というのも、JSONファイルは正規形ではないからです。2つのJSONファイルのうちの1つ目はfilms.jsonです。

```json
{"_id":1,
 "Actors":[
   {"First name":"PENELOPE","Last name":"GUINESS","actorId":1},
   {"First name":"CHRISTIAN","Last name":"GABLE","actorId":10},
   {"First name":"LUCILLE","Last name":"TRACY","actorId":20},
   {"First name":"SANDRA","Last name":"PECK","actorId":30},
   {"First name":"JOHNNY","Last name":"CAGE","actorId":40},
   {"First name":"MENA","Last name":"TEMPLE","actorId":53},
   {"First name":"WARREN","Last name":"NOLTE","actorId":108},
   {"First name":"OPRAH","Last name":"KILMER","actorId":162},
   {"First name":"ROCK","Last name":"DUKAKIS","actorId":188},
   {"First name":"MARY","Last name":"KEITEL","actorId":198}],
 "Category":"Documentary",
 "Description":"A Epic Drama of a Feminist And a Mad Scientist
   who must Battle a Teacher in The Canadian Rockies",
 "Length":"86",
 "Rating":"PG",
 "Rental Duration":"6",
 "Replacement Cost":"20.99",
 "Special Features":"Deleted Scenes,Behind the Scenes",
 "Title":"ACADEMY DINOSAUR"}
{"_id":2,
 "Actors":[
   {"First name":"BOB","Last name":"FAWCETT","actorId":19},
   {"First name":"MINNIE","Last name":"ZELLWEGER","actorId":85},
   {"First name":"SEAN","Last name":"GUINESS","actorId":90},
   {"First name":"CHRIS","Last name":"DEPP","actorId":160}],
 "Category":"Horror",
 "Description":"A Astounding Epistle of a Database Administrator
   And a Explorer who must Find a Car in Ancient China",
 "Length":"48",
 "Rating":"G",
 "Rental Duration":"3",
 "Replacement Cost":"12.99",
```

```
  "Special Features":"Trailers,Deleted Scenes",
  "Title":"ACE GOLDFINGER"}
......
{"_id":999,
 "Actors":[
   {"First name":"CARMEN","Last name":"HUNT","actorId":52},
   {"First name":"MARY","Last name":"TANDY","actorId":66},
   {"First name":"PENELOPE","Last name":"CRONYN","actorId":104},
   {"First name":"WHOOPI","Last name":"HURT","actorId":140},
   {"First name":"JADA","Last name":"RYDER","actorId":142}],
 "Category":"Children",
 "Description":"A Fateful Reflection of a Waitress And a Boat
   who must Discover a Sumo Wrestler in Ancient China",
 "Length":"101",
 "Rating":"R",
 "Rental Duration":"5",
 "Replacement Cost":"28.99",
 "Special Features":"Trailers,Deleted Scenes",
 "Title":"ZOOLANDER FICTION"}
{"_id":1000,
 "Actors":[
   {"First name":"IAN","Last name":"TANDY","actorId":155},
   {"First name":"NICK","Last name":"DEGENERES","actorId":166},
   {"First name":"LISA","Last name":"MONROE","actorId":178}],
 "Category":"Comedy",
 "Description":"A Intrepid Panorama of a Mad Scientist And a Boy
   who must Redeem a Boy in A Monastery",
 "Length":"50",
 "Rating":"NC-17",
 "Rental Duration":"3",
 "Replacement Cost":"18.99",
 "Special Features":"Trailers,Commentaries,Behind the Scenes",
 "Title":"ZORRO ARK"}
```

このコレクションには1,000個のドキュメントが含まれています。各ドキュメントには、さまざまなスカラー属性（Title、Rating、_id）が含まれているほか、Actors というリストも含まれています。このリストには、映画に出演している俳優ごとに俳優 ID、ファーストネーム、ラストネームの3つの属性からなる要素が 1 〜 N 個含まれています。つまり、このファイルには MySQL Sakila データベースの actor、film、film_actor の3つのテーブルのデータがすべて含まれています。

2つ目のファイルは customer.json であり、MySQL Sakila データベースの customer、address、city、country、rental、payment の6つのテーブルのデータを組み合わせたものになっています。

```
{"_id":1,
 "Address":"1913 Hanoi Way",
 "City":"Sasebo",
 "Country":"Japan",
 "District":"Nagasaki",
```

```
      "First Name":"MARY",
      "Last Name":"SMITH",
      "Phone":"28303384290",
      "Rentals":[
        {"rentalId":1185,
         "filmId":611,
         "staffId":2,
         "Film Title":"MUSKETEERS WAIT",
         "Payments":[
           {"Payment Id":3,"Amount":5.99,"Payment Date":"2005-06-15 00:54:12"}],
         "Rental Date":"2005-06-15 00:54:12.0",
         "Return Date":"2005-06-23 02:42:12.0"},
        {"rentalId":1476,
         "filmId":308,
         "staffId":1,
         "Film Title":"FERRIS MOTHER",
         "Payments":[
           {"Payment Id":5,"Amount":9.99,"Payment Date":"2005-06-15 21:08:46"}],
         "Rental Date":"2005-06-15 21:08:46.0",
         "Return Date":"2005-06-25 02:26:46.0"},
      ......
        {"rentalId":14825,
         "filmId":317,
         "staffId":2,
         "Film Title":"FIREBALL PHILADELPHIA",
         "Payments":[
           {"Payment Id":30,"Amount":1.99,"Payment Date":"2005-08-22 01:27:57"}],
         "Rental Date":"2005-08-22 01:27:57.0",
         "Return Date":"2005-08-27 07:01:57.0"}
      ]
    }
```

　このファイルには 599 個のエントリが含まれています（ここで示したのは 1 つだけです）。これらのエントリは MongoDB の customers コレクションに 599 個のドキュメントとして読み込まれます。各ドキュメントには、1 人の顧客によるすべてのレンタル記録とその支払いに関する情報が含まれています。さらに、Rentals リストのレンタル記録にはそれぞれ Payments リストが含まれているため、これらのドキュメントは入れ子のリストを含んでいます。

　JSON ファイルを読み込んだ後、MongoDB のデータベースには films と customers の 2 つのコレクションが含まれています。これらのコレクション内のデータは MySQL Sakila データベースの 9 つのテーブルにまたがっています。これは非常にありふれたシナリオです。というのも、アプリケーションプログラマがコレクションを使うのはごくあたりまえのことであり、それらのデータをわざわざ解体してまで正規化されたリレーショナルデータベースに格納したいとは思わないからです。SQL の観点からすると、このデータを平坦化し、複数のテーブルに格納されているかのように見せる方法を突き止めるのは容易ではありません。

　具体的な例として、films コレクションに対するクエリを作成してみましょう。このクエリはレーティングが G または PG の映画に 10 本以上出演している俳優をすべて洗い出します。素のデータ

は次のようになります。

```
apache drill (mongo.sakila)> SELECT Rating, Actors
2................semicolon> FROM films
3................semicolon> WHERE Rating IN ('G','PG');
+--------+---------------------------------------------------------------------+
| Rating |                               Actors                                |
+--------+---------------------------------------------------------------------+
| PG     | [{"First name":"PENELOPE","Last name":"GUINESS","actorId":"1"},      |
|        | {"First name":"FRANCES","Last name":"DAY-LEWIS","actorId":"48"},     |
|        | {"First name":"ANNE","Last name":"CRONYN","actorId":"49"},           |
|        | {"First name":"RAY","Last name":"JOHANSSON","actorId":"64"},         |
|        | {"First name":"PENELOPE","Last name":"CRONYN","actorId":"104"},      |
|        | {"First name":"HARRISON","Last name":"BALE","actorId":"115"},        |
|        | {"First name":"JEFF","Last name":"SILVERSTONE","actorId":"180"},     |
|        | {"First name":"ROCK","Last name":"DUKAKIS","actorId":"188"}]         |
| PG     | [{"First name":"UMA","Last name":"WOOD","actorId":"13"},             |
|        | {"First name":"HELEN","Last name":"VOIGHT","actorId":"17"},          |
|        | {"First name":"CAMERON","Last name":"STREEP","actorId":"24"},        |
|        | {"First name":"CARMEN","Last name":"HUNT","actorId":"52"},           |
|        | {"First name":"JANE","Last name":"JACKMAN","actorId":"131"},         |
|        | {"First name":"BELA","Last name":"WALKEN","actorId":"196"}]          |
| ......                                                                         |
| G      | [{"First name":"ED","Last name":"CHASE","actorId":"3"},              |
|        | {"First name":"JULIA","Last name":"MCQUEEN","actorId":"27"},         |
|        | {"First name":"JAMES","Last name":"PITT","actorId":"84"},            |
|        | {"First name":"CHRISTOPHER","Last name":"WEST","actorId":"163"},     |
|        | {"First name":"MENA","Last name":"HOPPER","actorId":"170"}]          |
+--------+---------------------------------------------------------------------+
372 rows selected (0.432 seconds)
```

　Actors フィールドは1つ以上の俳優ドキュメントからなるリストです。flatten コマンドを使えば、このデータをあたかもテーブルのように扱うことができます。このコマンドを使って、このリストを3つのフィールドを含んだ入れ子のテーブルに変換します。

```
apache drill (mongo.sakila)> SELECT f.Rating, flatten(Actors) actor_list
2................semicolon> FROM films f
3................semicolon> WHERE f.Rating IN ('G','PG');
+--------+------------------------------------------------------------------+
| Rating |                            actor_list                            |
+--------+------------------------------------------------------------------+
| PG     | {"First name":"PENELOPE","Last name":"GUINESS","actorId":"1"}     |
| PG     | {"First name":"FRANCES","Last name":"DAY-LEWIS","actorId":"48"}   |
| PG     | {"First name":"ANNE","Last name":"CRONYN","actorId":"49"}         |
| PG     | {"First name":"RAY","Last name":"JOHANSSON","actorId":"64"}       |
| PG     | {"First name":"PENELOPE","Last name":"CRONYN","actorId":"104"}    |
| PG     | {"First name":"HARRISON","Last name":"BALE","actorId":"115"}      |
| PG     | {"First name":"JEFF","Last name":"SILVERSTONE","actorId":"180"}   |
| PG     | {"First name":"ROCK","Last name":"DUKAKIS","actorId":"188"}       |
| PG     | {"First name":"UMA","Last name":"WOOD","actorId":"13"}            |
| PG     | {"First name":"HELEN","Last name":"VOIGHT","actorId":"17"}        |
| PG     | {"First name":"CAMERON","Last name":"STREEP","actorId":"24"}      |
| PG     | {"First name":"CARMEN","Last name":"HUNT","actorId":"52"}         |
```

```
| PG     | {"First name":"JANE","Last name":"JACKMAN","actorId":"131"}      |
| PG     | {"First name":"BELA","Last name":"WALKEN","actorId":"196"}       |
......
| G      | {"First name":"ED","Last name":"CHASE","actorId":"3"}            |
| G      | {"First name":"JULIA","Last name":"MCQUEEN","actorId":"27"}      |
| G      | {"First name":"JAMES","Last name":"PITT","actorId":"84"}         |
| G      | {"First name":"CHRISTOPHER","Last name":"WEST","actorId":"163"}  |
| G      | {"First name":"MENA","Last name":"HOPPER","actorId":"170"}       |
+--------+----------------------------------------------------------------+
2,119 rows selected (0.718 seconds)
```

先のクエリが 372 行のデータを返したのに対し、このクエリは 2,119 行のデータを返しています。このことから、レーティングが G または PG の映画に平均して 5.7 人の俳優が出演していることがわかります。このクエリをサブクエリにまとめて、レーティングと俳優に基づいてデータをグループ化してみましょう。

```
apache drill (mongo.sakila)> SELECT g_pg_films.Rating,
2.................semicolon>        g_pg_films.actor_list.`First name` first_name,
3.................semicolon>        g_pg_films.actor_list.`Last name` last_name,
4.................semicolon>        count(*) num_films
5.................semicolon> FROM
6.................semicolon>   (SELECT f.Rating, flatten(Actors) actor_list
7.........................)>    FROM films f
8.........................)>    WHERE f.Rating IN ('G','PG')
9.........................)>   ) g_pg_films
10................semicolon> GROUP BY g_pg_films.Rating,
11................semicolon>          g_pg_films.actor_list.`First name`,
12................semicolon>          g_pg_films.actor_list.`Last name`
13................semicolon> HAVING count(*) > 9;
+--------+------------+-------------+-----------+
| Rating | first_name | last_name   | num_films |
+--------+------------+-------------+-----------+
| PG     | JEFF       | SILVERSTONE | 12        |
| G      | GRACE      | MOSTEL      | 10        |
| PG     | WALTER     | TORN        | 11        |
| PG     | SUSAN      | DAVIS       | 10        |
| PG     | CAMERON    | ZELLWEGER   | 15        |
| PG     | RIP        | CRAWFORD    | 11        |
| PG     | RICHARD    | PENN        | 10        |
| G      | SUSAN      | DAVIS       | 13        |
| PG     | VAL        | BOLGER      | 12        |
| PG     | KIRSTEN    | AKROYD      | 12        |
| G      | VIVIEN     | BERGEN      | 10        |
| G      | BEN        | WILLIS      | 14        |
| G      | HELEN      | VOIGHT      | 12        |
| PG     | VIVIEN     | BASINGER    | 10        |
| PG     | NICK       | STALLONE    | 12        |
| G      | DARYL      | CRAWFORD    | 12        |
| PG     | MORGAN     | WILLIAMS    | 10        |
| PG     | FAY        | WINSLET     | 10        |
+--------+------------+-------------+-----------+
18 rows selected (0.466 seconds)
```

　内側のクエリは、flatten コマンドを使ってレーティングが G または PG の映画に出演している俳優ごとに行を 1 つ作成します。外側のクエリは、このデータセットをグループ化するだけです。

　次に、MongoDB の customers コレクションに対するクエリを記述してみましょう。各ドキュメントにレンタル記録のリストが含まれていて、各レンタル記録に支払い金額のリストが含まれているため、少し難易度が高くなります。また、films コレクションと結合し、Drill が結合をどのように扱うのかを調べてみるとおもしろそうです。

```
apache drill (mongo.sakila)> SELECT first_name, last_name,
2.................semicolon>         sum(cast(cust_payments.payment_data.Amount
3.........................)>             as decimal(4,2))) tot_payments
4.................semicolon> FROM
5.................semicolon>   (SELECT cust_data.first_name,
6.........................)>           cust_data.last_name,
7.........................)>           f.Rating,
8.........................)>           flatten(cust_data.rental_data.Payments)
9.........................)>             payment_data
10........................)>     FROM films f
11........................)>       INNER JOIN
12........................)>       (SELECT c.`First Name` first_name,
13........................)>               c.`Last Name` last_name,
14........................)>               flatten(c.Rentals) rental_data
15........................)>         FROM customers c
16........................)>         ) cust_data
17........................)>       ON f._id = cust_data.rental_data.filmID
18........................)>     WHERE f.Rating IN ('G','PG')
19........................)>   ) cust_payments
20................semicolon> GROUP BY first_name, last_name
21................semicolon> HAVING sum(cast(cust_payments.payment_data.Amount
22........................)>               as decimal(4,2))) > 80;
+------------+------------+--------------+
| first_name | last_name  | tot_payments |
+------------+------------+--------------+
| ELEANOR    | HUNT       | 85.80        |
| GORDON     | ALLARD     | 85.86        |
| CLARA      | SHAW       | 86.83        |
| JACQUELINE | LONG       | 86.82        |
| KARL       | SEAL       | 89.83        |
| PRISCILLA  | LOWE       | 95.80        |
| MONICA     | HICKS      | 85.82        |
| LOUIS      | LEONE      | 95.82        |
| JUNE       | CARROLL    | 88.83        |
| ALICE      | STEWART    | 81.82        |
+------------+------------+--------------+
10 rows selected (1.658 seconds)
```

　最も内側のクエリ（cust_data）は、Rentals リストを平坦化することで、cust_payments クエリが films コレクションを結合し、Payments リストも平坦化できるようにしています。最も外側のクエリは、データを顧客名でグループ化し、レーティングが G または PG の映画への支払いが 80 ドル以下の顧客を除外するために having 句を適用しています。

18.5　複数のデータソースで Drill を使う

　ここまでは、Drill を使って同じデータベースに格納されている複数のテーブルを結合してきました。しかし、データが別々のデータベースに格納されている場合はどうすればよいのでしょう。たとえば、顧客情報、レンタル記録、支払い金額のデータが MongoDB に格納されていて、映画と俳優のデータが MySQL に格納されているとしましょう。この場合は、Drill が両方のデータベースに接続するように設定されている限り、データが格納されている場所を指定するだけで済みます。次のクエリは前節で見たものと同じですが、films コレクションを結合する代わりに、MySQL に格納されている film テーブルを結合します。

```
apache drill (mongo.sakila)> SELECT first_name, last_name,
2.................semicolon>        sum(cast(cust_payments.payment_data.Amount
3.....................)>              as decimal(4,2))) tot_payments
4................semicolon> FROM
5................semicolon>   (SELECT cust_data.first_name,
6.....................)>             cust_data.last_name,
7.....................)>             f.Rating,
8.....................)>             flatten(cust_data.rental_data.Payments)
9.....................)>               payment_data
10....................)>      FROM mysql.sakila.film f
11....................)>        INNER JOIN
12....................)>          (SELECT c.`First Name` first_name,
13....................)>                  c.`Last Name` last_name,
14....................)>                  flatten(c.Rentals) rental_data
15....................)>           FROM mongo.sakila.customers c
16....................)>          ) cust_data
17....................)>        ON f.film_id =
18....................)>           cast(cust_data.rental_data.filmID as integer)
19....................)>      WHERE f.rating IN ('G','PG')
20....................)>    ) cust_payments
21..............semicolon> GROUP BY first_name, last_name
22..............semicolon> HAVING sum(cast(cust_payments.payment_data.Amount
23....................)>                 as decimal(4,2))) > 80;
+-----------+-----------+--------------+
| first_name | last_name | tot_payments |
+-----------+-----------+--------------+
| LOUIS      | LEONE     | 95.82        |
| JACQUELINE | LONG      | 86.82        |
| CLARA      | SHAW      | 86.83        |
| ELEANOR    | HUNT      | 85.80        |
| JUNE       | CARROLL   | 88.83        |
| PRISCILLA  | LOWE      | 95.80        |
| ALICE      | STEWART   | 81.82        |
| MONICA     | HICKS     | 85.82        |
| GORDON     | ALLARD    | 85.86        |
| KARL       | SEAL      | 89.83        |
+-----------+-----------+--------------+
10 rows selected (1.874 seconds)
```

　ここでは同じクエリで複数のデータベースを使っているため、各テーブル／コレクションの完全パスを指定して、データの格納元を明確にしています。ここが Drill の腕の見せどころです ―― データを別のデータソースに合わせて変換したり別のデータソースに読み込んだりしなくても、同じクエリ内で複数のデータソースのデータを組み合わせることができるのです。

18.6　SQL の未来

　リレーショナルデータベースの未来はやや不透明です。この 10 年間に登場したビッグデータテクノロジがこのまま成熟していけば、市場シェアを獲得することも夢ではないからです。また、新しいテクノロジが登場して Hadoop や NoSQL を追い抜き、リレーショナルデータベースからさらに市場シェアを奪い取る可能性もあります。しかし、ほとんどの企業は現在もリレーショナルデータベースを使って基幹業務を行っています。この状況が変化するには長い時間がかかるはずです。

　とはいえ、SQL の未来はもう少し明るいように思えます。SQL 言語はリレーショナルデータベースのデータを操作するためのメカニズムとして出発しましたが、Apache Drill などのツールが抽象層のような働きをすることで、さまざまなデータベースプラットフォームにまたがるデータの解析を可能にしています。筆者が見たところ、この傾向はしばらく続きそうです。そして、SQL はこの先も長くデータ解析とレポートに欠かせないツールであり続けるでしょう。

付録 A
サンプルデータベースの ER 図

　図 A-1 は、本書で使っているサンプルデータベースの ER（Entity-Relationship）図です。その名前からもわかるように、ER 図はデータベースのエンティティ（テーブル）と、テーブル間の外部キー関係を表します。次に、ER 図の表記を理解するためのヒントをまとめておきます。

- 四角形はそれぞれテーブルを表している。テーブルの名前は四角形の左上に表示される。最初に主キー列が列挙され、続いてキーではない列が列挙される。

- テーブルどうしを結ぶ線は外部キー関係を表している。行の終わりに付いているマークは許可される量を表しており、0（○）、1（|）、複数（<）のいずれかになる。たとえば、customer テーブルと rental テーブルの関係を見てみると、レンタルがいずれか 1 人の顧客に紐付けられることと、顧客が 0、1、または複数のレンタルに紐付けられることがわかる。

ER モデルの詳細については、Wikipedia[1] などを参照してください。

---

†1　https://en.wikipedia.org/wiki/Entity%E2%80%93relationship_model
　　https://ja.wikipedia.org/wiki/実体関連モデル

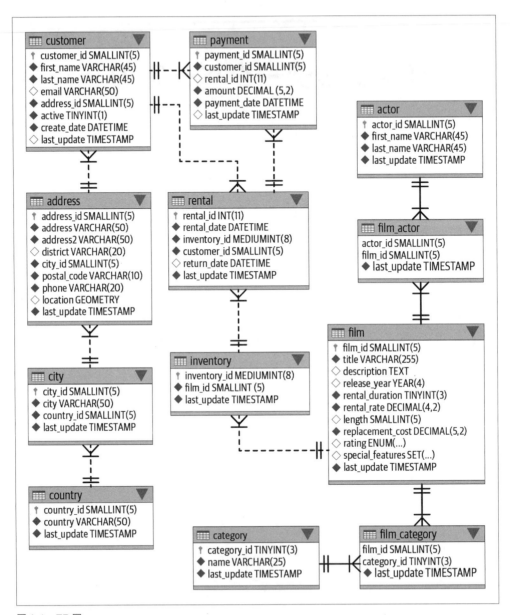

図 A-1：ER 図

付録 B
練習問題の解答

3章

3-1 俳優全員の俳優 ID、ファーストネーム、ラストネームを取得し、最初はラストネームで、続いてファーストネームで並べ替えてみよう。

```
mysql> SELECT actor_id, first_name, last_name
    -> FROM actor
    -> ORDER BY 3,2;
+----------+------------+-------------+
| actor_id | first_name | last_name   |
+----------+------------+-------------+
|       58 | CHRISTIAN  | AKROYD      |
|      182 | DEBBIE     | AKROYD      |
|       92 | KIRSTEN    | AKROYD      |
|      118 | CUBA       | ALLEN       |
|      145 | KIM        | ALLEN       |
|      194 | MERYL      | ALLEN       |
......
|       13 | UMA        | WOOD        |
|       63 | CAMERON    | WRAY        |
|      111 | CAMERON    | ZELLWEGER   |
|      186 | JULIA      | ZELLWEGER   |
|       85 | MINNIE     | ZELLWEGER   |
+----------+------------+-------------+
200 rows in set (0.00 sec)
```

3-2 ラストネームが 'WILLIAMS' または 'DAVIS' に等しい俳優全員の俳優 ID、ファーストネーム、ラストネームを取得してみよう。

```
mysql> SELECT actor_id, first_name, last_name
    -> FROM actor
    -> WHERE last_name = 'WILLIAMS' OR last_name = 'DAVIS';
+----------+------------+-----------+
| actor_id | first_name | last_name |
+----------+------------+-----------+
|        4 | JENNIFER   | DAVIS     |
|      101 | SUSAN      | DAVIS     |
```

```
|       110 | SUSAN       | DAVIS       |
|        72 | SEAN        | WILLIAMS    |
|       137 | MORGAN      | WILLIAMS    |
|       172 | GROUCHO     | WILLIAMS    |
+-----------+-------------+-------------+
6 rows in set (0.01 sec)
```

3-3 rental テーブルに対するクエリを記述し、2005年7月5日に映画をレンタルした顧客の
ID を取得してみよう（rental.rental_date 列を使う。時間要素を無視するには date
関数を使う）。なお、どの行にも異なる顧客 ID が含まれるようにする。

```
mysql> SELECT DISTINCT customer_id
    -> FROM rental
    -> WHERE date(rental_date) = '2005-07-05';
+-------------+
| customer_id |
+-------------+
|           8 |
|          37 |
|          60 |
|         111 |
|         114 |
|         138 |
|         142 |
|         169 |
|         242 |
|         295 |
|         296 |
|         298 |
|         322 |
|         348 |
|         349 |
|         369 |
|         382 |
|         397 |
|         421 |
|         476 |
|         490 |
|         520 |
|         536 |
|         553 |
|         565 |
|         586 |
|         594 |
+-------------+
27 rows in set (0.02 sec)
```

3-4 このマルチテーブルクエリから次の結果が得られるように空欄（<番号>部分）を埋めてみよう。

```
mysql> SELECT c.email, r.return_date
    -> FROM customer c
    ->   INNER JOIN rental <1>
    ->   ON c.customer_id = <2>
    -> WHERE date(r.rental_date) = '2005-06-14'
    -> ORDER BY <3> <4>;
+------------------------------------------+---------------------+
| email                                    | return_date         |
+------------------------------------------+---------------------+
| DANIEL.CABRAL@sakilacustomer.org         | 2005-06-23 22:00:38 |
| TERRANCE.ROUSH@sakilacustomer.org        | 2005-06-23 21:53:46 |
| MIRIAM.MCKINNEY@sakilacustomer.org       | 2005-06-21 17:12:08 |
| GWENDOLYN.MAY@sakilacustomer.org         | 2005-06-20 02:40:27 |
| JEANETTE.GREENE@sakilacustomer.org       | 2005-06-19 23:26:46 |
| HERMAN.DEVORE@sakilacustomer.org         | 2005-06-19 03:20:09 |
| JEFFERY.PINSON@sakilacustomer.org        | 2005-06-18 21:37:33 |
| MATTHEW.MAHAN@sakilacustomer.org         | 2005-06-18 05:18:58 |
| MINNIE.ROMERO@sakilacustomer.org         | 2005-06-18 01:58:34 |
| SONIA.GREGORY@sakilacustomer.org         | 2005-06-17 21:44:11 |
| TERRENCE.GUNDERSON@sakilacustomer.org    | 2005-06-17 05:28:35 |
| ELMER.NOE@sakilacustomer.org             | 2005-06-17 02:11:13 |
| JOYCE.EDWARDS@sakilacustomer.org         | 2005-06-16 21:00:26 |
| AMBER.DIXON@sakilacustomer.org           | 2005-06-16 04:02:56 |
| CHARLES.KOWALSKI@sakilacustomer.org      | 2005-06-16 02:26:34 |
| CATHERINE.CAMPBELL@sakilacustomer.org    | 2005-06-15 20:43:03 |
+------------------------------------------+---------------------+
16 rows in set (0.02 sec)
```

答え：<1> を r、<2> を r.customer_id、<3> を 2、<4> を desc に置き換える。

4章

最初の2つの練習問題では、payment テーブルから取得した次の行セットを使います。

```
+------------+-------------+--------+---------------------+
| payment_id | customer_id | amount | date(payment_date)  |
+------------+-------------+--------+---------------------+
|        101 |           4 |   8.99 | 2005-08-18          |
|        102 |           4 |   1.99 | 2005-08-19          |
|        103 |           4 |   2.99 | 2005-08-20          |
|        104 |           4 |   6.99 | 2005-08-20          |
|        105 |           4 |   4.99 | 2005-08-21          |
|        106 |           4 |   2.99 | 2005-08-22          |
|        107 |           4 |   1.99 | 2005-08-23          |
|        108 |           5 |   0.99 | 2005-05-29          |
|        109 |           5 |   6.99 | 2005-05-31          |
|        110 |           5 |   1.99 | 2005-05-31          |
```

```
|     111 |           5 |   3.99 | 2005-06-15         |
|     112 |           5 |   2.99 | 2005-06-16         |
|     113 |           5 |   4.99 | 2005-06-17         |
|     114 |           5 |   2.99 | 2005-06-19         |
|     115 |           5 |   4.99 | 2005-06-20         |
|     116 |           5 |   4.99 | 2005-07-06         |
|     117 |           5 |   2.99 | 2005-07-08         |
|     118 |           5 |   4.99 | 2005-07-09         |
|     119 |           5 |   5.99 | 2005-07-09         |
|     120 |           5 |   1.99 | 2005-07-09         |
+------------+------------+--------+--------------------+
```

4-1 次のフィルタ条件によって返される支払い ID はどれか。

```
customer_id <> 5 AND (amount > 8 OR date(payment_date) = '2005-08-23')
```

答え：支払い ID は 101 と 107。

4-2 次のフィルタ条件によって返される支払い ID はどれか。

```
customer_id = 5 AND NOT (amount > 6 OR date(payment_date) = '2005-06-19')
```

答え：支払い ID は 108、110、111、112、113、115、116、117、118、119、120。

4-3 payment テーブルから金額が 1.98、7.98、または 9.98 の行をすべて取得するクエリを記述してみよう。

```
mysql> SELECT amount
    -> FROM payment
    -> WHERE amount IN (1.98, 7.98, 9.98);
+--------+
| amount |
+--------+
|   7.98 |
|   9.98 |
|   1.98 |
|   7.98 |
|   7.98 |
|   7.98 |
|   7.98 |
+--------+
7 rows in set (0.01 sec)
```

4-4 ラストネームの 2 文字目が A で、A の後ろのどこかに W が含まれている顧客全員を検索するクエリを記述してみよう。

```
mysql> SELECT first_name, last_name
    -> FROM customer
    -> WHERE last_name LIKE '_A%W%';
```

```
+-----------+------- ----+
| first_name | last_name |
+-----------+------------+
| JILL      | HAWKINS    |
| ERICA     | MATTHEWS   |
| LAURIE    | LAWRENCE   |
| JEANNE    | LAWSON     |
| KAY       | CALDWELL   |
| JOHN      | FARNSWORTH |
| SAMUEL    | MARLOW     |
| LAWRENCE  | LAWTON     |
| LEE       | HAWKS      |
+-----------+------------+
9 rows in set (0.00 sec)
```

5章

5-1 次の結果が得られるようにクエリの空欄 (<番号> 部分) を埋めてみよう。

```
mysql> SELECT c.first_name, c.last_name, a.address, ct.city
    -> FROM customer c
    ->   INNER JOIN address <1>
    ->   ON c.address_id = a.address_id
    ->   INNER JOIN city ct
    ->   ON a.city_id = <2>
    -> WHERE a.district = 'California';
+-----------+-----------+-----------------------+----------------+
| first_name | last_name | address              | city           |
+-----------+-----------+-----------------------+----------------+
| PATRICIA  | JOHNSON   | 1121 Loja Avenue      | San Bernardino |
| BETTY     | WHITE     | 770 Bydgoszcz Avenue  | Citrus Heights |
| ALICE     | STEWART   | 1135 Izumisano Parkway | Fontana       |
| ROSA      | REYNOLDS  | 793 Cam Ranh Avenue   | Lancaster      |
| RENEE     | LANE      | 533 al-Ayn Boulevard  | Compton        |
| KRISTIN   | JOHNSTON  | 226 Brest Manor       | Sunnyvale      |
| CASSANDRA | WALTERS   | 920 Kumbakonam Loop   | Salinas        |
| JACOB     | LANCE     | 1866 al-Qatif Avenue  | El Monte       |
| RENE      | MCALISTER | 1895 Zhezqazghan Drive | Garden Grove  |
+-----------+-----------+-----------------------+----------------+
9 rows in set (0.01 sec)
```

答え：<1> を a、<2> を ct.city_id に置き換える。

5-2 ファーストネームが JOHN である俳優が出演している各映画のタイトルを返すクエリを記述してみよう。

```
mysql> SELECT f.title
    -> FROM film f
    ->   INNER JOIN film_actor fa
```

```
    ->    ON f.film_id = fa.film_id
    ->    INNER JOIN actor a
    ->    ON fa.actor_id = a.actor_id
    -> WHERE a.first_name = 'JOHN';
+---------------------------+
| title                     |
+---------------------------+
| ALLEY EVOLUTION           |
| BEVERLY OUTLAW            |
| CANDLES GRAPES           |
| CLEOPATRA DEVIL          |
| COLOR PHILADELPHIA       |
| CONQUERER NUTS           |
| DAUGHTER MADIGAN         |
| GLEAMING JAWBREAKER      |
| GOLDMINE TYCOON          |
| HOME PITY                |
| INTERVIEW LIAISONS       |
| ISHTAR ROCKETEER         |
| JAPANESE RUN             |
| JERSEY SASSY             |
| LUKE MUMMY               |
| MILLION ACE              |
| MONSTER SPARTACUS        |
| NAME DETECTIVE           |
| NECKLACE OUTBREAK        |
| NEWSIES STORY            |
| PET HAUNTING             |
| PIANIST OUTFIELD         |
| PINOCCHIO SIMON          |
| PITTSBURGH HUNCHBACK     |
| QUILLS BULL              |
| RAGING AIRPLANE          |
| ROXANNE REBEL            |
| SATISFACTION CONFIDENTIAL |
| SONG HEDWIG              |
+---------------------------+
29 rows in set (0.00 sec)
```

5-3 同じ都市にある住所をすべて返すクエリを記述してみよう。address テーブルの自己結合が必要であり、各行に 2 種類の住所が含まれるはずだ。

```
mysql> SELECT a1.address addr1, a2.address addr2, a1.city_id
    -> FROM address a1
    ->   INNER JOIN address a2
    -> WHERE a1.city_id = a2.city_id
    ->   AND a1.address_id <> a2.address_id;
+---------------------+---------------------+---------+
| addr1               | addr2               | city_id |
+---------------------+---------------------+---------+
| 47 MySakila Drive   | 23 Workhaven Lane   |     300 |
| 28 MySQL Boulevard  | 1411 Lillydale Drive|     576 |
| 23 Workhaven Lane   | 47 MySakila Drive   |     300 |
```

```
| 1411 Lillydale Drive | 28 MySQL Boulevard   |     576 |
| 1497 Yuzhou Drive    | 548 Uruapan Street   |     312 |
| 587 Benguela Manor   | 43 Vilnius Manor     |      42 |
| 548 Uruapan Street   | 1497 Yuzhou Drive    |     312 |
| 43 Vilnius Manor     | 587 Benguela Manor   |      42 |
+----------------------+----------------------+---------+
8 rows in set (0.00 sec)
```

6章

6-1 集合 A = {L M N O P}、集合 B = {P Q R S T} である場合、次の演算によってどのような集合が生成されるか。

- A union B

- A union all B

- A intersect B

- A except B

答え：次の集合が生成される。

1. A union B = {L M N O P Q R S T}

2. A union all B = {L M N O P P Q R S T}

3. A intersect B = {P}

4. A except B = {L M N O}

6-2 ラストネームが L で始まる俳優および顧客全員のファーストネームとラストネームを検索する複合クエリを記述してみよう。

```
mysql> SELECT first_name, last_name
    -> FROM actor
    -> WHERE last_name LIKE 'L%'
    -> UNION
    -> SELECT first_name, last_name
    -> FROM customer
    -> WHERE last_name LIKE 'L%';
+------------+--------------+
| first_name | last_name    |
+------------+--------------+
| MATTHEW    | LEIGH        |
| JOHNNY     | LOLLOBRIGIDA |
| MISTY      | LAMBERT      |
| JACOB      | LANCE        |
| RENEE      | LANE         |
```

```
| HEIDI      | LARSON      |
| DARYL      | LARUE       |
| LAURIE     | LAWRENCE    |
| JEANNE     | LAWSON      |
| LAWRENCE   | LAWTON      |
| KIMBERLY   | LEE         |
| LOUIS      | LEONE       |
| SARAH      | LEWIS       |
| GEORGE     | LINTON      |
| MAUREEN    | LITTLE      |
| DWIGHT     | LOMBARDI    |
| JACQUELINE | LONG        |
| AMY        | LOPEZ       |
| BARRY      | LOVELACE    |
| PRISCILLA  | LOWE        |
| VELMA      | LUCAS       |
| WILLARD    | LUMPKIN     |
| LEWIS      | LYMAN       |
| JACKIE     | LYNCH       |
+------------+-------------+
24 rows in set (0.00 sec)
```

6-3 練習問題 6-2 の結果を `last_name` 列で並べ替えてみよう。

```
mysql> SELECT first_name, last_name
    -> FROM actor
    -> WHERE last_name LIKE 'L%'
    -> UNION
    -> SELECT first_name, last_name
    -> FROM customer
    -> WHERE last_name LIKE 'L%'
    -> ORDER BY last_name;
+------------+--------------+
| first_name | last_name    |
+------------+--------------+
| MISTY      | LAMBERT      |
| JACOB      | LANCE        |
| RENEE      | LANE         |
| HEIDI      | LARSON       |
| DARYL      | LARUE        |
| LAURIE     | LAWRENCE     |
| JEANNE     | LAWSON       |
| LAWRENCE   | LAWTON       |
| KIMBERLY   | LEE          |
| MATTHEW    | LEIGH        |
| LOUIS      | LEONE        |
| SARAH      | LEWIS        |
| GEORGE     | LINTON       |
| MAUREEN    | LITTLE       |
| JOHNNY     | LOLLOBRIGIDA |
| DWIGHT     | LOMBARDI     |
| JACQUELINE | LONG         |
| AMY        | LOPEZ        |
```

```
| BARRY      | LOVELACE    |
| PRISCILLA  | LOWE        |
| VELMA      | LUCAS       |
| WILLARD    | LUMPKIN     |
| LEWIS      | LYMAN       |
| JACKIE     | LYNCH       |
+------------+-------------+
24 rows in set (0.00 sec)
```

7章

7-1 文字列 'Please find the substring in this string' の17文字目から25文字目までの文字列を返すクエリを作成してみよう。

```
mysql> SELECT SUBSTRING('Please find the substring in this string',17,9);
+------------------------------------------------------------+
| SUBSTRING('Please find the substring in this string',17,9) |
+------------------------------------------------------------+
| substring                                                  |
+------------------------------------------------------------+
1 row in set (0.00 sec)
```

7-2 –25.76823 の絶対値と符号（–1、0、または1）を返すクエリを作成してみよう。また、小数点以下2桁で丸めた値も返すようにしてみよう。

```
mysql> SELECT ABS(-25.76823), SIGN(-25.76823), ROUND(-25.76823, 2);
+----------------+-----------------+---------------------+
| ABS(-25.76823) | SIGN(-25.76823) | ROUND(-25.76823, 2) |
+----------------+-----------------+---------------------+
|       25.76823 |              -1 |              -25.77 |
+----------------+-----------------+---------------------+
1 row in set (0.00 sec)
```

7-3 現在の日付から月の部分だけを取り出すクエリを作成してみよう。

```
mysql> SELECT EXTRACT(MONTH FROM CURRENT_DATE());
+------------------------------------+
| EXTRACT(MONTH FROM CURRENT_DATE()) |
+------------------------------------+
|                                 12 |
+------------------------------------+
1 row in set (0.00 sec)
```

なお、この練習問題を解いたのがたまたま12月だった場合を除いて、異なる結果が返されるはずだ。

8章

8-1 payment テーブルの行の個数を数えるクエリを作成してみよう。

```
mysql> SELECT count(*) FROM payment;
+----------+
| count(*) |
+----------+
|    16049 |
+----------+
1 row in set (0.02 sec)
```

8-2 練習問題 8-1 のクエリを変更して各顧客の支払い回数を数えるように書き換え、顧客ごとに顧客 ID と支払い金額の合計を表示してみよう。

```
mysql> SELECT customer_id, count(*), sum(amount)
    -> FROM payment
    -> GROUP BY customer_id;
+-------------+----------+-------------+
| customer_id | count(*) | sum(amount) |
+-------------+----------+-------------+
|           1 |       32 |      118.68 |
|           2 |       27 |      128.73 |
|           3 |       26 |      135.74 |
|           4 |       22 |       81.78 |
|           5 |       38 |      144.62 |
......
|         595 |       30 |      117.70 |
|         596 |       28 |       96.72 |
|         597 |       25 |       99.75 |
|         598 |       22 |       83.78 |
|         599 |       19 |       83.81 |
+-------------+----------+-------------+
599 rows in set (0.02 sec)
```

8-3 練習問題 8-2 のクエリを変更し、支払い回数が 40 回以上の顧客だけを出力するように書き換えてみよう。

```
mysql> SELECT customer_id, count(*), sum(amount)
    -> FROM payment
    -> GROUP BY customer_id
    -> HAVING count(*) >= 40;
+-------------+----------+-------------+
| customer_id | count(*) | sum(amount) |
+-------------+----------+-------------+
|          75 |       41 |      155.59 |
|         144 |       42 |      195.58 |
|         148 |       46 |      216.54 |
```

```
|         197 |        40 |       154.60 |
|         236 |        42 |       175.58 |
|         469 |        40 |       177.60 |
|         526 |        45 |       221.55 |
+-------------+-----------+--------------+
7 rows in set (0.01 sec)
```

9章

9-1 filmテーブルに対するクエリを作成してみよう。このクエリは、フィルタ条件と非相関サブクエリを使って categoryテーブルからすべてのアクション映画(category.name = 'Action')を取得する。

```
mysql> SELECT title
    -> FROM film
    -> WHERE film_id IN
    ->   (SELECT fc.film_id
    ->    FROM film_category fc INNER JOIN category c
    ->      ON fc.category_id = c.category_id
    ->    WHERE c.name = 'Action');
+------------------------+
| title                  |
+------------------------+
| AMADEUS HOLY           |
| AMERICAN CIRCUS        |
| ANTITRUST TOMATOES     |
| ARK RIDGEMONT          |
| BAREFOOT MANCHURIAN    |
| BERETS AGENT           |
| BRIDE INTRIGUE         |
| BULL SHAWSHANK         |
| CADDYSHACK JEDI        |
| CAMPUS REMEMBER        |
| CASUALTIES ENCINO      |
| CELEBRITY HORN         |
| CLUELESS BUCKET        |
| CROW GREASE            |
| DANCES NONE            |
| DARKO DORADO           |
| DARN FORRESTER         |
| DEVIL DESIRE           |
| DRAGON SQUAD           |
| DREAM PICKUP           |
| DRIFTER COMMANDMENTS   |
| EASY GLADIATOR         |
| ENTRAPMENT SATISFACTION |
| EXCITEMENT EVE         |
| FANTASY TROOPERS       |
| FIREHOUSE VIETNAM      |
```

```
| FOOL MOCKINGBIRD        |
| FORREST SONS            |
| GLASS DYING             |
| GOSFORD DONNIE          |
| GRAIL FRANKENSTEIN      |
| HANDICAP BOONDOCK       |
| HILLS NEIGHBORS         |
| KISSING DOLLS           |
| LAWRENCE LOVE           |
| LORD ARIZONA            |
| LUST LOCK               |
| MAGNOLIA FORRESTER      |
| MIDNIGHT WESTWARD       |
| MINDS TRUMAN            |
| MOCKINGBIRD HOLLYWOOD   |
| MONTEZUMA COMMAND       |
| PARK CITIZEN            |
| PATRIOT ROMAN           |
| PRIMARY GLASS           |
| QUEST MUSSOLINI         |
| REAR TRADING            |
| RINGS HEARTBREAKERS     |
| RUGRATS SHAKESPEARE     |
| SHRUNK DIVINE           |
| SIDE ARK                |
| SKY MIRACLE             |
| SOUTH WAIT              |
| SPEAKEASY DATE          |
| STAGECOACH ARMAGEDDON   |
| STORY SIDE              |
| SUSPECTS QUILLS         |
| TRIP NEWTON             |
| TRUMAN CRAZY            |
| UPRISING UPTOWN         |
| WATERFRONT DELIVERANCE  |
| WEREWOLF LOLA           |
| WOMEN DORADO            |
| WORST BANGER            |
+-------------------------+
64 rows in set (0.01 sec)
```

9-2 練習問題 9-1 のクエリを変更し、category テーブルと film_category テーブルに対する相関サブクエリを使って同じ結果を得るように書き換えてみよう。

```
mysql> SELECT f.title
    -> FROM film f
    -> WHERE EXISTS
    ->   (SELECT 1
    ->    FROM film_category fc INNER JOIN category c
    ->      ON fc.category_id = c.category_id
    ->    WHERE c.name = 'Action' AND fc.film_id = f.film_id);
+-------------------------+
| title                   |
```

```
+------------------------+
| AMADEUS HOLY           |
| AMERICAN CIRCUS        |
| ANTITRUST TOMATOES     |
| ARK RIDGEMONT          |
| BAREFOOT MANCHURIAN    |
| BERETS AGENT           |
| BRIDE INTRIGUE         |
| BULL SHAWSHANK         |
| CADDYSHACK JEDI        |
| CAMPUS REMEMBER        |
| CASUALTIES ENCINO      |
| CELEBRITY HORN         |
| CLUELESS BUCKET        |
| CROW GREASE            |
| DANCES NONE            |
| DARKO DORADO           |
| DARN FORRESTER         |
| DEVIL DESIRE           |
| DRAGON SQUAD           |
| DREAM PICKUP           |
| DRIFTER COMMANDMENTS   |
| EASY GLADIATOR         |
| ENTRAPMENT SATISFACTION |
| EXCITEMENT EVE         |
| FANTASY TROOPERS       |
| FIREHOUSE VIETNAM      |
| FOOL MOCKINGBIRD       |
| FORREST SONS           |
| GLASS DYING            |
| GOSFORD DONNIE         |
| GRAIL FRANKENSTEIN     |
| HANDICAP BOONDOCK      |
| HILLS NEIGHBORS        |
| KISSING DOLLS          |
| LAWRENCE LOVE          |
| LORD ARIZONA           |
| LUST LOCK              |
| MAGNOLIA FORRESTER     |
| MIDNIGHT WESTWARD      |
| MINDS TRUMAN           |
| MOCKINGBIRD HOLLYWOOD  |
| MONTEZUMA COMMAND      |
| PARK CITIZEN           |
| PATRIOT ROMAN          |
| PRIMARY GLASS          |
| QUEST MUSSOLINI        |
| REAR TRADING           |
| RINGS HEARTBREAKERS    |
| RUGRATS SHAKESPEARE    |
| SHRUNK DIVINE          |
| SIDE ARK               |
| SKY MIRACLE            |
| SOUTH WAIT             |
```

```
| SPEAKEASY DATE          |
| STAGECOACH ARMAGEDDON   |
| STORY SIDE              |
| SUSPECTS QUILLS         |
| TRIP NEWTON             |
| TRUMAN CRAZY            |
| UPRISING UPTOWN         |
| WATERFRONT DELIVERANCE  |
| WEREWOLF LOLA           |
| WOMEN DORADO            |
| WORST BANGER            |
+-------------------------+
64 rows in set (0.00 sec)
```

9-3 各俳優のレベルを示すために、次のクエリを film_actor テーブルに対するサブクエリに結合してみよう。

```
SELECT 'Hollywood Star' level, 30 min_roles, 99999 max_roles
UNION ALL
SELECT 'Prolific Actor' level, 20 min_roles, 29 max_roles
UNION ALL
SELECT 'Newcomer' level, 1 min_roles, 19 max_roles
```

film_actor テーブルに対するサブクエリは、group by actor_idを使って各俳優の行の個数をカウントし、その個数を min_roles/max_roles 列と比較することで、各俳優のレベルを判断する。

```
mysql> SELECT actr.actor_id, grps.level
    -> FROM
    ->   (SELECT actor_id, count(*) num_roles
    ->    FROM film_actor
    ->    GROUP BY actor_id
    ->   ) actr
    ->   INNER JOIN
    ->   (SELECT 'Hollywood Star' level, 30 min_roles, 99999 max_roles
    ->    UNION ALL
    ->    SELECT 'Prolific Actor' level, 20 min_roles, 29 max_roles
    ->    UNION ALL
    ->    SELECT 'Newcomer' level, 1 min_roles, 19 max_roles
    ->   ) grps
    ->   ON actr.num_roles BETWEEN grps.min_roles AND grps.max_roles;
+----------+----------------+
| actor_id | level          |
+----------+----------------+
|        1 | Newcomer       |
|        2 | Prolific Actor |
|        3 | Prolific Actor |
|        4 | Prolific Actor |
|        5 | Prolific Actor |
|        6 | Prolific Actor |
|        7 | Hollywood Star |
```

```
......
|      195 | Prolific Actor |
|      196 | Hollywood Star |
|      197 | Hollywood Star |
|      198 | Hollywood Star |
|      199 | Newcomer       |
|      200 | Prolific Actor |
+----------+----------------+
200 rows in set (0.01 sec)
```

10章

10-1 次のテーブル定義とデータを使って、各顧客の名前とその支払い総額を返すクエリを作成
してみよう。

customer テーブル：

```
customer_id  name
-----------  ---------------
1            John Smith
2            Kathy Jones
3            Greg Oliver
```

payment テーブル：

```
payment_id  customer_id  amount
----------  -----------  --------
101         1            8.99
102         3            4.99
103         1            7.99
```

このクエリは、支払い記録がない顧客を含め、すべての顧客を返す。

```
mysql> SELECT c.name, sum(p.amount)
    -> FROM customer c LEFT OUTER JOIN payment p
    ->   ON c.customer_id = p.customer_id
    -> GROUP BY c.name;
+-------------+---------------+
| name        | sum(p.amount) |
+-------------+---------------+
| John Smith  |         16.98 |
| Kathy Jones |          NULL |
| Greg Oliver |          4.99 |
+-------------+---------------+
3 rows in set (0.00 sec)
```

10-2 練習問題 10-1 のクエリを書き換え、別の種類の外部結合を使って（たとえば、練習問題 10-1 で左外部結合を使った場合は右外部結合を使うなどして）同じ結果が得られるようにしてみよう。

```
mysql> SELECT c.name, sum(p.amount)
    -> FROM payment p RIGHT OUTER JOIN customer c
    ->   ON c.customer_id = p.customer_id
    -> GROUP BY c.name;
+-------------+---------------+
| name        | sum(p.amount) |
+-------------+---------------+
| John Smith  |         16.98 |
| Kathy Jones |          NULL |
| Greg Oliver |          4.99 |
+-------------+---------------+
3 rows in set (0.00 sec)
```

10-3 （応用問題）集合 {1, 2, 3, ..., 99, 100} を生成するクエリを作成してみよう（ヒント：クロス結合に加えて from 句でサブクエリを少なくとも 2 つ使う）。

```
mysql> SELECT ones.x + tens.x + 1
    -> FROM
    ->   (SELECT 0 x UNION ALL
    ->     SELECT 1 x UNION ALL
    ->     SELECT 2 x UNION ALL
    ->     SELECT 3 x UNION ALL
    ->     SELECT 4 x UNION ALL
    ->     SELECT 5 x UNION ALL
    ->     SELECT 6 x UNION ALL
    ->     SELECT 7 x UNION ALL
    ->     SELECT 8 x UNION ALL
    ->     SELECT 9 x
    ->   ) ones
    ->   CROSS JOIN
    ->   (SELECT 0 x UNION ALL
    ->     SELECT 10 x UNION ALL
    ->     SELECT 20 x UNION ALL
    ->     SELECT 30 x UNION ALL
    ->     SELECT 40 x UNION ALL
    ->     SELECT 50 x UNION ALL
    ->     SELECT 60 x UNION ALL
    ->     SELECT 70 x UNION ALL
    ->     SELECT 80 x UNION ALL
    ->     SELECT 90 x
    ->   ) tens;
+---------------------+
| ones.x + tens.x + 1 |
+---------------------+
|                   1 |
|                   2 |
|                   3 |
```

```
|                    4 |
|                    5 |
......
|                   96 |
|                   97 |
|                   98 |
|                   99 |
|                  100 |
+--------------------+
100 rows in set (0.00 sec)
```

11 章

11-1 単純 case 式を使っている次のクエリを書き換えて、検索 case 式を使って同じ結果が得られるようにしてみよう。

```
SELECT name,
  CASE name
    WHEN 'English' THEN 'latin1'
    WHEN 'Italian' THEN 'latin1'
    WHEN 'French' THEN 'latin1'
    WHEN 'German' THEN 'latin1'
    WHEN 'Japanese' THEN 'utf8'
    WHEN 'Mandarin' THEN 'utf8'
    ELSE 'Unknown'
  END character_set
FROM language;
```

when 句の数はできるだけ少なくすること。

```
SELECT name,
  CASE
    WHEN name IN ('English','Italian','French','German') THEN 'latin1'
    WHEN name IN ('Japanese','Mandarin') THEN 'utf8'
    ELSE 'Unknown'
  END character_set
FROM language;
```

11-2 次のクエリを書き換えて、結果セットに 5 つの列（レーティングごとに 1 つ）からなる行が1 つだけ含まれるようにしてみよう。

```
mysql> SELECT rating, count(*)
    -> FROM film
    -> GROUP BY rating;
+--------+----------+
| rating | count(*) |
+--------+----------+
| PG     |      194 |
```

```
| G      |      178 |
| NC-17  |      210 |
| PG-13  |      223 |
| R      |      195 |
+--------+----------+
5 rows in set (0.01 sec)
```

これら5つの列にはG、PG、PG_13、R、NC_17という名前を付けること。

```
mysql> SELECT
    ->    sum(CASE WHEN rating = 'G' THEN 1 ELSE 0 END) G,
    ->    sum(CASE WHEN rating = 'PG' THEN 1 ELSE 0 END) PG,
    ->    sum(CASE WHEN rating = 'PG-13' THEN 1 ELSE 0 END) PG_13,
    ->    sum(CASE WHEN rating = 'R' THEN 1 ELSE 0 END) R,
    ->    sum(CASE WHEN rating = 'NC-17' THEN 1 ELSE 0 END) NC_17
    -> FROM film;
+------+------+-------+------+-------+
| G    | PG   | PG_13 | R    | NC_17 |
+------+------+-------+------+-------+
|  178 |  194 |   223 |  195 |   210 |
+------+------+-------+------+-------+
1 row in set (0.00 sec)
```

12章

12-1 口座番号123から口座番号789への50ドルの振り込みタスクを作成してみよう。transactionテーブルに2つの行を挿入し、accountテーブルの2つの行を更新する必要がある。次のテーブル定義とデータを使うこと。

accountテーブル:

account_id	avail_balance	last_activity_date
123	500	2019-07-10 20:53:27
789	75	2019-06-22 15:18:35

transactionテーブル:

txn_id	txn_date	account_id	txn_type_cd	amount
1001	2019-05-15	123	C	500
1002	2019-06-01	789	C	75

なお、入金を指定するには txn_type_cd = 'C' を使い、出金を指定するには txn_type_cd = 'D' を使う。

```
START TRANSACTION;
```

```
INSERT INTO transaction (txn_id, txn_date, account_id, txn_type_cd, amount)
VALUES (1003, now(), 123, 'D', 50);

INSERT INTO transaction (txn_id, txn_date, account_id, txn_type_cd, amount)
VALUES (1004, now(), 789, 'C', 50);

UPDATE account
SET avail_balance = available_balance - 50, last_activity_date = now()
WHERE account_id = 123;

UPDATE account
SET avail_balance = available_balance + 50, last_activity_date = now()
WHERE account_id = 789;

COMMIT;
```

13章

13-1 rental テーブルに対し、rental.customer_id 列の値を持つ行が customer テーブルから削除されたらエラーになるようにする alter table 文を作成してみよう。

```
ALTER TABLE rental
ADD CONSTRAINT fk_rental_customer_id FOREIGN KEY (customer_id)
REFERENCES customer (customer_id) ON DELETE RESTRICT;
```

13-2 次の2つのクエリで利用できる複数列インデックスを payment テーブルで作成してみよう。

```
SELECT customer_id, payment_date, amount
FROM payment
WHERE payment_date > cast('2019-12-31 23:59:59' as datetime);

SELECT customer_id, payment_date, amount
FROM payment
WHERE payment_date > cast('2019-12-31 23:59:59' as datetime) AND amount < 5;
```

答え：

```
CREATE INDEX idx_payment01
ON payment (payment_date, amount);
```

14章

14-1 以下の結果を得るために次のクエリで利用できるビュー定義を作成してみよう。

```
SELECT title, category_name, first_name, last_name
FROM film_ctgry_actor
WHERE last_name = 'FAWCETT';
```

```
+----------------------+---------------+------------+-----------+
| title                | category_name | first_name | last_name |
+----------------------+---------------+------------+-----------+
| ACE GOLDFINGER       | Horror        | BOB        | FAWCETT   |
| ADAPTATION HOLES     | Documentary   | BOB        | FAWCETT   |
| CHINATOWN GLADIATOR  | New           | BOB        | FAWCETT   |
| CIRCUS YOUTH         | Children      | BOB        | FAWCETT   |
| CONTROL ANTHEM       | Comedy        | BOB        | FAWCETT   |
| DARES PLUTO          | Animation     | BOB        | FAWCETT   |
| DARN FORRESTER       | Action        | BOB        | FAWCETT   |
| DAZED PUNK           | Games         | BOB        | FAWCETT   |
| DYNAMITE TARZAN      | Classics      | BOB        | FAWCETT   |
| HATE HANDICAP        | Comedy        | BOB        | FAWCETT   |
| HOMICIDE PEACH       | Family        | BOB        | FAWCETT   |
| JACKET FRISCO        | Drama         | BOB        | FAWCETT   |
| JUMANJI BLADE        | New           | BOB        | FAWCETT   |
| LAWLESS VISION       | Animation     | BOB        | FAWCETT   |
| LEATHERNECKS DWARFS  | Travel        | BOB        | FAWCETT   |
| OSCAR GOLD           | Animation     | BOB        | FAWCETT   |
| PELICAN COMFORTS     | Documentary   | BOB        | FAWCETT   |
| PERSONAL LADYBUGS    | Music         | BOB        | FAWCETT   |
| RAGING AIRPLANE      | Sci-Fi        | BOB        | FAWCETT   |
| RUN PACIFIC          | New           | BOB        | FAWCETT   |
| RUNNER MADIGAN       | Music         | BOB        | FAWCETT   |
| SADDLE ANTITRUST     | Comedy        | BOB        | FAWCETT   |
| SCORPION APOLLO      | Drama         | BOB        | FAWCETT   |
| SHAWSHANK BUBBLE     | Travel        | BOB        | FAWCETT   |
| TAXI KICK            | Music         | BOB        | FAWCETT   |
| BERETS AGENT         | Action        | JULIA      | FAWCETT   |
| BOILED DARES         | Travel        | JULIA      | FAWCETT   |
| CHISUM BEHAVIOR      | Family        | JULIA      | FAWCETT   |
| CLOSER BANG          | Comedy        | JULIA      | FAWCETT   |
| DAY UNFAITHFUL       | New           | JULIA      | FAWCETT   |
| HOPE TOOTSIE         | Classics      | JULIA      | FAWCETT   |
| LUKE MUMMY           | Animation     | JULIA      | FAWCETT   |
| MULAN MOON           | Comedy        | JULIA      | FAWCETT   |
| OPUS ICE             | Foreign       | JULIA      | FAWCETT   |
| POLLOCK DELIVERANCE  | Foreign       | JULIA      | FAWCETT   |
| RIDGEMONT SUBMARINE  | New           | JULIA      | FAWCETT   |
| SHANGHAI TYCOON      | Travel        | JULIA      | FAWCETT   |
| SHAWSHANK BUBBLE     | Travel        | JULIA      | FAWCETT   |
| THEORY MERMAID       | Animation     | JULIA      | FAWCETT   |
| WAIT CIDER           | Animation     | JULIA      | FAWCETT   |
+----------------------+---------------+------------+-----------+
40 rows in set (0.01 sec)
```

答え：

```
CREATE VIEW film_ctgry_actor
AS
SELECT f.title, c.name category_name, a.first_name, a.last_name
FROM film f
  INNER JOIN film_category fc
  ON f.film_id = fc.film_id
  INNER JOIN category c
  ON fc.category_id = c.category_id
  INNER JOIN film_actor fa
  ON fa.film_id = f.film_id
  INNER JOIN actor a
  ON fa.actor_id = a.actor_id;
```

14-2 映画レンタル会社の責任者がレポートを作成したいと考えている。このレポートには、すべての国の名前と、それぞれの国に住んでいる顧客全員の支払い総額が含まれている。country テーブルでクエリを実行し、スカラーサブクエリを使って tot_payments という列の値を計算するビュー定義を作成してみよう。

```
CREATE VIEW country_payments
AS
SELECT c.country,
  (SELECT sum(p.amount)
   FROM city ct
     INNER JOIN address a
     ON ct.city_id = a.city_id
     INNER JOIN customer cst
     ON a.address_id = cst.address_id
     INNER JOIN payment p
     ON cst.customer_id = p.customer_id
   WHERE ct.country_id = c.country_id
  ) tot_payments
FROM country c;
```

15章

15-1 Sakila スキーマのインデックスをすべてリストアップするクエリを作成してみよう。なお、テーブル名も含めること。

```
mysql> SELECT DISTINCT table_name, index_name
    -> FROM information_schema.statistics
    -> WHERE table_schema = 'sakila';
+--------------+----------------------------+
| TABLE_NAME   | INDEX_NAME                 |
+--------------+----------------------------+
| actor        | PRIMARY                    |
```

```
| actor         | idx_actor_last_name          |
| address       | PRIMARY                      |
| address       | idx_fk_city_id               |
| address       | idx_location                 |
| category      | PRIMARY                      |
| city          | PRIMARY                      |
| city          | idx_fk_country_id            |
| country       | PRIMARY                      |
| customer      | PRIMARY                      |
| customer      | idx_fk_store_id              |
| customer      | idx_fk_address_id            |
| customer      | idx_last_name                |
| film          | PRIMARY                      |
| film          | idx_title                    |
| film          | idx_fk_language_id           |
| film          | idx_fk_original_language_id  |
| film_actor    | PRIMARY                      |
| film_actor    | idx_fk_film_id               |
| film_category | PRIMARY                      |
| film_category | fk_film_category_category    |
| film_text     | PRIMARY                      |
| film_text     | idx_title_description        |
| inventory     | PRIMARY                      |
| inventory     | idx_fk_film_id               |
| inventory     | idx_store_id_film_id         |
| language      | PRIMARY                      |
| payment       | PRIMARY                      |
| payment       | idx_fk_staff_id              |
| payment       | idx_fk_customer_id           |
| payment       | fk_payment_rental            |
| rental        | PRIMARY                      |
| rental        | rental_date                  |
| rental        | idx_fk_inventory_id          |
| rental        | idx_fk_customer_id           |
| rental        | idx_fk_staff_id              |
| staff         | PRIMARY                      |
| staff         | idx_fk_store_id              |
| staff         | idx_fk_address_id            |
| store         | PRIMARY                      |
| store         | idx_unique_manager           |
| store         | idx_fk_address_id            |
+---------------+------------------------------+
42 rows in set (0.01 sec)
```

15-2 sakila.customer テーブルのすべてのインデックスの作成に利用できるクエリの形式は次のようになる。この形式の文を出力として生成するクエリを作成してみよう。

```
"ALTER TABLE <テーブル名> ADD INDEX <インデックス名> (<列リスト>)"
```

答え：with 句を使う方法は次のようになる。

```
mysql> WITH idx_info AS
    ->   (SELECT s1.table_name, s1.index_name, s1.column_name, s1.seq_in_
```

```
index,
    ->      (SELECT max(s2.seq_in_index)
    ->       FROM information_schema.statistics s2
    ->       WHERE s2.table_schema = s1.table_schema
    ->         AND s2.table_name = s1.table_name
    ->         AND s2.index_name = s1.index_name) num_columns
    ->     FROM information_schema.statistics s1
    ->     WHERE s1.table_schema = 'sakila' AND s1.table_name = 'customer'
    ->   )
    -> SELECT concat(
    ->   CASE
    ->     WHEN seq_in_index = 1 THEN
    ->       concat('ALTER TABLE ', table_name, ' ADD INDEX ',
    ->             index_name, ' (', column_name)
    ->     ELSE concat(' , ', column_name)
    ->   END,
    ->   CASE
    ->     WHEN seq_in_index = num_columns THEN ');'
    ->     ELSE ''
    ->   END
    ->   ) index_creation_statement
    -> FROM idx_info
    -> ORDER BY index_name, seq_in_index;
+-------------------------------------------------------------+
| index_creation_statement                                    |
+-------------------------------------------------------------+
| ALTER TABLE customer ADD INDEX idx_fk_address_id (address_id); |
| ALTER TABLE customer ADD INDEX idx_fk_store_id (store_id);   |
| ALTER TABLE customer ADD INDEX idx_last_name (last_name);    |
| ALTER TABLE customer ADD INDEX PRIMARY (customer_id);        |
+-------------------------------------------------------------+
4 rows in set (0.01 sec)
```

ただし、16章を読んだ後は次の方法を使うこともできる。

```
mysql> SELECT concat('ALTER TABLE ', table_name, ' ADD INDEX ', index_name,
' (',
    ->     group_concat(column_name order by seq_in_index separator ', '),
');'
    ->   ) index_creation_statement
    -> FROM information_schema.statistics
    -> WHERE table_schema = 'sakila' AND table_name = 'customer'
    -> GROUP BY table_name, index_name;
+-------------------------------------------------------------+
| index_creation_statement                                    |
+-------------------------------------------------------------+
| ALTER TABLE customer ADD INDEX idx_fk_address_id (address_id); |
| ALTER TABLE customer ADD INDEX idx_fk_store_id (store_id);   |
| ALTER TABLE customer ADD INDEX idx_last_name (last_name);    |
| ALTER TABLE customer ADD INDEX PRIMARY (customer_id);        |
+-------------------------------------------------------------+
4 rows in set (0.00 sec)
```

16章

この練習問題では、次に示す sales_fact テーブルのデータセットを使います。

```
sales_fact
+---------+----------+-----------+
| year_no | month_no | tot_sales |
+---------+----------+-----------+
|    2019 |        1 |     19228 |
|    2019 |        2 |     18554 |
|    2019 |        3 |     17325 |
|    2019 |        4 |     13221 |
|    2019 |        5 |      9964 |
|    2019 |        6 |     12658 |
|    2019 |        7 |     14233 |
|    2019 |        8 |     17342 |
|    2019 |        9 |     16853 |
|    2019 |       10 |     17121 |
|    2019 |       11 |     19095 |
|    2019 |       12 |     21436 |
|    2020 |        1 |     20347 |
|    2020 |        2 |     17434 |
|    2020 |        3 |     16225 |
|    2020 |        4 |     13853 |
|    2020 |        5 |     14589 |
|    2020 |        6 |     13248 |
|    2020 |        7 |      8728 |
|    2020 |        8 |      9378 |
|    2020 |        9 |     11467 |
|    2020 |       10 |     13842 |
|    2020 |       11 |     15742 |
|    2020 |       12 |     18636 |
+---------+----------+-----------+
24 rows in set (0.00 sec)
```

16-1 sales_fact テーブルのすべての行を取得するクエリを記述し、tot_sales 列の値に基づいてランキングを生成する列を追加してみよう。最も大きい値を 1 位とし、最も小さい値を 24 位とする。

```
mysql> SELECT year_no, month_no, tot_sales,
    ->            rank() over (order by tot_sales desc) sales_rank
    -> FROM sales_fact;
+---------+----------+-----------+------------+
| year_no | month_no | tot_sales | sales_rank |
+---------+----------+-----------+------------+
|    2019 |       12 |     21436 |          1 |
|    2020 |        1 |     20347 |          2 |
|    2019 |        1 |     19228 |          3 |
|    2019 |       11 |     19095 |          4 |
|    2020 |       12 |     18636 |          5 |
|    2019 |        2 |     18554 |          6 |
```

```
|    2020 |        2 |     17434 |          7 |
|    2019 |        8 |     17342 |          8 |
|    2019 |        3 |     17325 |          9 |
|    2019 |       10 |     17121 |         10 |
|    2019 |        9 |     16853 |         11 |
|    2020 |        3 |     16225 |         12 |
|    2020 |       11 |     15742 |         13 |
|    2020 |        5 |     14589 |         14 |
|    2019 |        7 |     14233 |         15 |
|    2020 |        4 |     13853 |         16 |
|    2020 |       10 |     13842 |         17 |
|    2020 |        6 |     13248 |         18 |
|    2019 |        4 |     13221 |         19 |
|    2019 |        6 |     12658 |         20 |
|    2020 |        9 |     11467 |         21 |
|    2019 |        5 |      9964 |         22 |
|    2020 |        8 |      9378 |         23 |
|    2020 |        7 |      8728 |         24 |
+---------+---------+-----------+------------+
24 rows in set (0.00 sec)
```

16-2 練習問題 16-1 のクエリを書き換えて、1 ～ 12 位のランキングを 2 つ（2019 年のデータと 2020 年のデータに対して 1 つずつ）作成してみよう。

```
mysql> SELECT year_no, month_no, tot_sales,
    ->   rank() over (partition by year_no order by tot_sales desc)
    ->     sales_rank
    -> FROM sales_fact;
+---------+----------+-----------+------------+
| year_no | month_no | tot_sales | sales_rank |
+---------+----------+-----------+------------+
|    2019 |       12 |     21436 |          1 |
|    2019 |        1 |     19228 |          2 |
|    2019 |       11 |     19095 |          3 |
|    2019 |        2 |     18554 |          4 |
|    2019 |        8 |     17342 |          5 |
|    2019 |        3 |     17325 |          6 |
|    2019 |       10 |     17121 |          7 |
|    2019 |        9 |     16853 |          8 |
|    2019 |        7 |     14233 |          9 |
|    2019 |        4 |     13221 |         10 |
|    2019 |        6 |     12658 |         11 |
|    2019 |        5 |      9964 |         12 |
|    2020 |        1 |     20347 |          1 |
|    2020 |       12 |     18636 |          2 |
|    2020 |        2 |     17434 |          3 |
|    2020 |        3 |     16225 |          4 |
|    2020 |       11 |     15742 |          5 |
|    2020 |        5 |     14589 |          6 |
|    2020 |        4 |     13853 |          7 |
|    2020 |       10 |     13842 |          8 |
|    2020 |        6 |     13248 |          9 |
|    2020 |        9 |     11467 |         10 |
```

```
|    2020 |        8 |      9378 |         11 |
|    2020 |        7 |      8728 |         12 |
+---------+---------+-----------+------------+
24 rows in set (0.00 sec)
```

16-3 2020 年のデータをすべて取得するクエリを記述し、前の月の tot_sales 列の値を示す列を追加してみよう。

```
mysql> SELECT year_no, month_no, tot_sales,
    ->        lag(tot_sales) over (order by month_no) prev_month_sales
    -> FROM sales_fact
    -> WHERE year_no = 2020;
+---------+----------+-----------+------------------+
| year_no | month_no | tot_sales | prev_month_sales |
+---------+----------+-----------+------------------+
|    2020 |        1 |     20347 |             NULL |
|    2020 |        2 |     17434 |            20347 |
|    2020 |        3 |     16225 |            17434 |
|    2020 |        4 |     13853 |            16225 |
|    2020 |        5 |     14589 |            13853 |
|    2020 |        6 |     13248 |            14589 |
|    2020 |        7 |      8728 |            13248 |
|    2020 |        8 |      9378 |             8728 |
|    2020 |        9 |     11467 |             9378 |
|    2020 |       10 |     13842 |            11467 |
|    2020 |       11 |     15742 |            13842 |
|    2020 |       12 |     18636 |            15742 |
+---------+----------+-----------+------------------+
12 rows in set (0.00 sec)
```

索引

● 著者紹介

Alan Beaulieu（アラン・ブールー）

30 年以上にわたって、カスタムデータベースの設計と構築を手がけている。主に金融サービス部門を対象として非常に大規模なデータベースの設計、開発、パフォーマンスチューニングを専門に行うコンサルティング事業を行っている。自由な時間は、家族と一緒に楽しい時間を過ごしたり、自分のバンドでドラムを演奏したり、ウクレレを弾いたり、妻とハイキングをしているときに絶景のランチスポットを見つけたりしている。コーネル大学工学部で工学の学士号を取得している。

● 訳者紹介

株式会社クイープ（http://www.quipu.co.jp）

1995 年、米国サンフランシスコに設立。コンピューターシステムの開発、ローカライズ、コンサルティングを手がけている。2001 年に日本法人を設立。主な訳書に『Solidity と Ethereum による実践スマートコントラクト開発』（オライリー・ジャパン）、『Python 機械学習プログラミング　第3版』（インプレス）、『R による機械学習　第3版』『なっとく！ AI アルゴリズム』（翔泳社）、『More Effective Agile』（日経 BP）、『Python ハッカーガイドブック』（マイナビ出版）などがある。

● カバーの説明

　本書の表紙の動物はアンデスフクロアマガエル（学名ガストラティカ・リオバンビイ）である。その名が示すように、この夜行性の蛙はリオバンバ盆地から北部のイバラまでアンデス山脈の西側に広く生息している。

　繁殖期になると、雄が雌に鳴き声（"ラアアアク・アク・アク"）で求愛する。卵を持つ雌が求愛に応じると、雄が雌の背中に乗り、一般に蛙の抱接と呼ばれる行動をとる。雌が総排出腔から産卵すると、雄は卵を足で受け止めて受精しながら、雌の背中にある袋にそれらを上手に集める。雌は平均して 130 個の卵を産み、背中の袋で 60 ～ 120 日間育てる。孵化が始まると、卵に突起が見えるようになり、雌の背中の皮膚の下にこぶができる。背中の袋からおたまじゃくしが出てきたら、雌はそれらを川へ放す。おたまじゃくしは 2、3 か月で蛙に変態し、7 か月で繁殖期を迎える。

　雄と雌の蛙の手足の指には、木のような垂直な表面を登るのに役立つ吸盤が付いている。大人の雄の蛙は 5 センチほど、雌の蛙は 6 センチほどに成長し、緑と茶色が混ざったような体色を持つ。蛙の体色は成長期に茶色から緑に変化することがある。

初めてのSQL　第3版

2021 年 7 月 2 日　　初版第 1 刷発行
2023 年 9 月 13 日　　初版第 2 刷発行

著　　　者	Alan Beaulieu（アラン・ブールー）
訳　　　者	株式会社クイープ（かぶしきがいしゃ・くいーぶ）
発　行　人	ティム・オライリー
Ｄ　Ｔ　Ｐ	株式会社クイープ
編 集 協 力	株式会社クイープ
印刷・製本	株式会社平河工業社
発　行　所	株式会社オライリー・ジャパン
	〒 160-0002 東京都新宿区四谷坂町 12 番 22 号
	Tel（03）3356-5227
	Fax（03）3356-5263
	電子メール　japan@oreilly.co.jp
発　売　元	株式会社オーム社
	〒 101-8460 東京都千代田区神田錦町 3-1
	Tel（03）3233-0641（代表）
	Fax（03）3233-3440

Printed in Japan（ISBN978-4-87311-958-8）
乱丁、落丁の際はお取り替えいたします。